科学出版社"十四五"普通高等教育本科规划教材

概率统计教程
（第三版）

马江洪　任丽梅　马建敏　主编

科学出版社

北京

内 容 简 介

本书是科学出版社"十四五"普通高等教育本科规划教材,是在 2011 年出版的第二版基础上修订而成的,内容包括随机事件及其概率、一维随机变量及其分布、多维随机变量及其分布、随机变量的数字特征、大数定律和中心极限定理、数理统计基本知识、参数估计和假设检验等.各章末配有测试题,扫码激活题库,实现在线自测.此外,前言中的二维码链接了四套综合测试题及答案,供同学们复习提升.全书结构体系合理,突出对基本概念和基本思想的阐述,注重对基本方法的训练和实际应用能力的培养,部分章节还介绍了 MATLAB 软件的相关统计功能.

本书可作为高等工科院校非数学专业的概率统计课程教材或教学参考书.

图书在版编目(CIP)数据

概率统计教程 / 马江洪,任丽梅,马建敏主编. -- 3 版. -- 北京:科学出版社, 2025. 1. -- (科学出版社"十四五"普通高等教育本科规划教材).
ISBN 978-7-03-079198-6

Ⅰ.O211

中国国家版本馆 CIP 数据核字第 20247TH861 号

责任编辑:王 静 李香叶 / 责任校对:杨聪敏
责任印制:赵 博 / 封面设计:陈 敬

斜 学 虫 版 社 出版

北京东黄城根北街 16 号
邮政编码:100717
http://www.sciencep.com

三河市春园印刷有限公司印刷
科学出版社发行 各地新华书店经销

*

2005 年 1 月第 一 版 开本:720×1000 1/16
2011 年 1 月第 二 版 印张:15
2025 年 1 月第 三 版 字数:302 000
2025 年 2 月第二十五次印刷

定价:49.00 元
(如有印装质量问题,我社负责调换)

前　　言

本书自 2011 年第二版发行以来，已经历了十余年的教学实践检验，内容和结构上都有新教学成果产生，也积累了一些需要修改和完善之处．更重要的是，近年来，党中央和国务院对加强和改进新形势下的教材建设提出了新要求，特别是在党的二十大精神和首届全国教材工作会议精神的引领下，本书更应与时俱进，更好地满足国家对培养高级专门人才的教学需要．在此背景下，编者认为对本书进行修订再版是十分必要的．

第三版在基本保持原书框架和结构的前提下，主要做了以下调整：① 更新内容．在注重思想性和科学性的同时，更加突出时代性和系统性，修订了一些遗漏、错误和不恰当说法，更新了一些与时俱进、学科交叉的例题和习题．② 增加图示．为深化知识理解，新版增加了不少有关知识的关联图、重难点内容的直观图和总结概括图，这些图示不是简单罗列知识点的导图，而是挖掘了内在的知识体系、逻辑结构和全局视野的谱图，目的在于建立整体思维观，克服只见树木不见森林的局部认识．③ 启发思考．坚持育人为本，贯彻科学精神，各章均增加了部分具有一定挑战度和启发性的思考问题，培养本课程科学思维习惯，帮助和激发学生建立善学善思和勇于探索的科学品质．④ 强化训练．各节后也增加了初步的测试训练题，辅助学生活学活用，即学即练，及时巩固所学内容，有助于过程学习与评价．⑤ 扩展内容．在各章章末添加二维码，学生可扫码激活题库，实现在线自测．此外，下面的二维码链接了四套综合测试题及答案，供同学们复习提升．当然，作为面向工科院校本科生的教材，增加具有工科应用背景的例题或习题也是我们的一个调整考虑．总之，所有这些考虑就是希望能更好地满足新形势下本课程的教学需要，更好地服务于国家的发展战略．

本书第三版的修订安排主要由马江洪负责．各章的编写人员分工如下：第 1 章 (马江洪，姬楠楠)、第 2 章 (任丽梅，杨丽娟)、第 3 章 (任丽梅，杜芳)、第 4 章 (马建敏，刘敏)、第 5 章 (马建敏，姬楠楠)、第 6 章 (马江洪，闫琴玲)、第 7 章 (王长鹏，尤琦英) 和第 8 章 (胡彦梅，张剑)．全书的统稿和定稿等工作由马江洪、任丽梅和马建敏完成.

本次再版得到了长安大学教务处和理学院的大力支持, 在此深表感谢. 作者还要特别感谢科学出版社王胡权和王静的大力支持与帮助.

本次再版改动较多, 不当之处敬请读者指正.

编　者

2024 年 11 月 22 日

综合测试题及答案

第二版前言

本书自 2005 年出版以来, 作为工科大学生的本科基础课教材经过了六年的教学实践检验, 不少教师在充分肯定的同时, 也指出了本书的不足之处, 特别是长安大学任功全老师、刘小云老师、冯复科老师、张全兴老师等提出了很多宝贵的意见, 在此向他们表示诚挚的感谢. 同时, 我们还要感谢科学出版社的赵靖编辑和张中兴编辑, 感谢她们多年来的支持和鼓励使本书得以修订再版.

第二版总体上仍然保持原书的基本框架和结构, 只是对部分内容进行了一些局部增减和调整, 希望能更好地满足工科概率论与数理统计课程教学的需要.

不当之处敬请读者指正.

编　者
2010 年 9 月

第一版前言

概率论与数理统计是研究随机现象统计规律性的学科, 在自然科学、社会科学、工程技术等领域有十分广泛的应用. 概率论着眼于随机现象统计规律的演绎研究, 而数理统计是随机现象统计规律的归纳研究, 二者互相联系、互相渗透, 在科学研究、技术开发、生产管理和社会经济生活等诸多方面发挥了重要作用. 概率论与数理统计课程也因此成为理工科大学生一门必不可少的基础课程.

本书按照最新的 "工科类本科数学基础课程教学基本要求 (修订稿)" 编写, 目的是作为高等工科院校非数学专业概率统计课程的教材. 本书既注重对基本概念、基本理论和基本方法的阐述, 强调直观和应用背景, 突出主题和基本思想, 又力求融入一些增强思想性、趣味性和实用性的新内容, 体现求精、求变的指导原则, 以适应目前学时压缩多、扩招压力大、本科教育大众化等新特点, 使学生通过本课程的学习, 能够较好掌握研究随机现象的思想方法并具备一定的实际运用能力.

本书的选材都是最基本的, 个别稍难但又比较重要的内容则放到附录中供学习查阅. 例题尽量采用具有代表性的典型题目或结合专业背景的实际题目, 并且很多例题都做了适当的解题方法评述, 以期达到举一反三的效果. 论述力求在不失严谨的前提下尽可能地简洁明快, 直接揭示和把握问题的本质. 为便于工程应用, 在本书的一些章节还附有 MATLAB 数学软件的相应统计函数命令, 同时, 大部分专业术语首次出现时也都附有相应的英文对照, 供读者学习参考.

全书在充分讨论、博采众长的基础上由长安大学数学与信息科学系部分教师执笔完成. 马江洪教授任主编, 全面负责本书的编写体系、内容安排、MATLAB 命令审定以及最终的统稿、定稿等工作. 具体各章的编写分工如下: 第一章和第六章由马江洪编写, 第二章、第三章和第四章由姜根明编写, 第五章由窦龙编写, 第七章由张俊祖编写, 第八章由左大海编写, 任丽梅为第一章和第六章配备了习题和解答.

在本书的完成过程中, 长安大学理学院有关领导、数学与信息科学系诸多老师都给予了极大的关心和支持, 本书不少地方吸收了他们的宝贵经验和有益建议, 封建湖教授和科学出版社杨波先生更是为本书的出版付出了很大的努力, 在此, 我们一并表示衷心的感谢.

　　由于时间仓促, 编者水平所限, 书中考虑不周或不足之处在所难免, 祈望读者不吝赐教.

编　者

2004 年 8 月

目　　录

第 1 章 随机事件及其概率

客观世界有两类常见的现象. 一类称为确定性现象, 这类现象对应那些必然要发生的确定性结果, 例如, "太阳必然从东方升起" "正方形的面积一定是边长的平方" 等; 另一类是随机现象, 简单地说, 它们对应的结果发生与否是随机的, 即可能发生也可能不发生. 这类现象在自然界和日常生活中十分普遍, 比如, 抛一枚硬币, 可能出现有国徽的一面, 也可能出现有数字的一面; 掷一颗骰子, 可能会出现 "1" 点, 也可能不出现 "1" 点而出现其他点数; 随便走到一个有交通灯的十字路口, 可能会遇到红灯, 也可能会遇到绿灯或黄灯.

概率论与数理统计就是研究随机现象客观规律性的科学. 由于随机现象的普遍性, 概率论与数理统计已在自然科学、社会科学、工程技术等领域得到了十分广泛的应用, 其特有的思想方法已成为我们研究随机现象必不可少的重要工具.

作为基础, 本章将围绕随机事件及其概率展开讨论.

1.1 随 机 事 件

1. 随机事件的概念

为进一步明确随机现象的含义, 我们先从随机试验谈起. 什么是 "随机试验" 呢? 在概率论中, 一个试验 (或观察) 如果满足以下条件:

(1) 试验在相同条件下可重复进行;

(2) 试验的所有可能基本结果事先明确且不止一个;

(3) 每次试验究竟出现哪个结果不能事先肯定,

则称其为一个**随机试验**, 简称**试验**, 常用字母 E 表示, 而把随机试验所反映的现象称为**随机现象**. 以后, 若无特别说明, 我们谈到的试验均指随机试验 (包括符合以上定义的观察).

例 1.1 掷一颗骰子是随机试验. 显然, 该试验满足条件 (1), 同时, 也满足条件 (2) 和 (3), 因为事先已明确其所有可能的六个结果, 并且试验之前究竟出现哪个结果不能肯定, 所以, 这个试验是随机试验.

例 1.2 观察上午九时至十时经过某交通收费站的汽车流量 (单位: 辆). 事先已明确可能出现的结果是所有非负整数中的某一个, 但究竟是哪一个要等观察进行之后才能知道, 事先不能肯定. 可验证, 这个观察也是随机试验.

要研究随机现象, 就要研究随机试验. 在概率论中, 把随机试验的每个可能的基本结果称为**样本点** (sample point), 用 ω 表示; 把样本点的全体称为该试验的**样本空间** (sample space), 用 Ω 表示. 例如, 在 "观察一颗骰子被掷出的点数" 这一试验中, 所有样本点有六个: $\omega_1, \cdots, \omega_6$, 其中 ω_i 表示 "出现 i 点", $i = 1, 2, \cdots, 6$, 因此, 样本空间 $\Omega = \{\omega_1, \cdots, \omega_6\}$. 可以说, 样本点是随机试验的基本成分, 而样本空间是认识随机现象的基本出发点.

我们看到, 在随机试验中每个样本点都可能出现, 也可能不出现, 至于究竟出现与否只有等试验有了结果才能知道. 一般地, 我们把随机试验中那些可能出现, 也可能不出现的结果称为 "**随机事件**" (random event), 用大写字母 A, B, C, $\cdots$ 表示. 特别地, 每个样本点都是随机事件, 称之为**基本事件**. 除基本事件外, 在一个随机试验上还可定义很多其他随机事件.

在例 1.1 中, 令 A = "掷出奇数点", B = "掷出偶数点", C = "掷出素数点", 则它们都是随机事件但不是基本事件, 不过, 可以看出, 这些随机事件都可用一些构成基本事件的样本点来描述, 如 A, B 和 C 分别可用 $\{\omega_1, \omega_3, \omega_5\}$, $\{\omega_2, \omega_4, \omega_6\}$ 和 $\{\omega_2, \omega_3, \omega_5\}$ 来表示.

一般而言, 任何随机事件都是随机试验的可能结果, 而样本空间已包含了所有可能的基本结果 (样本点), 因此, 随机事件总是可用一部分样本点或样本空间的子集来描述的. 这样, 我们有以下定义.

称随机试验的**样本空间的子集**为**随机事件**, 以后简称**事件**. 当事件子集中任何一个样本点在试验中出现时, 就称该事件**发生**, 即事件 A 发生的充要条件是试验结果出现的样本点 $\omega \in A$.

这样, 事件既可用明确的陈述语句描述, 也可用集合表示.

例 1.3　在例 1.1 的试验中, 事件 A = "掷出奇数点" = $\{\omega_1, \omega_3, \omega_5\}$, B = "掷出偶数点" = $\{\omega_2, \omega_4, \omega_6\}$, C = "掷出素数点" = $\{\omega_2, \omega_3, \omega_5\}$, 而基本事件可表示为 $A_i = \{\omega_i\}$, $i = 1, 2, \cdots, 6$. 如果掷一颗骰子结果出现的是 ω_3, 那么, 事件 A 和 C 便发生了, 而事件 B 未发生.

显然, 样本空间 Ω 表示的事件在每次试验中必然发生, 称其为**必然事件**; 空集 $\varnothing$ 表示的事件在每次试验中必定不发生, 称其为**不可能事件**. 本质上, 这两个事件都不是随机的, 但为了研究方便, 我们仍把它们当作特殊的随机事件来看待, 正如在高等数学中将常量视为变量的特例一样, 便于统一处理.

顺便指出, 我们这里所说的事件与日常生活中所说的事件含义是不同的. 日常生活中所指的事件往往是已经发生了的结果, 如某某沉船事件、撞车事件等, 而概率论中的事件是对一个结果的 "陈述", 它可能发生, 也可能不发生.

为进一步认识和研究复杂事件, 我们首先需要建立事件间的关系和运算, 建立复杂事件和一些简单事件相互联系, 进而为计算复杂事件的概率奠定基础.

2. 事件间的关系

首先说明, 下面的讨论均在同一个样本空间上进行.

1) 事件的包含与相等

如果事件 A 发生必然导致事件 B 发生, 即 A 的每个样本点都是 B 的样本点, 则称 B **包含** A, 记作 $A \subseteq B$, 换句话说, 事件 B 包含事件 A 就是样本空间的子集 B 包含子集 A, 如图 1.1(a) 所示.

显然, 对任何事件 A, 总有 $A \subseteq \Omega$. 而在例 1.3 中, 有 $A_1 \subseteq A$, $A_2 \subseteq B$, $A_2 \subseteq C$.

如果 $A \subseteq B$, 同时, $B \subseteq A$, 则称事件 A 和事件 B **相等**, 记为 $A = B$, 即 A 与 B 含有相同的样本点.

2) 事件的互斥

如果事件 A 和 B 不可能同时发生, 即 A 与 B 没有公共样本点, 则称 A 与 B 是**互斥**的 (mutually exclusive) 或**互不相容**的, 换句话说, 两个事件 A 与 B 互斥就是样本空间两个子集 A 与 B 不相交, 如图 1.1(b) 所示.

如果一组事件中任意两个事件都互斥, 则称该组事件**两两互斥**, 或简称该组事件**互斥**.

由定义可知, 任意两个不同基本事件都是互斥的. 在例 1.3 中, 事件 A 与 B 是互斥的, 事件组 $A_1, A_2, \cdots, A_6$ 是互斥的, 而事件 A 与 C 却不是互斥的, 因为 A 与 C 有可能同时发生, 比如掷出结果 ω_3 或 ω_5.

3) 事件的互逆

如果事件 A 和 B 中必有一个发生但又不可能同时发生, 则称 A 与 B 是**互逆** (mutually inverse) 或**对立**的, 称 B 为 A 的**逆事件** (或**对立事件**), 记作 $B = \overline{A}$, 换句话说, 两个事件 A 与 B 互逆就是样本空间两个子集 A 与 B 互补, A 的逆事件 $B = \overline{A}$ 就是 A 的补集, 如图 1.1(c) 所示.

可以看出, 事件 A 与 $\overline{A}$ 一定互斥, 即互逆的事件一定互斥, 但互斥的事件却不一定互逆. 例如, 在例 1.3 中, 事件 A 与 B 是互逆的, 即 $B = \overline{A}$, $A = \overline{B}$, 而事件 A 与 A_2 虽互斥, 但不互逆.

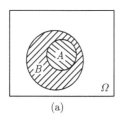 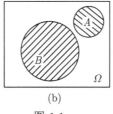 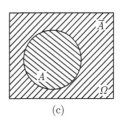

(a)　　　　　　(b)　　　　　　(c)

图 1.1

3. 事件间的运算

1) 和事件

对事件 A 和 B, 定义它们的**和事件**为

$$A \cup B = \text{``$A$ 发生或 $B$ 发生''} = \text{``A 和 B 中至少有一个发生''},$$

即只要 A 与 B 中的一个发生了, 就算和事件 $A \cup B$ 发生了, 如果 A 与 B 都没发生, 当然和事件 $A \cup B$ 也就不发生.

作为样本空间的子集, 和事件 $A \cup B$ 是由事件 A 和 B 中的所有样本点组成的新事件, 是样本空间子集 A 与 B 的并集, 如图 1.2 (a) 所示. 类似地, 可定义

$$A_1 \cup A_2 \cup \cdots \cup A_n = \text{``$A_1, A_2, \cdots, A_n$ 中至少有一个发生''}.$$

注意　当 A 与 B 互斥时, 通常将 $A \cup B$ 记为 $A + B$; 当事件组 $A_1, A_2, \cdots, A_n$ 互斥时, 将它们的和事件 $A_1 \cup A_2 \cup \cdots \cup A_n$ 记为 $A_1 + A_2 + \cdots + A_n$.

利用集合的运算关系, 容易验证和事件满足关系: $A + \overline{A} = \Omega$, $A \cup \Omega = \Omega$, $A \cup A = A$; 当 $A \subseteq B$ 时, 还有 $A \cup B = B$.

2) 积事件

定义事件 A 与 B 的**积事件**为

$$AB = \text{``A 和 B 同时发生''},$$

换句话说, 积事件 AB 是由 A 与 B 的所有公共样本点组成的新事件, 是样本空间子集 A 与 B 的交集, 如图 1.2(b) 所示. 类似地, 可定义

$$A_1 A_2 \cdots A_n = \text{``$A_1, A_2, \cdots, A_n$ 同时发生''}.$$

同样可验证积事件满足关系: $A\overline{A} = \varnothing$, $A\Omega = A$, $AA = A$; 当 $A \subseteq B$ 时, $AB = A$.

3) 差事件

定义事件 A 与 B 的**差事件**为

$$A - B = \text{``$A$ 发生且 $B$ 不发生''} = \text{``A 与 $\overline{B}$ 同时发生''},$$

即差事件 $A - B$ 是由在 A 中但不在 B 中的所有样本点组成的新事件, 是子集 A 与 B 的差集 $A - B$, 如图 1.2(c) 所示.

由定义或借助于集合观点易知, 差事件满足关系:

(1) $A - B = A\overline{B} = A - (AB)$;

(2) $\Omega - A = \overline{A}$;

(3) $(A - B) + B = A \cup B$.

注 这里的 AB 和 $(A-B)$ 都是一个整体记号, 分别代表一个积事件和一个差事件, 不能对它们作算术运算, 比如, 不能推出 $(A-B)+B=A$.

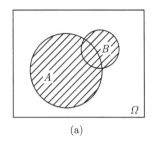 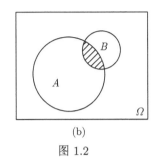 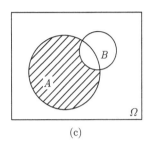

(a)   (b)   (c)

图 1.2

由于事件是样本空间的子集, 我们在给出事件间关系和运算的概念时, 也从集合的观点对它们进行了解释和说明, 而且采用了与集合对应关系相一致的记号, 便于读者用集合的观点解释、论证事件间的关系和运算, 但是, 以后还必须学会直接用本节的概率论语言来思考, 这对后续的学习十分有益.

例 1.4 某射手进行一次打靶射击, 观察击中的环数, 所有可能的结果有 11 个: $\omega_0, \omega_1, \cdots, \omega_{10}$, 其中 ω_0 表示未中靶, ω_i 表示 "击中 i 环", $i=1, \cdots, 10$. 易知这是一个随机试验. 若令事件 $A=$ "击中 4 环至 6 环", $B=$ "击中 5 环至 7 环", $C=$ "击中 7 环至 9 环", 问下列事件的含义是什么?

(1) $A \cup B$;   (2) $\overline{AB}$;   (3) $A-B$;   (4) $\overline{A(B \cup C)}$.

解 由定义知, 和事件 $A \cup B=$ "击中 4 环至 7 环"; 积事件 $\overline{AB}=$ "$\overline{A}$ 和 B 同时发生" = "击中 7 环"; 差事件 $A-B=$ "A 发生且 B 不发生" = "击中 4 环"; 和事件 $B \cup C=$ "击中 5 环至 9 环", 积事件 $A(B \cup C)=$ "击中 5 环至 6 环", 逆事件 $\overline{A(B \cup C)}=$ "未击中 5 环至 6 环".

本例也可用样本空间 $\Omega=\{\omega_0, \omega_1, \cdots, \omega_{10}\}$ 的子集来表示其中的事件, 然后再解释各自的含义, 但没有用概率论语言叙述来得直接.

例 1.5 为检查某企业的产品质量, 依次任取三件产品进行检验. 设事件 $A_i=$ "第 i 次取得的是合格品", $i=1, 2, 3$, 则下列事件可用简单事件 A_1, A_2, A_3 表示如下:

"三次抽取中至少有一次取得合格品" $= A_1 \cup A_2 \cup A_3$,

"三次抽取都未取得合格品" $= \overline{A_1} \overline{A_2} \overline{A_3}$,

"三次抽取中恰有一次取得合格品" $= A_1 \overline{A_2} \overline{A_3} + \overline{A_1} A_2 \overline{A_3} + \overline{A_1} \overline{A_2} A_3$,

"三次抽取中至少有一次取得不合格品" $= \overline{A_1 A_2 A_3}$ (或 $\overline{A_1} \cup \overline{A_2} \cup \overline{A_3}$).

最后, 我们列出事件满足的基本运算规律.

(1) **交换律** $A \cup B = B \cup A$, $AB = BA$;

(2) **结合律** $A \cup (B \cup C) = (A \cup B) \cup C, A(BC) = (AB)C$;

(3) **分配律** $A(B \cup C) = (AB) \cup (AC), A \cup (BC) = (A \cup B)(A \cup C)$;

(4) **德摩根** (De Morgan) **公式** $\overline{ABC} = \overline{A} \cup \overline{B} \cup \overline{C}, \overline{A \cup B \cup C} = \overline{A}\,\overline{B}\,\overline{C}$.

注   一般地, $\overline{AB} \neq \overline{A}\,\overline{B}, \overline{A \cup B} \neq \overline{A} \cup \overline{B}$.

本节思考题

1. 在例 1.1 的掷骰子试验中, 如果只关心出现的点数是否为偶数, 而不关心点数的大小, 并用 $\tilde{\omega}_1$ 表示 "掷出奇数点", $\tilde{\omega}_2$ 表示 "掷出偶数点", 那么, 集合 $\tilde{\Omega} = \{\tilde{\omega}_1, \tilde{\omega}_2\}$ 是否也是样本空间?

本节测试题

1. 已知 $A\overline{B} = \overline{A}B$, 验证 $A = B$.

2. 设 A, B, C 为三个事件, 试表示下列事件:

(1) A, B, C 都发生或者都不发生;

(2) A, B, C 中不多于一个发生;

(3) A, B, C 中不多于两个发生.

1.2   随机事件的概率

就随机现象而言, 仅仅知道可能发生哪些事件是不够的, 更重要的是对事件发生的可能性做出定量的描述. 这就涉及一个概念——事件的概率 (probability). 直观地说, 一个事件 A 的概率 (记为 $P(A)$) 就是能刻画该事件发生的可能性大小的一个数值. 因此, 凭直觉我们可以说, 在掷一枚硬币的试验中 "出现数字面" 的概率为 $\frac{1}{2}$, 而在掷一颗骰子的试验中 "出现 '1' 点" 的概率为 $\frac{1}{6}$. 但是, 对一般的事件而言, 单凭直觉来确定其发生的概率显然是行不通的, 必须从客观的本质特征上寻求概率的界定方法. 那么, 概率有客观性吗? 数学上如何定义呢? 下面, 我们将逐步明确这些问题.

1. 概率的统计定义

对一个事件 A 来说, 无论它发生的可能性是大还是小, 在一次试验或观察中都可能发生或者不发生. 因此, 根据一次试验或观察的结果并不能确定任何一个事件发生的概率 (事件 $\varnothing$ 和 Ω 除外). 不过, 在大量的重复试验或观察中, 事件发生的可能性却可呈现出一定的统计规律, 并且随着试验或观察次数的增加, 这种规律会表现得愈加明显.

显然, 在重复试验或观察中, 要反映一个事件发生的可能性大小, 最直观的一个量就是**频率**, 其定义是: 若在 n 次试验中, 事件 A 发生了 n_A 次, 则 A 在 n 次

试验中发生的频率

$$F_n(A) = \frac{n_A}{n}. \tag{1.1}$$

我们知道, 频率 $F_n(A)$ 越大 (或小), 事件 A 发生的可能性就越大 (或小), 即 A 的概率就越大 (或小). 可见, 频率是概率的一个很好反映. 但是, 频率却不能因此作为概率, 因为概率应当是一个确定的量, 不应像频率那样随重复试验和重复次数的变化而变化. 不过, 即使这样, 频率还是可以作为概率的一个估计, 而且是一个有客观依据的估计, 这个依据就是所谓的**频率稳定性**: 当试验或观察次数 n 较大时, 事件 A 发生的频率 $F_n(A)$ 会在某个确定的常数 p 附近摆动, 并渐趋稳定. 这是人们通过长期研究和观察总结得出的结果, 在一定程度上揭示了事件发生的统计规律性.

例如, 在抛硬币的重复试验中, 历史上就有不少人统计过事件 "出现数字面" (记为 A) 发生的频率, 结果见表 1.1 (其中的随机模拟由计算机完成).

表 1.1

试验者	n	n_A	$F_n(A)$	$|F_n(A) - 0.5|$
蒲丰 (Buffon)	4040	2048	0.5069	0.0069
费勒 (Feller)	10000	4979	0.4979	0.0021
皮尔逊 (K. Pearson)	12000	6019	0.5016	0.0016
皮尔逊 (K. Pearson)	24000	12012	0.5005	0.0005
随机模拟	1000000	499841	0.499841	0.000159

由表 1.1 可见, 当 n 较大时, $F_n(A)$ 在常数 0.5 附近摆动, 并且随着 n 的增大, 摆动的幅度总体上越来越小, 呈现出明显的稳定性, 这就为用 0.5 作为事件 A 的概率提供了客观的统计依据, 也就是说, 0.5 作为 "出现数字面" 的概率并非只是出于人们的主观直觉判断, 而是具有一定客观基础的.

根据频率稳定性, 我们可以对概率给出一个客观描述, 这就是概率的统计定义: 一个事件 A 的概率 $P(A)$ 就是该事件的频率稳定值 p, 即 $P(A) = p$.

应当看到, 概率的统计定义在一定程度上说明了概率具有客观性, 并不是人们主观想象的产物. 但这个定义仍有其局限性, 因为它并没有提供一个确定频率稳定值的方法而且人们无法将一个试验无限次地重复下去, 从而也就不能严格确定出任何一个事件的概率, 也就是说, 还是没有解决如何定义概率的问题. 不过, 通过用频率估计概率、用频率稳定值描述概率已经使我们对概率本质的认识更进了一步, 为引出概率的公理化定义奠定了基础.

容易验证, 频率具有以下三个基本性质:

(1) **非负性** $F_n(A) \geqslant 0$;

(2) **规范性** $F_n(\Omega) = 1$;

(3) **可加性** 当 A 和 B 互斥时, 有

$$F_n(A+B) = F_n(A) + F_n(B).$$

考虑到概率是频率的稳定值, 自然可设想概率也应具有类似的基本特征. 20 世纪 30 年代, 著名数学家柯尔莫哥洛夫 (A. N. Kolmogorov, 1903—1987) 找到了概率本质的特征并首次提出了概率的公理化定义, 使概率论作为一门严谨的数学分支从此得以迅速发展. 这是概率论发展史上的一个里程碑.

2. 概率的公理化定义

定义 1.1 设 Ω 是试验 E 的样本空间, $\mathcal{B}$ 是 Ω 上的事件组成的集合, 对任一事件 $A \in \mathcal{B}$, 如果定义在 $\mathcal{B}$ 上的实值函数 $P(A)$ 满足下面三个公理.

公理 (I) **非负性** $P(A) \geqslant 0$;

(II) **规范性** $P(\Omega) = 1$;

(III) **完全可加性** 当事件组 $A_1, A_2, \cdots$ 互斥时, 总有

$$P(A_1 + A_2 + \cdots) = P(A_1) + P(A_2) + \cdots, \tag{1.2}$$

则称 $P(A)$ 为事件 A 的**概率**.

需要指出, 公理 (III) 的 (1.2) 式要求对无限多个互斥事件也成立, 这不同于通常的频率可加性. 另外, 虽然这个定义从形式上没有解决在特定场合下如何确定事件概率的问题, 但它却从本质上明确了概率所必须满足的一些一般特征. 下面, 根据定义 1.1, 进一步导出概率的一些重要性质.

3. 概率的重要性质

性质 1 $P(\varnothing) = 0. \tag{1.3}$

证明 因为 $\Omega = \Omega + \varnothing + \varnothing + \cdots$, 由公理 (III), 有

$$P(\Omega) = P(\Omega) + P(\varnothing) + P(\varnothing) + \cdots.$$

由公理 (II), $P(\Omega) = 1$, 从而, 必有 $P(\varnothing) = 0$.   □

性质 2 若事件组 $A_1, A_2, \cdots, A_n$ 互斥, 则

$$P(A_1 + A_2 + \cdots + A_n) = P(A_1) + P(A_2) + \cdots + P(A_n). \tag{1.4}$$

证明 注意到 $A_1 + A_2 + \cdots + A_n = A_1 + A_2 + \cdots + A_n + \varnothing + \varnothing + \cdots$, 则由公理 (III) 和性质 1 即证.   □

性质 3 $P(\overline{A}) = 1 - P(A). \tag{1.5}$

证明 因为 $\Omega = A + \overline{A}$, 由公理 (II) 及性质 2, 有

$$1 = P(\Omega) = P(A + \overline{A}) = P(A) + P(\overline{A}),$$

故 (1.5) 成立. □

性质 4 (减法公式)

$$P(B - A) = P(B) - P(AB). \tag{1.6}$$

特别地, 当 $A \subseteq B$ 时, $P(B - A) = P(B) - P(A), P(A) \leqslant P(B)$.

证明 因为 $B = AB + (B - A)$, 由性质 3, 有

$$P(B) = P[AB + (B - A)] = P(AB) + P(B - A),$$

故 (1.6) 式成立. □

一般地, $P(B - A) \neq P(B) - P(A)$.

性质 5 (加法公式)

$$P(A \cup B) = P(A) + P(B) - P(AB). \tag{1.7}$$

从而, $P(A \cup B) \leqslant P(A) + P(B)$.

证明 因为 $A \cup B = A + (B - AB)$, 所以

$$P(A \cup B) = P(A) + P(B - AB)$$

$$= P(A) + B(B) - P(AB)$$

$$\leqslant P(A) + P(B). \qquad \square$$

根据 (1.7) 式, 还进一步可推出 (习题 1 的第 8 题):

$$P(A \cup B \cup C) = P(A) + P(B) + P(C) - P(AB) - P(AC) - P(BC) + P(ABC). \tag{1.8}$$

关于试验、事件和概率的关系, 我们通过对一个示意图 1.3 做了说明, 以帮助读者认识和体会.

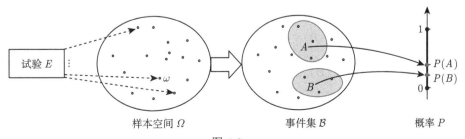

图 1.3

例 1.6　已知一批产品中有 i 件次品的概率为 p_i，数值如表 1.2 所示，求该批产品中至少有一件次品的概率.

表 1.2

i	0	1	2	3	4
p_i	0.4	0.22	0.18	0.11	0.09

解　设 $A_i = $ "有 i 件次品"，$i = 0, 1, 2, 3, 4$，$B = $ "至少有一件次品"，则易知 A_1, A_2, A_3, A_4 互不相容，$P(A_i) = p_i$，且 B 可表示为 $B = A_1 + A_2 + A_3 + A_4$，于是

$$P(B) = P(A_1) + P(A_2) + P(A_3) + P(A_4)$$

$$= 0.22 + 0.18 + 0.11 + 0.09 = 0.6.$$

更简单的方法是利用 $B = \overline{A}_0$，则由公式 (1.5) 即知

$$P(B) = P(\overline{A}_0) = 1 - P(A_0) = 1 - 0.4 = 0.6.$$

例 1.7　已知事件 A 与 B 的和事件是必然事件，$P(A) = 0.6$，$P(B) = 0.8$，求 A 和 B 同时发生的概率.

解　由已知 $A \cup B = \Omega$，根据加法公式 (1.7) 可得

$$P(AB) = P(A) + P(B) - P(A \cup B) = 0.6 + 0.8 - 1 = 0.4.$$

例 1.8　已知 $P(A) = 0.4$，$P(B) = 0.6$，试在下面两种情形下，分别求 $P(A - B)$ 和 $P(B - A)$：

(1) 事件 A 与 B 互斥；

(2) 事件 A 与 B 有包含关系.

解　(1) 由已知，$AB = \varnothing$，于是由减法公式 (1.6)，

$$P(A - B) = P(A) - P(AB) = P(A) = 0.4,$$

$$P(B - A) = P(B) - P(AB) = P(B) = 0.6.$$

(2) 因为 $P(A) < P(B)$，且 A 与 B 有包含关系，所以必有 $A \subseteq B$，于是

$$P(A - B) = P(A) - P(AB) = P(A) - P(A) = 0,$$

$$P(B - A) = P(B) - P(A) = 0.2.$$

例 1.9 假如明天下雨的概率为 0.7, 后天下雨的概率为 0.4, 明后两天同时下雨的概率为 0.2, 求

(1) 明天下雨且后天不下雨的概率;

(2) 明后两天都不下雨的概率.

解 (1) 设 $A =$ "明天下雨", $B =$ "后天下雨", 则

$$A\overline{B} = \text{"明天下雨且后天不下雨"}, \quad A\overline{B} = A - AB, \quad AB \subseteq A,$$

$$P(A\overline{B}) = P(A - AB) = P(A) - P(AB) = 0.7 - 0.2 = 0.5.$$

(2) 又 $\overline{A}\,\overline{B} =$ "明后两天都不下雨", 于是, 由公式 $\overline{A}\,\overline{B} = \overline{A \cup B}$, 得

$$P(\overline{A}\,\overline{B}) = P(\overline{A \cup B}) = 1 - P(A \cup B)$$

$$= 1 - [P(A) + P(B) - P(AB)]$$

$$= 1 - [0.7 + 0.4 - 0.2] = 0.1.$$

例 1.10 设 $P(A) = 0.7, P(B) = 0.8, P(C) = 0.9$, 求 $P(\overline{A} \cup \overline{B})$.

解 由 $\overline{A} \cup \overline{B} = \overline{AB}$ 可知

$$P(\overline{A} \cup \overline{B}) = P(\overline{AB}) = 1 - P(AB)$$

$$= 1 - [P(A) + P(B) - P(A \cup B)]$$

$$= 1 - (0.7 + 0.8 - 0.9) = 0.4.$$

本节思考题

1. 概率是随机的吗? 它有哪些特点?

本节测试题

1. 设事件 A 和 B 互不相容, 且 $P(A) = 0.3, P(B) = 0.5$, 求以下事件的概率:

(1) A 与 B 中至少有一个发生;

(2) A 和 B 都发生;

(3) A 发生但 B 不发生.

2. 已知事件 A, B 满足 $P(AB) = P(\overline{A}\,\overline{B})$, 记 $P(A) = p$, 试求 $P(B)$.

1.3 等可能概型的概率计算

在 1.2 节运用概率基本公式, 可以根据一些事件的概率计算另一些事件的概率. 现在问题是这些已知概率又当如何获取呢? 或者说, 怎样直接计算一些简单事件的概率呢? 本节在等可能概率模型下讨论这一问题.

1. 古典概型

若随机试验具有以下两个特征:

(1) (有限性) 在试验或观察中, 样本空间 Ω 只有有限个基本事件

$$A_i = \{\omega_i\}, \quad i = 1, 2, \cdots, n,$$

(2) (等可能性) 每个基本事件 A_i 发生的可能性都相同, 即

$$P(A_1) = P(A_2) = \cdots = P(A_n), \quad i = 1, 2, \cdots, n,$$

则称这种随机试验的数学模型为**古典概型**. 这种模型是概率论发展初期的主要研究对象, 一方面, 它相对简单、直观, 易于理解; 另一方面, 它又能解决一些实际问题, 因此, 至今在概率论中都占有比较重要的地位. 下面, 我们给出古典概型中概率的计算公式.

因为 $\Omega = A_1 + A_2 + \cdots + A_n$, 所以

$$1 = P(\Omega) = P(A_1) + P(A_2) + \cdots + P(A_n).$$

结合 $P(A_1) = P(A_2) = \cdots = P(A_n)$, 即知

$$P(A_i) = \frac{1}{n}, \quad i = 1, 2, \cdots, n.$$

对古典概型中的任一事件 $A = \{\omega_{i_1}, \omega_{i_2}, \cdots, \omega_{i_k}\}$, 可将其表示为

$$A = A_{i_1} + A_{i_2} + \cdots + A_{i_k}.$$

于是

$$P(A) = P(A_{i_1}) + P(A_{i_2}) + \cdots + P(A_{i_k})$$

$$= \frac{k}{n} = \frac{A \text{ 中包含的样本点个数}}{\text{样本点总数}}. \tag{1.9}$$

这就是古典概型中概率 $P(A)$ 的计算公式.

例 1.11 从 1, 2, 3, 4, 5 这五个数字中任取四个构成一个四位数, 求此四位数个位不是 1 的概率.

解 设事件 $A =$ "四位数的个位数是 1". 从已知的五个数字中任取四个, 可构成 $P_5^4 = 5 \times 4 \times 3 \times 2 = 120$ 个四位数 (即样本点总数 $n = 120$), 由取法的任意性可知, 取到其中每个四位数的可能性都是相同的, 因此, 本题属古典概型问题.

因为个位数是 1 的四位数有 $P_4^3 = 4 \times 3 \times 2 = 24$ 个 (即从 2, 3, 4, 5 这四个数字中任取三个构成四位数的前三位), 故 A 包含的样本点个数 $k = 24$, 从而

$$P(A) = \frac{24}{120} = 0.2, \quad P(\overline{A}) = 1 - P(A) = 0.8.$$

此题中, 若用公式 (1.9) 直接计算 $P(\overline{A})$, 则稍显复杂, 而用公式 (1.5) 则比较简单.

例 1.12 设一批产品有 100 件, 其中有 5 件是次品, 现从中不放回地任取两件, 求

(1) 两件都是正品的概率;

(2) 两件都是次品的概率;

(3) 其中一件是正品, 另一件是次品的概率.

解 易知本题仍属古典概型问题. 由于从 100 件产品中不放回地任取两件, 共有 C_{100}^2 种取法, 故样本点总数 $n = C_{100}^2$.

(1) 令 $A = $ "两件都是正品", 则 A 包含的样本点个数 $k = C_{95}^2$, 于是

$$P(A) = \frac{C_{95}^2}{C_{100}^2} \approx 0.902.$$

(2) 令 $B = $ "两件都是次品", 那么, 类似可得 $P(B) = \frac{C_5^2}{C_{100}^2} \approx 0.002$.

(3) 令 $C = $ "其中一件是正品, 另一件是次品". 因取到一件正品的方法有 C_{95}^1 种, 取到一件次品有 C_5^1 种, 故从 100 件产品中取到的一件正品和一件次品的方法有 $C_{95}^1 C_5^1$ 种, 即 C 包含的样本点个数 $k = C_{95}^1 C_5^1$, 故 $P(C) = \frac{C_{95}^1 C_5^1}{C_{100}^2} \approx 0.096$.

另解 (3) 注意到 $A + B + C = \Omega$, $\overline{C} = A + B$, 从而

$$P(C) = 1 - P(\overline{C}) = 1 - P(A + B)$$

$$= 1 - P(A) - P(B)$$

$$\approx 1 - 0.902 - 0.002 = 0.096.$$

例 1.13 某班有 30 名同学, 其中六名是女同学, 现任抽三名同学组成一个代表队, 求

(1) 该队恰有一名女同学的概率;

(2) 该队至少有一名女同学的概率.

解 设 $A = $ "该队恰有一名女同学", $B = $ "该队至少有一名女同学". 由于从 30 名同学中任抽三名, 共有 C_{30}^3 种不同的组队方法 (代表队与队员顺序无关), 因此, 样本点总数 $n = C_{30}^3$.

(1) 事件 A 的结果可通过先抽一名女同学、再抽两名男同学的做法来实现, 这样, A 包含的样本点个数 $k = C_6^1 C_{24}^2$, 于是

$$P(A) = \frac{C_6^1 C_{24}^2}{C_{30}^3} \approx 0.4079;$$

(2) 因 $\overline{B}$ = "该队没有一名女同学", 而 $\overline{B}$ 包含的样本点个数 $k = C_{24}^3$, 故

$$P(B) = 1 - P(\overline{B}) = 1 - \frac{C_{24}^3}{C_{30}^3} \approx 0.5015.$$

例 1.14 (分房问题) 设有 n 个人, 现将每个人都等可能地分配到 N 个房间 $(n \leqslant N)$ 中的任意一间中去住, 求以下事件的概率:

(1) 指定的 n 个房间各住一人;

(2) 恰好有 n 个房间各住一人.

解 因为每个人都有 N 个房间可供选择, 所以, n 个人住的方式就有 N^n 种, 每一种都是等可能的, 因此, 样本点总数为 N^n.

(1) 设 A = "指定的 n 个房间各有一个人住", 则 A 包含的样本点个数就是 n 个人的全排列 $n!$, 故

$$P(A) = \frac{n!}{N^n}.$$

(2) 设 B = "恰好有 n 个房间各住一人". 此时, B 包含的样本点个数可以这样来计算: 先从 N 个房间任意选出 "指定" 的 n 个房间, 这有 C_N^n 种选法; 再对 "指定" 的房间各住一人, 按 (1) 的算法有 $n!$ 种方式, 于是, B 包含的样本点个数为 $C_N^n n!$, 故

$$P(B) = \frac{C_N^n n!}{N^n}.$$

此例是古典概型中的一个经典题目, 在统计物理学等方面有很广的应用范围 (魏宗舒等, 2020). 另外, 概率论中的一些问题如果适当类比也可用此例来解决. 比如, 概率论历史上有名的 "生日问题": 求 n 个人的生日全不相同的概率. 如果将 365 天看成例中的 " $N = 365$ 个房间", 则用 (2) 的结论即可获得所要求的概率. 当然, 也可把例中的 "房间" 类比成其他一些对象, 进而解决相应的概率问题. 注意学习这种处理方法将会收到举一反三的效果.

2. 几何概型

我们看到, 古典概型要求全部试验结果必须是有限的、等可能的, 计算概率所用的工具主要是排列组合. 不过, 在某些情况下, 对试验结果无限多且都等可能的

随机现象, 也可以建立相应的概率计算模型. 对于结果的无限性, 常需借助于一些几何度量 (如长度、面积、体积等) 来计算概率, 故把这类模型称为**几何概型**, 由此求得的概率也称**几何概率**. 计算几何概率的关键是根据问题涉及的几何度量将古典概型中的等可能性作适当引申, 然后就可用类似 (1.9) 的方法进行计算. 下面, 结合一个经典例子予以说明.

例 1.15 (约会问题) 甲、乙两人约定在中午 1 点到 2 点之间在某处会面, 并约定先到者需等候 10min (分钟) 即离去. 假设两人都随机地在中午 1 点至 2 点的任一时刻到达该处, 求两人能相见的概率.

解 因为在 1 点至 2 点的时间段内有无限多个时刻, 而且由题可知, 在每个时刻到达都是等可能的, 所以, 这是一个 "无限、等可能" 的情形. 设事件 A = "两人能相见", 甲、乙两人到达的时刻分别为 x, y.

现以 1 点作原点、分钟为单位, 将点 (x, y) 标在如图 1.4 所示的直角坐标系中, 则所有可能的结果 (x, y) 等可能地遍及边长为 60 的正方形区域内, 而两人能够相见 (即 A 发生) 的充要条件是 $|x - y| \leqslant 10$, 满足这个条件的 (x, y) 形成图 1.4 中的阴影区域, 因此, 这是一个几何概率问题. 根据本题特点, 可将 "等可能性" 引申为 (x, y) 落在 "等面积区域上可能性相等", 这样, 就有

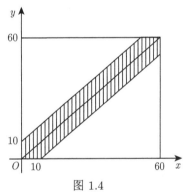

图 1.4

$$P(A) = \frac{A \text{ 对应的阴影部分的面积}}{\text{正方形面积}} = \frac{60^2 - 50^2}{60^2} = \frac{11}{36} \approx 0.3056.$$

若将等待时间由 10 分钟提高到 20 分钟, 则两人能相见的概率可提高到 0.5556. 还有很多可用几何概型求解的例子, 如著名的蒲丰投针问题, 有兴趣的读者可参见文献 (魏宗舒等, 2020; 马江洪, 1996).

本节思考题

1. 在结果有限个且等可能的古典概型和结果无限个且等可能的几何概型中, 概率都是用比例来计算的, 是不是都可以理解为频率? 如果去掉等可能性的要求, 还能计算概率吗? 为什么?

本节测试题

1. 随机地向半圆 $0 < y < \sqrt{2ax - x^2}$ (a 为正常数) 内掷一点, 点落在半圆内任何区域的概率与区域的面积成正比, 则原点与该点的连线与 x 轴的夹角小于 $\frac{\pi}{4}$ 的概率是多少?

2. 考虑一元二次方程 $x^2 + Bx + C = 0$, 其中 B, C 分别是将一颗骰子接连掷两次先后出现的点数, 求该方程有实根的概率和有重根的概率.

1.4　条件概率、全概率公式和贝叶斯公式

1. 条件概率

简单地说, 条件概率就是在一定附加条件之下的事件概率.

从广义上看, 任何概率都是条件概率, 因为任何事件都产生于一定条件下的试验或观察, 但我们这里所说的 "附加条件" 是指除试验条件之外的附加信息, 这种附加信息通常表现为 "已知某某事件发生了".

例如, 在掷一颗骰子的试验中, $\Omega = \{\omega_1, \omega_2, \omega_3, \omega_4, \omega_5, \omega_6\}$, 若记

$$A = \text{"出现 2 点、3 点或 5 点"} = \{\omega_2, \omega_3, \omega_5\},$$
$$B = \text{"出现奇数点"}, \quad C = \text{"出现偶数点"},$$

则 $P(A) = P(B) = P(C) = \dfrac{1}{2}$.

假如附加有信息 "已知 B 事件发生了", 即现在已经知道掷出的是奇数点, 那么现在的所有可能结果就减少为三种: $\omega_1, \omega_3, \omega_5$, 相当于样本空间缩小了, 而事件 A 含有这其中的两个样本点: ω_3, ω_5. 于是, 在 B 已发生的条件下, A 发生的 "条件概率" 为 $\dfrac{2}{3}$, 为区别于 $P(A)$, 将此条件概率记为 $P(A|B)$. 这样, 就有 $P(A|B) = \dfrac{2}{3}$. 同理, 可求得 $P(A|C) = \dfrac{1}{3}$.

对一般的古典概型, 我们也不难给出 $P(A|B)$ 的计算公式.

设事件 A, B, AB 分别含有 n_A, n_B, n_{AB} 个样本点, 则在 "事件 B 已发生" 的条件下, 所有可能的样本点变成了 n_B 个, 其中包含在 A 中的有 n_{AB} 个样本点, 于是

$$P(A|B) = \frac{n_{AB}}{n_B} = \frac{n_{AB}/n}{n_B/n} = \frac{P(AB)}{P(B)}.$$

上式的意义在于, 条件概率可用普通的 "无条件" 概率来计算. 更一般地, 我们引入以下定义.

定义 1.2　设 A 和 B 为两个事件, $P(B) > 0$, 那么, 在 "B 已发生" 的条件下, A 发生的**条件概率** $P(A|B)$ 定义为

$$P(A|B) = \frac{P(AB)}{P(B)}. \tag{1.10}$$

在具体计算 $P(A|B)$ 时, 可以用公式 (1.10) 的右端来求, 也可以像刚才的例子那样, 直接从缩小了的样本空间来求, 后一种求法有时更方便、实用.

例 1.16 设甲、乙两路段今天发生拥堵的概率分别为 $\dfrac{1}{3}, \dfrac{1}{6}$, 两路段今天同时拥堵的概率为 $\dfrac{1}{12}$. 若已知其中一路段今天拥堵了, 求另一路段今天拥堵的概率.

解 设 $A =$ "甲路段今天拥堵", $B =$ "乙路段今天拥堵", 则由公式 (1.10), 得

$$P(A|B) = \frac{P(AB)}{P(B)} = \frac{\frac{1}{12}}{\frac{1}{6}} = \frac{1}{2}, \quad P(B|A) = \frac{P(BA)}{P(A)} = \frac{\frac{1}{12}}{\frac{1}{3}} = \frac{1}{4}.$$

例 1.17 依次掷三颗骰子, 记事件 $A =$ "三颗骰子出现的点数之和不小于 11", $B =$ "第一颗骰子出现 '1' 点", 求 $P(A|B)$.

解 在 B 已发生的条件下, 第二、第三两颗骰子各有 6 个可能的结果, 这样共有 $6 \times 6 = 36$ 种可能的试验结果, 而事件 A 包含的结果共有 6 种: "46", "64", "55", "56", "65", "66", 双引号中的两个数字依次表示第二、第三颗骰子出现的点数, 于是

$$P(A|B) = \frac{6}{36} = \frac{1}{6}.$$

此例若用公式 (1.10) 右端计算, 则稍显复杂, 不如直接计算简单.

从条件概率的定义, 不难验证条件概率具有以下性质 (习题 1 的第 23 题):

(1) $P[(A+B)|C] = P(A|C) + P(B|C)$;

(2) $P(\overline{A}|C) = 1 - P(A|C)$.

但是, 需要注意, 一般地, $P[A|(B+C)] \neq P(A|B) + P(A|C)$, $P(A|B) + P(A|\overline{B}) \neq 1$.

条件概率的一个重要应用便是下面的乘法公式.

2. 乘法公式

根据 (1.10), 当 $P(A) > 0$ 或 $P(B) > 0$ 时, 立即有

$$P(AB) = P(A) \cdot P(B|A) \quad \text{或} \quad P(AB) = P(B) \cdot P(A|B). \tag{1.11}$$

这就是概率的**乘法公式**, 它在计算复杂事件的概率时十分有用.

例 1.18 (见例 1.12) 若 100 件产品中有 5 件是次品, 求任取两件都是正品的概率.

解 令 $A_i =$ "取到的第 i 件是正品", $i = 1, 2$, 则所求的概率为 $P(A_1 A_2)$. 容易算出 $P(A_1) = \dfrac{95}{100} = 0.95$, $P(A_2|A_1) = \dfrac{94}{99}$ (因为在 A_1 发生的条件下, 剩余的

99 件中有 94 件正品), 故

$$P(A_1A_2) = P(A_1) \cdot P(A_2|A_1) = \frac{95}{100} \times \frac{94}{99} = 0.902.$$

这与例 1.12 的结果一致, 但采用的思路却不同. 如果说乘法公式的好处在本例中体现得还不够明显的话, 那么在下例中其优势就显得更加突出.

例 1.19 袋中有 3 只红球、6 只白球, 现随机地取一球, 如果取得的是红球, 则将该红球放入袋中并再放入 2 只红球; 如果是白球, 则只将该白球再放回袋中即可, 求任取两次全取到红球的概率.

解 设 $A_i =$ "第 i 次取到红球", $i = 1, 2$, 则所求概率为 $P(A_1A_2)$.

显然, $P(A_1) = \dfrac{3}{3+6} = \dfrac{1}{3}$. 在 A_1 发生的条件下, 第二次取球时袋中有 $6+3+2 = 11$ 只球, 其中红球有 $3+2 = 5$ 只, 因此, $P(A_2|A_1) = \dfrac{5}{11}$. 故

$$P(A_1A_2) = P(A_1) \cdot P(A_2|A_1) = \frac{1}{3} \times \frac{5}{11} = \frac{5}{33}.$$

本例是古典概型中著名的波利亚 (Polyá) 罐模型的一个简化, 而波利亚罐模型在传染病研究中应用较多.

乘法公式 (1.11) 还可推广到多个事件的情形, 如当 $P(A_1A_2 \cdots A_{m-1}) > 0$ 时, 有

$$\begin{aligned}
P(A_1A_2 \cdots A_m) &= P[(A_1A_2 \cdots A_{m-1})A_m] \\
&= P(A_1A_2 \cdots A_{m-1}) \cdot P(A_m|A_1A_2 \cdots A_{m-1}) = \cdots \\
&= P(A_1) \cdot P(A_2|A_1) \cdot \cdots \cdot P(A_i|A_1A_2 \cdots A_{i-1}) \\
&\quad \cdot \cdots \cdot P(A_m|A_1A_2 \cdots A_{m-1}).
\end{aligned}$$

我们看到, 运用乘法公式求复杂事件 A 的概率时, 关键在于如何将事件依次划分成 "适当" 事件之积, 使得前面事件都发生的条件下后一事件发生的条件概率便于计算. 例 1.19 就是一个典型例子, 请注意体会.

关于复杂事件概率的计算方法, 除乘法公式外, 下面还有一个更重要的公式.

3. 全概率公式

设事件组 $A_1, A_2, \cdots, A_n$ 互斥且 $A_1 + A_2 + \cdots + A_n = \Omega$ (图 1.5), $P(A_i) > 0$, $i = 1, 2, \cdots, n$, 则对任一事件 B, 有

$$P(B) = P(A_1) \cdot P(B|A_1) + P(A_2) \cdot P(B|A_2) + \cdots + P(A_n) \cdot P(B|A_n)$$

$$= \sum_{i=1}^{n} P(A_i)P(B|A_i), \tag{1.12}$$

称此式为**全概率公式**.

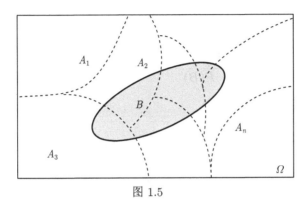

图 1.5

证明 因为 $B = B\Omega = B(A_1 + A_2 + \cdots + A_n) = (BA_1) + (BA_2) + \cdots + (BA_n)$, 于是, 由加法公式和乘法公式, 即证 (1.12) 式. □

从这个证明可以看出, 全概率公式的条件 $A_1 + A_2 + \cdots + A_n = \Omega$ 可削弱为 $B \subseteq A_1 + A_2 + \cdots + A_n$. 不过, 在许多场合, 条件 $A_1 + A_2 + \cdots + A_n = \Omega$ 可能 更容易验证.

假如我们把事件组 $A_1, A_2, \cdots, A_n$ 看作是引起 "结果" 事件 B 的所有可能 "原因", 那么, $P(A_i)$ 是原因 A_i 的概率, $P(B|A_i)$ 是原因 A_i 导致事件 B 发生的 概率, $i = 1, 2, \cdots, n$, 而全概率公式表明, 事件 B 的概率 $P(B)$ 就是全部原因对 应的概率乘积 $P(A_i)P(B|A_i)$ 之和, 因此, 可以说, 全概率公式是一个 "由因导果" 的概率计算公式.

由全概率公式可知, 在计算复杂事件 B 的概率时, 只要能找到一组适当的、互 斥简单事件 $A_1, A_2, \cdots, A_n$ 使它们的和事件是必然事件, 并且 $P(A_i)$ 和 $P(B|A_i)$ $(i = 1, 2, \cdots, n)$ 易于计算, 那么, $P(B)$ 的计算就可简化.

例 1.20 在例 1.19 中,

(1) 求第二次取到红球的概率;

(2) 在已知第二次取到红球的条件下, 求第一次取到球是红球的概率.

解 (1) 由题可知, 第二次取到红球可能是由第一次取到红球导致的, 也可能 是由第一次取到白球导致的, 这样, 我们自然将第一次取球的结果看作 "原因" 事 件, 从而考虑用全概率公式来计算题中的概率.

令 $A_1 = $ "第一次取到红球", $A_2 = \overline{A_1} = $ "第一次取到白球", $B = $ "第二次取

到红球", 则 $A_1 + A_2 = \Omega$. 于是, 由全概率公式

$$P(B) = P(A_1) \cdot P(B|A_1) + P(A_2) \cdot P(B|A_2)$$
$$= \frac{3}{3+6} \times \frac{3+2}{6+3+2} + \frac{6}{3+6} \times \frac{3}{3+6} = \frac{37}{99}.$$

(2) 根据条件概率公式和乘法公式可得

$$P(A_1|B) = \frac{P(A_1B)}{P(B)} = \frac{P(A_1) \cdot P(B|A_1)}{P(B)} = \frac{15}{37}.$$

另外, 还可算出

$$P(A_2|B) = P(\overline{A_1}|B) = 1 - P(A_1|B) = \frac{22}{37}.$$

此例中, 问题 (2) 的概率求解实际上蕴含着一个非常重要的概率公式.

4. 贝叶斯公式

在公式 (1.10)—(1.12) 的条件下, 若 $P(B) > 0$, 则立即有

$$P(A_i|B) = \frac{P(A_iB)}{P(B)} = \frac{P(A_i) \cdot P(B|A_i)}{\sum\limits_{k=1}^{n} P(A_k) \cdot P(B|A_k)}, \quad i = 1, 2, \cdots, n, \qquad (1.13)$$

上式称为**贝叶斯公式**, 以纪念著名统计学家贝叶斯 (Bayes, 1702—1761) 对概率论的贡献. 这一公式最早发表于 1763 年, 当时贝叶斯已经去世, 其结果没有受到应有的重视. 后来, 人们才逐渐认识到了这个著名概率公式的重要性. 现在, 贝叶斯公式以及根据它发展起来的贝叶斯统计已成为机器学习、人工智能和知识发现等领域的重要工具.

贝叶斯公式给出了 "结果" 事件 B 已发生的条件下, "原因" 事件 A_i 的条件概率, $i = 1, 2, \cdots, n$, 从这个意义上讲, 它是一个 "执果索因" 的条件概率计算公式. 相对于事件 B 而言, 概率论中把 $P(A_i)$ 称为**先验概率** (prior probability), 而把 $P(A_i|B)$ 称为**后验概率** (posterior probability), 这是在拥有附加信息 (即事件 B 已发生) 之后对事件 A_i 发生的可能性作出的重新认识, 体现了现有信息带来的知识更新.

例 1.21 某网购商品以 100 件为一箱, 假定每箱中最多只有 2 件次品, 且无次品、有 1 件次品和有 2 件次品的概率分别为 0.5, 0.3 和 0.2. 如果约定以下规则: 收到一箱商品后, 从中任取 10 件, 若有次品, 则立刻退货; 否则, 就接收货物, 完成交易, 那么, 试求

(1) 一箱商品被收货的概率;

(2) 若一箱商品已被收货, 则该箱商品中确实无次品的概率.

解 (1) 令 A_i = "一箱商品中有 i 件次品", $i = 0, 1, 2$,

$$B = \text{"一箱商品被收货"},$$

则 $P(A_0) = 0.5, P(A_1) = 0.3, P(A_2) = 0.2, A_0 + A_1 + A_2 = \Omega$, 且易求出以下条件概率:

$$P(B|A_0) = 1, \quad P(B|A_1) = \frac{C_{99}^{10}}{C_{100}^{10}} = 0.9, \quad P(B|A_2) = \frac{C_{98}^{10}}{C_{100}^{10}} \approx 0.809.$$

根据全概率公式 (1.12), 则有

$$P(B) = P(A_0) \cdot P(B|A_0) + P(A_1) \cdot P(B|A_1) + P(A_2) \cdot P(B|A_2)$$

$$\approx 0.5 \times 1 + 0.3 \times 0.9 + 0.2 \times 0.809 = 0.9318.$$

(2) 由贝叶斯公式, $P(A_0|B) = \dfrac{P(A_0 B)}{P(B)} = \dfrac{P(A_0) \cdot P(B|A_0)}{P(B)} \approx 0.5366.$

在本例中, 还可以求得 $P(A_1|B) \approx 0.2898, P(A_2|B) \approx 0.1736$. 我们看到, 当一箱商品已经成功交易时, 其中无次品、有 1 件次品和有 2 件次品的后验概率与相应的先验概率相比均有变化, 这些变化正是附加信息 B 带给我们的关于次品分布情况的新认识.

例 1.22 设某种病的发病率为 0.0004. 一种新的医学检验方法将已知有该病的人诊断为 "患者" 的概率是 0.99, 而将没该病的人诊断为 "健康人" 的概率是 0.98. 现有一人已被诊断为 "患者", 问此人真患该病的概率有多大?

解 设 A = "受检者被诊断为患者", B = "受检者患该病", 则由题可知

$$P(B) = 0.0004, \quad P(\overline{B}) = 0.9996, \quad P(A|B) = 0.99, \quad P(\overline{A}|\overline{B}) = 0.98,$$

$$P(A|\overline{B}) = 1 - P(\overline{A}|\overline{B}) = 0.02,$$

且所求的概率为 $P(B|A)$. 根据贝叶斯公式,

$$P(B|A) = \frac{P(B) \cdot P(A|B)}{P(B) \cdot P(A|B) + P(\overline{B}) \cdot P(A|\overline{B})}$$

$$= \frac{0.0004 \times 0.99}{0.0004 \times 0.99 + 0.9996 \times 0.02} \approx 0.0194.$$

这个结果多少有些令人吃惊甚至产生怀疑, 不过, 细心分析一下便不难理解. 虽然新方法比较准确, 它将无病者诊断为 "患者" 的概率 ($P(A|\overline{B}) = 0.02$) 并不高,

但真正的患者毕竟太少 $(P(B) = 0.0004)$, 只占万分之四, 而无病者占了绝大多数 $(P(\overline{B}) = 0.9996)$, 因此, 诊断出的 "患者" 大部分来自无病者群体 $(P(\overline{B}) \cdot P(A|\overline{B})$ 较大), 从而导致 $P(B|A)$ 相对偏小.

如果医生在用新方法之前, 已先用其他方法做了检查, 当他怀疑被检验者患该病时才用新方法, 那么, 他怀疑的对象的发病率 $P(B)$ 就会显著增大. 比如, 若 $P(B)$ 增大到 0.04, 则可求得 $P(B|A) \approx 0.6735$, 提高近 35 倍; 若 $P(B)$ 增大到 0.5, 则 $P(B|A) \approx 0.98$, 提高近 51 倍. 由此我们通过贝叶斯公式看到了一个医生其经验 (可理解为 $P(B)$) 的重要性.

本节思考题

1. 在例 1.22 中, 如果用该检验方法对第一次检验过的人群再做一次检验, 那么, 在第二次检验中被诊断为 "患者" 的人真患病的概率又有多大呢? 还能用贝叶斯公式吗?

2. 全概率公式的 "全" 是什么含义? 应用这个公式时, 最难把握的就是如何选诸 A_i 的问题, 从公式本身看该如何选择呢?

本节测试题

1. 设根据以往的记录, 某船只运送物品损坏的情况共有三种: 损坏 2% (记为事件 A_1)、损坏 10% (事件 A_2) 和损坏 90% (事件 A_3), 且已知 $P(A_1) = 0.8, P(A_2) = 0.15, P(A_3) = 0.05$. 现在从运来的物品中随机地取 1 件, 发现它是完好无损的 (记为事件 B). 试求 $P(A_1|B)$, $P(A_2|B), P(A_3|B)$.

2. 假如一道选择题设 n 个选项, 其中只有一个选项是正确的, 并且考生知道正确答案的概率为 0.5, 当不知道正确答案时就随机地猜一个. 若要求在考生答对的情况下该生确实知道正确答案的概率不低于 80%, 试问 n 至少应选多大?

1.5　事件的独立性

1. 两个事件的独立性

在前面的很多例子中, $P(A|B) \neq P(A)$, 这说明事件 A 与 B 是有关联的. 比如, 当 $P(A|B) > P(A)$ (或 $P(A|B) < P(A)$) 时, 就意味着 B 的发生使 A 发生的可能性增大 (或减小) 了, 也就是说, B 的发生对 A 的发生有 "促进" (或 "抑制") 作用. 本节考虑的是 $P(A|B) = P(A)$ 的情形, 涉及概率论中一个非常重要的概念——独立性.

由 (1.10) 式和乘法公式 (1.11) 知, 当 $P(B) > 0$ 时, $P(A|B) = P(A)$ 等价于以下的对称形式

$$P(AB) = P(A) \cdot P(B). \tag{1.14}$$

定义 1.3　若事件 A 和 B 满足 (1.14) 式, 则称 A 与 B 是**相互独立的** (mutually independent), 简称 A 与 B **独立**.

根据这个定义, 任何事件 A 都与必然事件 Ω 独立, 也与不可能事件 $\varnothing$ 独立.

定理 1.1　若事件 A 与 B 独立, 则以下每对事件都独立: $\overline{A}$ 与 B, A 与 $\overline{B}$, $\overline{A}$ 与 $\overline{B}$.

证明　由已知, $P(AB) = P(A) \cdot P(B)$, 从而

$$\begin{aligned}
P(\overline{A}B) &= P[(\Omega - A)B] = P[B - (AB)] = P(B) - P(AB) \\
&= P(B) - P(A) \cdot P(B) = [1 - P(A)] \cdot P(B) \\
&= P(\overline{A}) \cdot P(B),
\end{aligned}$$

故 $\overline{A}$ 与 B 独立.

同理可证: A 与 $\overline{B}$ 独立, $\overline{A}$ 与 $\overline{B}$ 也独立.

应当注意, 独立性与互斥性 (互不相容性) 是两个根本不同的概念, 前者强调事件没有关联, 后者强调事件不同时发生, 通常, 两者没有必然的联系. 例如, 事件 A 与 $\overline{A}$ 总是互斥的, 但它们未必独立. 当 $0 < P(A) < 1$ 时, 由 $P(A\overline{A}) = 0 \neq P(A) \cdot P(\overline{A})$ 可知, A 与 $\overline{A}$ 不独立; 当 $P(A) = 0$ 或 1 时, $P(A\overline{A}) = 0 = P(A) \cdot P(\overline{A})$, 此时 A 与 $\overline{A}$ 独立. 另外, 当 $P(A) > 0$ 且 $P(B) > 0$ 时, A 与 B 的独立性和互斥性不能同时具备. 请读者予以说明.

2. 多个事件的独立性

定义 1.4　设 $A_1, A_2, \cdots, A_n$ 为 $n\ (\geqslant 2)$ 个事件, 如果其中的任意两个事件都独立, 则称事件 $A_1, A_2, \cdots, A_n$ 是**两两独立的** (pairwise independent).

定义 1.5　设 $A_1, A_2, \cdots, A_n$ 为 $n(\geqslant 2)$ 个事件, 如果对任意的个数 $k\ (2 \leqslant k \leqslant n)$ 和任意的 k 个事件 $A_{i_1}, A_{i_2}, \cdots, A_{i_k}$, 都有

$$P(A_{i_1} A_{i_2} \cdots A_{i_k}) = P(A_{i_1}) \cdot P(A_{i_2}) \cdot \cdots \cdot P(A_{i_k}) \tag{1.15}$$

成立, 则称事件 $A_1, A_2, \cdots, A_n$ **相互独立**, 或称事件组 $A_1, A_2, \cdots, A_n$ **独立**.

需要说明的是, (1.15) 式实际上蕴含着 $C_n^2 + C_n^3 + \cdots + C_n^n = 2^n - 1 - n$ 个等式. 特别地, 当 $n = 3$ 时, (1.15) 式蕴含着以下 4 个等式:

$$\begin{aligned}
P(A_1 A_2) &= P(A_1) \cdot P(A_2), \\
P(A_1 A_3) &= P(A_1) \cdot P(A_3), \\
P(A_2 A_3) &= P(A_2) \cdot P(A_3), \\
P(A_1 A_2 A_3) &= P(A_1) \cdot P(A_2) \cdot P(A_3).
\end{aligned}$$

可见, 如果事件 $A_1, A_2, \cdots, A_n$ 相互独立, 则它们必定两两独立, 但事件 $A_1,$ $A_2, \cdots, A_n$ 两两独立却不能推出它们相互独立. 弄清这两个概念的区别与联系, 对正确认识多个事件的不同独立性含义十分必要.

由定义 1.5, 可得以下结论 (证明过程从略).

定理 1.2 若事件组 $A_1, A_2, \cdots, A_n$ 独立, 则

(1) 其中任意 $k(2 \leqslant k \leqslant n)$ 个事件形成的事件组 $A_{i_1}, A_{i_2}, \cdots, A_{i_k}$ 独立;

(2) 将其中任意多个事件换为相应的对立事件后形成的事件组仍独立.

定理 1.2 的结论 (2) 可看成是定理 1.1 的推广. 比如, 当事件组 A_1, A_2, A_3 独立时, 事件组 $A_1, \overline{A_2}, \overline{A_3}$ 独立; 事件组 $\overline{A_1}, \overline{A_2}, A_3$ 独立; 事件组 $A_1, A_2, \overline{A_3}$ 也独立, 等等.

例 1.23 设事件 A_1, A_2, A_3 独立, 求证:

(1) 事件 $(A_1 A_2)$ 与 A_3 独立;

(2) 事件 $(A_1 \cup A_2)$ 与 A_3 独立.

证明 (1) 由已知,

$$P[(A_1 A_2) A_3] = P(A_1 A_2 A_3) = P(A_1) \cdot P(A_2) \cdot P(A_3) = P(A_1 A_2) \cdot P(A_3),$$

根据定义 1.3, 事件 $A_1 A_2$ 与 A_3 独立;

(2) 注意到

$$\begin{aligned}
P[(A_1 \cup A_2) A_3] &= P[(A_1 A_3) \cup (A_2 A_3)] \\
&= P(A_1 A_3) + P(A_2 A_3) - P[(A_1 A_3)(A_2 A_3)] \\
&= P(A_1) \cdot P(A_3) + P(A_2) \cdot P(A_3) - P(A_1) \cdot P(A_2) \cdot P(A_3) \\
&= [P(A_1) + P(A_2) - P(A_1) \cdot P(A_2)] \cdot P(A_3) \\
&= P(A_1 \cup A_2) \cdot P(A_3),
\end{aligned}$$

故事件 $(A_1 \cup A_2)$ 与 A_3 独立.

此例的直观意义是很明显的, 因为 A_1, A_2, A_3 独立, 即彼此毫无关联, 自然, 事件 $A_1 A_2$ 与 A_3 以及事件 $(A_1 \cup A_2)$ 与 A_3 也都没有关联, 从而它们独立. 对多个独立的事件, 类似的结论仍然成立.

在许多实际问题中, 我们并不总是用 (1.14) 式或 (1.15) 式来判断事件的独立性, 而是相反, 直接从问题的实际背景出发, 看两个事件是否互不关联, 如果两个事件互不关联, 彼此没有影响, 就可认为是独立的. 从而可用 (1.14) 式计算积事件的概率 $P(AB)$. 这样, 独立性还是计算复杂事件概率的一个重要途径. 下面给出两个常用的基本公式.

定理 1.3 若事件组 $A_1, A_2, \cdots, A_n$ 独立, 则

$$P(A_1 A_2 \cdots A_n) = P(A_1) \cdot P(A_2) \cdots P(A_n), \tag{1.16}$$

$$P(A_1 \cup A_2 \cup \cdots \cup A_n) = 1 - P(\overline{A_1}) \cdot P(\overline{A_2}) \cdots P(\overline{A_n}). \tag{1.17}$$

证明 由定义 1.5 立即可证 (1.16) 式. 根据定理 1.2 的结论 (2), 事件组 $\overline{A_1}$, $\overline{A_2}, \cdots, \overline{A_n}$ 亦独立. 故

$$P(A_1 \cup A_2 \cup \cdots \cup A_n) = 1 - P(\overline{A_1 \cup A_2 \cup \cdots \cup A_n})$$
$$= 1 - P(\overline{A_1}\,\overline{A_2} \cdots \overline{A_n})$$
$$= 1 - P(\overline{A_1}) \cdot P(\overline{A_2}) \cdots P(\overline{A_n}),$$

即 (1.17) 式得证.

例 1.24 设红蓝两队共 10 名专业人员各自独立地破译一份密码, 其中 6 名红队人员能在规定时间内完成破译的概率均为 0.4, 4 名蓝队人员能在规定时间内完成破译的概率均为 0.5, 求在规定时间内密码能被成功破译的概率.

解 设 $A_i =$ "第 i 个红队人员在规定时间内成功破译密码", $i = 1, 2, \cdots, 6,$
$B_j =$ "第 j 个蓝队人员在规定时间内成功破译密码", $j = 1, 2, 3, 4,$
$C =$ "密码在规定时间内被成功破译",
则 $C = A_1 \cup A_2 \cup \cdots \cup A_6 \cup B_1 \cup \cdots \cup B_4.$ 由已知, $P(A_i) = 0.4, P(B_j) = 0.5,$ 且 $A_1, A_2, \cdots, A_6, B_1, \cdots, B_4$ 独立, 于是

$$P(C) = 1 - P(\overline{C}) = 1 - P(\overline{A_1}\,\overline{A_2} \cdots \overline{A_6}\,\overline{B_1} \cdots \overline{B_4})$$
$$= 1 - P(\overline{A_1})P(\overline{A_2}) \cdots P(\overline{A_6}) \cdot P(\overline{B_1}) \cdots P(\overline{B_4})$$
$$= 1 - (1 - 0.4)^6 (1 - 0.5)^4 \approx 0.997.$$

例 1.25 如图 1.6 所示的一个电路由 5 个元件组成, 各元件在单位时间内发生故障的概率都为 p, 且各元件工作正常与否相互独立, 求在单位时间内该电路因元件出现故障而断开的概率.

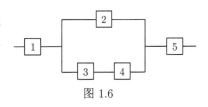

图 1.6

解 令

$$A_i = \text{"第 } i \text{ 个元件出现故障"}, \quad i = 1, 2, \cdots, 5,$$
$$B = \text{"该电路断开"}.$$

由题可知, $\overline{A_1}, \overline{A_2}, \cdots, \overline{A_5}$ 独立, $P(\overline{A_i}) = 1 - p, i = 1, 2, \cdots, 5,$ 并且

$$\overline{B} = \overline{A_1}[\overline{A_2} \cup (\overline{A_3}\,\overline{A_4})]\overline{A_5} = (\overline{A_1}\,\overline{A_2}\,\overline{A_5}) \cup (\overline{A_1}\,\overline{A_3}\,\overline{A_4}\,\overline{A_5}),$$

于是

$$P(\overline{B}) = P[(\overline{A_1}\,\overline{A_2}\,\overline{A_5}) \cup (\overline{A_1}\,\overline{A_3}\,\overline{A_4}\,\overline{A_5})]$$

$$= P(\overline{A_1}\,\overline{A_2}\,\overline{A_5}) + P(\overline{A_1}\,\overline{A_3}\,\overline{A_4}\,\overline{A_5}) - P[(\overline{A_1}\,\overline{A_2}\,\overline{A_5})(\overline{A_1}\,\overline{A_3}\,\overline{A_4}\,\overline{A_5})]$$

$$= P(\overline{A_1})P(\overline{A_2})P(\overline{A_5}) + P(\overline{A_1})P(\overline{A_3})P(\overline{A_4})P(\overline{A_5}) - P(\overline{A_1}\,\overline{A_2}\,\overline{A_3}\,\overline{A_4}\,\overline{A_5})$$

$$= (1-p)^3 + (1-p)^4 - P(\overline{A_1})P(\overline{A_2})P(\overline{A_3})P(\overline{A_4})P(\overline{A_5})$$

$$= (1-p)^3 + (1-p)^4 - (1-p)^5,$$

$$P(B) = 1 - P(\overline{B}) = 1 - (1-p)^3 - (1-p)^4 + (1-p)^5.$$

注　此例中, 若直接采用 B 的表示式: $B = A_1 \cup [A_2(A_3 \cup A_4)] \cup A_5$, 进而用加法公式计算 $P(B)$, 则过程较为烦琐. 例 1.24 和例 1.25 表明, 根据简单独立事件的概率来计算复杂事件的概率时, 应尽量多采用积事件的形式表示复杂事件, 以达到简化计算的目的.

例 1.26　掷一颗骰子四次, 求以下事件的概率:

(1) 至少出现一次 "6" 点;

(2) 恰好出现两次 "6" 点.

解　(1) 设

$$A_i = \text{"第 } i \text{ 次出现 '6' 点"}, \quad i = 1,2,3,4,$$
$$B = \text{"四次投掷中至少一次出现 '6' 点"},$$
$$C = \text{"四次投掷中恰好两次出现 '6' 点"},$$

则 $B = A_1 \cup A_2 \cup A_3 \cup A_4$, $P(A_i) = \dfrac{1}{6}$ $(i = 1, 2, \cdots, 6)$, 且 A_1, A_2, A_3, A_4 独立, 于是

$$P(B) = 1 - P(\overline{B}) = 1 - P(\overline{A_1}\,\overline{A_2}\,\overline{A_3}\,\overline{A_4})$$

$$= 1 - P(\overline{A_1}) \cdot P(\overline{A_2}) \cdot P(\overline{A_3}) \cdot P(\overline{A_4})$$

$$= 1 - \left(1 - \frac{1}{6}\right)^4 \approx 0.5177.$$

(2) 事件 C 可分解为以下 C_4^2 个事件的和事件:

$$B_1 = A_1 A_2 \overline{A_3}\,\overline{A_4}, \quad B_2 = A_1 \overline{A_2} A_3 \overline{A_4}, \quad B_3 = A_1 \overline{A_2}\,\overline{A_3} A_4,$$
$$B_4 = \overline{A_1} A_2 A_3 \overline{A_4}, \quad B_5 = \overline{A_1} A_2 \overline{A_3} A_4, \quad B_6 = \overline{A_1}\,\overline{A_2} A_3 A_4.$$

这六个事件是互斥的, 且 $C = B_1 + B_2 + \cdots + B_6$. 于是

$$P(C) = P(B_1 + B_2 + \cdots + B_6) = P(B_1) + P(B_2) + \cdots + P(B_6)$$

$$= P(A_1) \cdot P(A_2) \cdot P(\overline{A_3}) \cdot P(\overline{A_4}) + P(A_1) \cdot P(\overline{A_2}) \cdot P(A_3) \cdot P(\overline{A_4})$$

$$+ \cdots + P(\overline{A_1}) \cdot P(\overline{A_2}) \cdot P(A_3) \cdot P(A_4)$$

$$= C_4^2 \left(\frac{1}{6}\right)^2 \left(1 - \frac{1}{6}\right)^2 \approx 0.1157.$$

虽然每次投掷中出现 "6" 点的概率较小 (约 16.67%), 但在四次投掷中至少出现一次 "6" 点的概率竟达 51.77%. 这种现象说明, 即使一个事件在一次试验中发生的概率较小, 但当试验次数较大时, 它至少发生一次的概率也会较大. 这种现象在一些实际问题中还是需要注意的.

从例 1.26 可进一步推出: 若投掷 n 次, 则恰好出现 k 次 "6" 点的概率为

$$C_n^k \left(\frac{1}{6}\right)^k \left(1 - \frac{1}{6}\right)^{n-k}, \quad k = 0, 1, 2, \cdots, n.$$

为将这一结果更加一般化, 现在引入如下定义.

定义 1.6 设 E 为一随机试验, 将 E 独立地重复 n 次得到的复合试验称为 **n 重独立试验**; 若 E 只有两个可能结果 (如事件 A 发生或不发生), 则称其为**伯努利试验** (Bernoulli trials), 由它得到的 n 重独立试验称为 **n 重伯努利试验**.

伯努利试验以及相应的概率模型在实际中应用较多. 比如, 掷一颗骰子的试验就是伯努利试验, 掷 n 次就是 n 重伯努利试验. 还有, 对任一事件 A, 若试验的目的只是观察 A 发生与否, 那么, 独立地做 n 次试验或观察就构成一个 n 重伯努利试验. 关于 n 重伯努利试验, 我们不加证明地给出以下重要结论.

定理 1.4 对任一事件 A, 若 $P(A) = p$, 则在观察 A 发生与否的 n 重伯努利试验中, 事件 A 恰好发生 k 次的概率为

$$C_n^k p^k (1-p)^{n-k}, \quad k = 0, 1, 2, \cdots, n. \tag{1.18}$$

这是概率论中一个相当重要的结论. 下面是该结论的一个应用.

例 1.27 一辆公共汽车载有 20 名乘客向某车站驶来, 假如车上每名乘客在该站下车的概率均为 $\frac{1}{4}$, 且所有乘客在该站下车与否互不关联, 求此辆公共汽车上有 5 名乘客在该站下车的概率.

解 设 $A =$ "一乘客在该站下车", $B =$ "有 5 名乘客在该站下车", 则 $p = P(A) = \frac{1}{4}$, 且 $P(B)$ 可看作事件 A 在 20 次独立重复 "试验" 中恰好发生 5 次的概率, 于是, 由公式 (1.18),

$$P(B) = C_{20}^5 \left(\frac{1}{4}\right)^5 \left(1 - \frac{1}{4}\right)^{15} \approx 0.2023.$$

　　应用定理 1.4 的关键是如何根据实际问题正确理解定理中的 "试验" 和 "事件 A". 就像我们在例 1.14 (分房问题) 后所作的评注一样, 实际上, 很多概率的计算都可归结为概率模型的应用. 只有掌握概率模型的实质才能达到由表及里、触类旁通的效果.

本节思考题

　　1. 如果一个事件发生与否并不影响另一个事件发生与否, 那这两个事件就是独立的吗? 反过来, 又怎么样呢? 也就是说, 事件相互独立与事件互不关联是不是一回事?

　　2. 若事件 A 与事件 B 独立, 事件 B 与事件 C 独立, 则事件 A 与事件 C 独立吗?

本节测试题

　　1. 当事件组 A_1, A_2, A_3 独立时, 证明: 事件组 A_1, $\overline{A_2}$, $\overline{A_3}$ 独立.

　　2. 甲乙两名同学投篮的命中率分别为 0.7 和 0.8, 各投 3 次, 求

　　(1) 甲命中 2 次的概率;

　　(2) 甲乙两同学同时命中 2 次的概率.

最后, 我们通过图 1.7 对本章主要内容和重要公式作一概括性小结, 以便强化联系, 深入理解.

本章主要知识概括

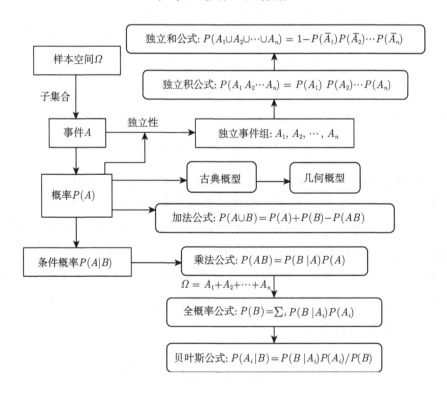

习 题 1

1. 一袋中有标号为 1, 2, 3, 4 的四只球, 现做以下四个随机试验, 试写出各随机试验的样本空间:

(1) 现从袋中任取出一球后不放回, 再取一球. 记录两次取球的结果.

(2) 现从袋中任取出一球后放回袋中, 再取出一球. 记录两次取球的结果.

(3) 现从袋中一次任取两只球, 记录取球的结果.

(4) 现从袋中不放回地一只接一只取球, 直到取到 1 号球为止, 记录取球的结果.

2. 试用三个随机事件 A, B, C 的运算关系表示下列事件:

(1) 仅 A 发生;

(2) A, B, C 都发生;

(3) A, B, C 都不发生;

(4) A, B, C 不都发生;

(5) A 不发生, 且 B 和 C 中至少有一事件发生;

(6) A, B, C 中至少有一事件发生;

(7) A, B, C 中恰有一事件发生;

(8) A, B, C 中至少有两个事件发生;

(9) A, B, C 中最多有一个事件发生.

3. 袋中有十只球, 分别标有号码 "1" 至 "10". 现从中任取一球, 设 $A =$ "取得球的号码是偶数", $B =$ "取得球的号码是奇数", $C =$ "取得球的号码小于 5", 问下述运算表示什么事件: (1) $A \cup B$; (2) AB; (3) AC; (4) $\overline{A}\,\overline{C}$; (5) $\overline{B \cup C}$.

4. 从某班任选一名同学, 以事件 A 表示选到的是男同学, 事件 B 表示选到的人不喜欢唱歌, 事件 C 表示选到的人是运动员.

(1) 描述事件 $AB\overline{C}$ 和 $A\overline{B}C$ 的含义.

(2) 什么条件下成立 $ABC = A$?

(3) 何时成立 $\overline{C} = B$?

(4) 何时同时成立 $A = B$ 和 $\overline{A} = C$.

5. 化简下列事件:

(1) $(AB) \cup (A\overline{B})$; (2) $(\overline{A} \cup \overline{B})(\overline{A} \cup B)$; (3) $(A\overline{B}) \cup (\overline{A}B) \cup (\overline{A}\,\overline{B})$;

(4) $(\overline{A}B) \cup (A\overline{B}) \cup (AB)$; (5) $(AB) \cup (A - B) \cup \overline{A}$.

6. (1) 已知 $P(B) = 0.3$, $P(A \cup B) = 0.6$, 求 $P(A)$;

(2) 已知 $P(AB) = P(\overline{A}\,\overline{B})$, 且 $P(A) = p$, 求 $P(B)$;

(3) 已知 $P(A) = P(B) = P(C) = \dfrac{1}{4}$, $P(AB) = 0$, $P(AC) = P(BC) = \dfrac{1}{16}$, 求 A, B, C 全不发生的概率.

7. (1) 已知 A_1 与 A_2 同时发生时 A 发生, 试证明 $P(A) \geqslant P(A_1) + P(A_2) - 1$.

(2) 若 $A_1 A_2 A_3 \subseteq A$, 试证明 $P(A) \geqslant P(A_1) + P(A_2) + P(A_3) - 2$.

(3) 验证事件 A 和事件 B 恰有一个发生的概率为 $P(A) + P(B) - 2P(AB)$.

8. 求证: $P(A \cup B \cup C) = P(A) + P(B) + P(C) - P(AB) - P(AC) - P(BC) + P(ABC)$.

9. (1) 若 $P(A) = P(B) = P(C) = \dfrac{1}{4}$, $P(AB) = P(BC) = 0$, $P(AC) = \dfrac{1}{8}$, 求事件 A, B, C 中至少有一个发生的概率;

(2) 已知 $P(A) = 1/2$, $P(B) = 1/3$, $P(C) = 1/5$, $P(AB) = 1/10$, $P(AC) = 1/15$, $P(BC) = 1/20$, $P(ABC) = 1/30$, 求 $A \cup B$, $\overline{A}\,\overline{B}$, $A \cup B \cup C$, $\overline{A}\,\overline{B}\,\overline{C}$, $\overline{A}\,\overline{B}C$, $\overline{A}\,\overline{B} \cup C$.

10. 从 1, 2, 3, 4, 5 五个数码中, 任取三个不同数字排成一个三位数, 求: (1) 所得三位数为偶数的概率; (2) 所得三位数为奇数的概率.

11. 在房间里有 10 个人, 分别佩戴从 1 号到 10 号的纪念章, 任选 3 个人记录其纪念章的号码. 求

(1) 最小号码为 5 的概率;

(2) 最大号码为 5 的概率.

12. 电话号码由八位数组成, 除要求第一个数字不能为 0 外, 各位数字可从 0, 1, 2, $\cdots$, 9 中任选, 求电话号码由完全不相同的数字组成的概率.

13. 把 20 个球队分成两组 (每组 10 队) 进行比赛, 求最强的两个队在不同组的概率.

14. 从一副共有 52 张的扑克牌 (不含大小王) 中任取 5 张, 求其中至少有一张 A 字牌的概率.

15. 一袋中有 5 只白球和 3 只黑球, 现从中任取 2 只球, 求:

(1) 取得的 2 只球同色的概率;

(2) 取得的 2 只球至少有 1 只是白球的概率.

16. (1) 100 人中至少有一个人的生日是国庆节的概率是多少 (一年以 365 天计)?

(2) 4 人中至少有两个人是同月出生的概率是多少?

17. 某产品共有 40 件, 其中次品 3 件, 现从中任取 3 件, 求下列事件的概率:

(1) 3 件全是次品;

(2) 3 件全是正品;

(3) 3 件中至少有一件次品.

18. 设有 n 只球, 每个都以同样的概率 $\dfrac{1}{N}$ 落到 N 个格子的每一个格子里 $(N \geqslant n)$, 试求:

(1) 某指定的 n 个格子中各有一球的概率;

(2) 恰有 n 个格子中各有一球的概率.

19. 从 n 双不同的鞋子中任取 $2r$ $(2r < n)$ 只, 求下列事件的概率:

(1) 没有成对的鞋子;   (2) 只有一双成对的鞋子;

(3) 恰有两双成对的鞋子;   (4) 有 r 双成对的鞋子.

20. 某码头只能容纳一条船, 现预知某日将有两只不相关联的船舶在码头停靠, 且各船在 24h 内各时刻来到的可能性相等, 如果它们需要停靠的时间分别为 3h 和 4h, 试求有船等待停靠的概率.

21. 在一线段 AB 中随机地取两点 Z_1 和 Z_2, 求线段 AZ_1, Z_1Z_2, Z_2B 可以构成一个三角形的概率 (三线段能构成三角形的充要条件是任意两边之和大于第三边).

22. 设 A, B 为随机事件, $P(A) = 0.92$, $P(B) = 0.93$, $P(B|\overline{A}) = 0.85$, 求 $P(A|\overline{B})$.

23. 设 $0 < P(A) < 1$, $0 < P(B) < 1$, $P(A|B) + P(\overline{A}|\overline{B}) = 1$, 求证: A 与 B 相互独立.

24. 设 $P(C) > 0$, 求证: $P(A + B|C) = P(A|C) + P(B|C)$, $P(\overline{A}|C) = 1 - P(A|C)$.

25. 一批零件共 100 个, 其中次品有 10 个, 每次从其中任取一件, 共取三次, 取出后的零件不再放回, 求第三次才取到合格品的概率.

26. 设有六张字母卡片, 其中两张是 "e", 两张是 "s", 一张是 "r", 一张是 "i", 混合后重新排列, 求恰好排成 "series" 的概率.

27. 袋中有 a 只黑球、b $(b \geqslant 3)$ 只白球, 甲、乙、丙三人依次从袋中不放回地取出一球, 试分别求出三个人各自取得白球的概率.

28. 对同一目标进行三次独立射击, 第一、二、三次射击命中的概率分别为 0.4, 0.5, 0.7, 试求:

(1) 在这三次射击中, 恰好有一次命中目标的概率;

(2) 至少有一次命中目标的概率.

29. 假设一厂家生产的仪器可以直接出厂的概率为 0.70, 而需进一步调试的概率为 0.30, 经调试后可以出厂的概率为 0.80. 假设各台仪器的生产过程相互独立. 现该厂新生产了 n 台仪器 $(n \geqslant 2)$, 求以下事件的概率:

(1) 全部能出厂;

(2) 其中恰好有两台不能出厂;

(3) 其中至少有两台不能出厂.

30. 如图 1.7 所示, 1, 2, 3, 4, 5, 6 表示继电器接点, 假设每一继电器接点闭合的概率都为 p, 且各继电器接点闭合与否相互独立, 求 L 至 R 是通路的概率.

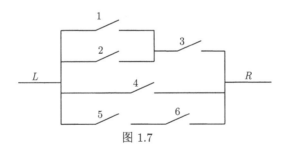

图 1.7

31. 某仓库有同样规格的产品 12 箱, 其中甲, 乙, 丙三个厂生产的分别有 6, 4, 2 箱, 三个厂的次品率分别为 $\frac{1}{10}, \frac{1}{14}, \frac{1}{18}$. 现从 12 箱中任取 1 箱, 再从此箱中任取一件产品, 求取得的产品是次品的概率.

32. 猎人在距离猎物 100 米的地方进行, 击中猎物的概率为 0.6, 如果第一次未击中, 则进行第 2 次射击. 但由于猎物逃跑而使射击距离变为 150 米, 如果第二次又未击中, 则进行第三次射击, 这时射击距离变为 200 米. 假定击中的概率与射击距离成反比, 求猎人最多射击三次而击中猎物的概率.

33. 一道选择题同时列出 m 个答案, 要求学生将其中的一个正确答案选择出来. 某考生可能知道哪个是正确答案, 也可能乱猜一个. 设考生知道正确答案的概率为 p, 而乱猜的概率为 $1-p$, 设他乱猜答案时猜对的概率为 $\frac{1}{m}$. 如果现在已知他答对了, 问他确实知道正确答案的概率是多少?

34. 设男女两性人口之比为 51 : 49, 又设男人色盲率为 2%, 女人色盲率为 0.25%, 现随机抽到一人发现是色盲, 问 "此人是男人" 的概率是多少?

35. 将 A, B, C 三个字母之一输入信道, 输出为原字母的概率为 α, 而输出为其他两个字母的概率都是 $\dfrac{1-\alpha}{2}$. 今将字母串 $AAAA, BBBB, CCCC$ 之一输入信道, 并且输入 $AAAA, BBBB, CCCC$ 的概率分别为 p_1, p_2, p_3 $(p_1 + p_2 + p_3 = 1)$, 已知输出为 $ABCA$, 问输入的是 $AAAA$ 的概率是多少 (设信道传输各个字母的工作是相互独立的)?

36. 有朋自远方来, 他乘火车、船、汽车、飞机来的概率分别为 0.3, 0.2, 0.1, 0.4, 若乘火车来, 则迟到的概率是 0.25; 乘船来迟到的概率为 0.3; 乘汽车来迟到的概率为 0.1; 乘飞机则不会迟到. 现在他迟到了, 试推测他乘哪种交通工具来的可能性最大.

37. 电报信号由 "·" 与 "–" 组成, 设发报台传送 "·" 与 "–" 的比例为 3 : 2, 由于通信系统存在干扰, 可能会引起失真. 已知传送 "·" 时, 失真的概率为 0.2 (即发出 "·", 收到 "–"); 传送 "–" 时, 失真的概率为 0.1 (即发出 "–" 而收到 "·"). 现在, 收报台收到的是信号 "·", 求发报台确实发出 "·" 的概率.

38. 假设某地人群中某病毒的带毒率为 10%, 在检测时, 带病毒者呈阳、阴性反应的概率为 0.95 和 0.05, 而不带病毒者呈阳、阴性反应的概率则为 0.01 和 0.99. 今某人独立地检测三次, 发现两次呈阳性反应、一次呈阴性反应. 问此人为病毒携带者的概率是多少?

第 1 章测试题

第 2 章　一维随机变量及其分布

在第 1 章里, 我们研究了随机事件及其概率, 建立了概率论中的一些基本概念, 初步掌握了一些典型随机事件的概率计算方法. 然而在实际中, 由一个随机试验导出的随机事件是多种多样的, 想通过随机事件概率的计算来了解随机现象的规律性显得很不方便.

在本章中, 我们将引进概率论中的一个重要概念——随机变量. 随机变量的引进是概率论发展史上的重要标志, 它使概率论的研究从随机事件转变为随机变量, 使随机试验的结果数量化, 使随机现象的处理变得更加简单、直接和统一. 这有利于我们用分析的方法来定量地研究随机现象的统计规律.

本章将介绍随机变量的概念、随机变量的分布及一些常见的典型分布, 给出分布函数的概念及计算, 最后给出随机变量函数的分布.

2.1　随机变量及其分布

1. 随机变量的概念

现实世界有各种各样的随机现象和随机事件, 我们不可能一一研究, 能不能找到一个一般性方法对它们进行统一分析和处理呢? 答案是肯定的. 本节引入这个方法的核心概念——随机变量.

直观上, 我们将随机现象的每一种表现, 即随机试验的每一个可能观察到的结果叫随机事件. 随机试验的结果本身有两种表达形式: 一种是数值型; 另一种是描述型.

例 2.1　向一个固定的目标射击 n 次, 观察在这 n 次射击中命中目标的次数是多少? 对于这个随机试验, 它可能的试验结果 (即样本点或基本事件) 是 0, 1, 2, $\cdots$, n; 样本空间 $\Omega = \{0, 1, 2, \cdots, n\}$. 试验结果本身就是数值型的. 我们用 X 表示在 n 次射击中命中目标的次数, 这就引入了一个变量, 这个变量的取值由试验的结果所确定, X 随着试验结果的不同而取不同的值.

例 2.2　取一个灯管, 测试它的使用寿命是多少时间? 对于这个试验, 它可能的试验结果是 $[0, +\infty)$ 内的任意值; 样本空间 $\Omega = [0, +\infty)$. 试验结果本身也是数值型的. 我们用 X 表示灯管的寿命, 这个变量的取值由试验的结果确定.

例 2.3　抛掷一枚硬币, 规定: 其中的一面为正面, 另一面为反面. 观察它出现的面 (向上的面). 可能的试验结果 (即样本点或基本事件) 是正面, 或者反面;

样本空间 $\Omega = \{$正面, 反面$\}$. 为了便于研究, 我们将每一个结果用实数来代替, 定义 X: 若出现正面, 取 $X = 1$, 若出现反面, 取 $X = 0$, 即

$$X = \begin{cases} 1, & \text{出现正面,} \\ 0, & \text{出现反面,} \end{cases}$$

建立这种数量化的关系就相当于引入了一个变量, 这样的变量 X 随着试验的不同结果而取不同的值. 如果与试验的样本空间联系起来, 那么对应于样本空间中的不同元素, 变量 X 就取不同的值, X 将该试验的每一个结果与唯一的实数对应起来, 形成定义在 Ω 上的一个函数.

由上可知, 试验的结果不管是哪种形式, 我们总可以设法使其结果与唯一的实数对应起来, 将它转化为数值型. 这样, 不管随机试验可能出现的结果是何种类型, 我们总可以在试验的样本空间 Ω 上定义一个函数, 使试验的每一个结果都与唯一的实数对应起来. 为此我们引入以下定义.

定义 2.1　设 E 是一个随机试验, Ω 是由 E 产生的样本空间, 对于任意的 $\omega \in \Omega$, $X = X(\omega)$ 是定义在 Ω 上的单值实值函数且对任意实数 x, $\{\omega : X(\omega) \leqslant x\}$ 是随机事件, 则称 $X = X(\omega)$ 为一个定义在 Ω 上的**随机变量** (random variable), 简记为 X.

一般地, 随机变量用大写字母 $X, Y, Z, \cdots$ 表示, 其取值用小写字母 $x, y, z, \cdots$ 表示.

在例 2.1—例 2.3 中所定义的变量 X 均为随机变量. 易知, 在例 2.1 的随机试验中, X 是定义在 Ω 上, 取值为 $0, 1, 2, \cdots, n$ 的随机变量. 若在此随机试验中, 设 $Y = 1$ 表示目标被击中, $Y = 0$ 表示目标没有被击中, 则 Y 是定义在 Ω 上, 取值为 0 和 1 的随机变量, 如图 2.1 所示, 易知在同一随机试验中, 不同的设置可得不同的随机变量.

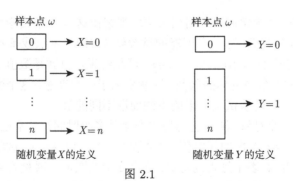

图 2.1

设 E 是一个随机试验, Ω 是由 E 产生的样本空间. 若 $X = X(\omega)$ 为一个定

义在 Ω 上的随机变量, 则对于任意实数 $x, x_1, x_2(x_1 < x_2)$,

$$\{\omega : x_1 < X(\omega) \leqslant x_2\}; \quad \{\omega : X(\omega) = x\}; \quad \{\omega : x_1 < X(\omega) < x_2\};$$

$$\{\omega : x_1 \leqslant X(\omega) < x_2\}; \quad \{\omega : x_1 \leqslant X(\omega) \leqslant x_2\}; \quad \{\omega : X(\omega) < x_2\};$$

$$\{\omega : X(\omega) > x\}; \quad \{\omega : X(\omega) \geqslant x\}$$

都是随机事件.

引入随机变量后, 随机事件 $\{\omega : X(\omega) \leqslant x\}$ 的概率 $P\{\omega : X(\omega) \leqslant x\}$ 以后可简记为 $P\{X(\omega) \leqslant x\}$, 或简记为 $P\{X \leqslant x\}$, 即 $P\{X \leqslant x\} = P\{X(\omega) \leqslant x\} = P\{\omega : X(\omega) \leqslant x\}$.

类似地, $P\{x_1 < X \leqslant x_2\} = P\{x_1 < X(\omega) \leqslant x_2\} = P\{\omega : x_1 < X(\omega) \leqslant x_2\}, \cdots,$ $P\{X \geqslant x\} = P\{X(\omega) \geqslant x\} = P\{\omega : X(\omega) \geqslant x\}$.

2. 随机变量的特征

(1) 引进随机变量以后, 任一随机事件就可以用随机变量在实数轴上的某一集合中的取值来表示. 随机变量是定义在样本空间上的 (样本空间的元素不一定是实数) 一个函数, 它不同于普通函数, 普通函数是定义在实数轴上的一个函数, 这是二者的差别之一.

(2) 作为样本空间上的函数, 随机变量的取值随试验的结果而定, 而试验的各个结果按照一定的概率出现, 因而, 随机变量的取值也有一定的概率, 这是随机变量与普通函数的差别之二.

(3) 随机变量的引入使随机事件的发生可以用随机变量的取值表示. 这样, 我们可以用随机变量取值的概率来研究随机事件发生的概率, 从而将对随机事件概率的研究转化为随机变量取值概率的研究, 使我们用分析的方法来研究随机试验成为可能. 随机变量是研究随机试验的有效工具.

一般地, 随机变量 X 取值的概率称为该随机变量 X 的概率分布. 要研究随机变量 X 的概率分布, 我们就要完成如下两件事:

(1) 随机变量的取值范围是什么?

(2) 它取每个值或在某个范围内取值的概率是多少?

按随机变量的取值特征常把随机变量分为如下两种形式: 离散型随机变量和非离散型随机变量, 非离散型随机变量中最主要的是连续型随机变量, 我们将分别讨论它们的概率分布.

3. 随机变量的分布函数

为了掌握随机变量 X 的统计规律性, 我们只要掌握 X 取各种值的概率. 由于

$$\{x_1 < X \leqslant x_2\} = \{X \leqslant x_2\} - \{X \leqslant x_1\},$$

$$\{X > x\} = \Omega - \{X \leqslant x\}.$$

因此对任意实数 x, 我们只需考虑 $\{X \leqslant x\}$ 形式的概率即可, 为此, 引入如下概念.

定义 2.2　设 X 是一个随机变量, x 是任意实数, 则称函数

$$F_X(x) \equiv P\{X \leqslant x\} \tag{2.1}$$

为 X 的**分布函数**或**累积分布函数** (cumulative distribution function). 在不致引起混乱时, 以后我们常用 $F(x)$ 简记之.

根据定义, $F(x)$ 定义在整个实数轴上, $F(x)$ 在任意实数 x 处的函数值就是随机变量 X 落在实数轴 x **点及其整个左侧**区间 $(-\infty, x]$ 的概率. 对于任意的实数 x_1, x_2, 当 $x_1 < x_2$ 时, 有

$$P\{X \in (x_1, x_2]\} = P\{x_1 < X \leqslant x_2\} = F(x_2) - F(x_1). \tag{2.2}$$

从这个意义上说, 分布函数完整地描述了随机变量的统计规律性, 而且它是一个非随机的普通函数, 便于我们用高等数学的分析方法来研究随机变量的概率性质.

图 2.2 给出了样本空间 Ω、随机事件 A 和随机变量 X 及其分布函数 $F_X(x)$ 的关系示意图. 由图知随机变量的引入, 使得随机事件 A (样本空间 Ω 的子集) 可用随机变量在实数轴上的某一集合中的取值来表示, 所以随机事件 A 的概率为随机变量分布函数 $F_X(x)$ 在 x 处的函数值.

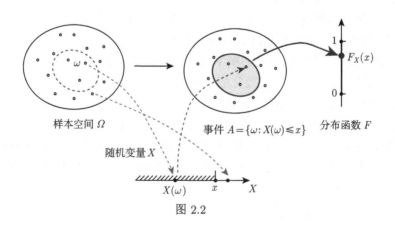

图 2.2

4. 分布函数的性质

(1) **单调非降性** 对于任意实数 x_1, x_2, 当 $x_1 < x_2$ 时, 有 $F(x_1) \leqslant F(x_2)$.

事实上, 由 (2.2) 式, $F(x_2) - F(x_1) = P\{x_1 < X \leqslant x_2\} \geqslant 0$ 即知此性质成立.

(2) **规范性** 对于任意实数 x, $0 \leqslant F(x) \leqslant 1$, 且

$$F(-\infty) = \lim_{x \to -\infty} F(x) = 0, \quad F(+\infty) = \lim_{x \to +\infty} F(x) = 1.$$

(证明略.)

(3) **右连续性** 对于任意实数 x, 有 $F(x+0) = \lim_{u \to x+0} F(u) = F(x)$.

(证明略.)

反过来, 理论上还可以证明满足以上三条性质的函数 $F(x)$ 一定是某个随机变量 X 的分布函数. 利用分布函数进行概率计算时常用的公式如下:

对于任意实数 x, 有

(1) $P\{X = x\} = F(x) - F(x-0)$. \hfill (2.3)

(2) $P\{X < x\} = F(x-0)$.

证明 下面只证明 (2). 根据 (2.1) 式和 (2.2) 式可知

$$P\{X < x\} = P\{X \leqslant x\} - P\{X = x\}$$

$$= F(x) - [F(x) - F(x-0)] = F(x-0).$$

类似可证下列公式:

(3) $P\{X > x\} = 1 - F(x)$.

(4) $P\{X \geqslant x\} = 1 - F(x-0)$.

例 2.4 已知随机变量 X 的分布函数为 $F(x) = \begin{cases} A + \dfrac{1}{2}\mathrm{e}^x, & x \leqslant 0, \\[2mm] B - \dfrac{1}{2}\mathrm{e}^{-x}, & x > 0, \end{cases}$

其中 A 和 B 是未知参数. 试确定 A 和 B 的值.

解 由分布函数的规范性知

$$F(-\infty) = \lim_{x \to -\infty} F(x) = \lim_{x \to -\infty} \left(A + \frac{1}{2}\mathrm{e}^x \right) = A = 0,$$

$$F(+\infty) = \lim_{x \to +\infty} F(x) = \lim_{x \to +\infty} \left(B - \frac{1}{2}\mathrm{e}^{-x} \right) = B = 1,$$

即 $A = 0$ 和 $B = 1$ (也可用 F 在 $x = 0$ 点的右连续性来计算 B).

本节思考题

1. 随机变量和概率都是函数吗? 它们有何异同?
2. 是不是每个随机事件都可以用随机变量来表示? 为什么要引入随机变量?

本节测试题

1. 下列四个函数中, 不能作为随机变量分布函数的是 (　　).

(A) $F_1(x) = \begin{cases} 0, & x < 0, \\ \dfrac{1}{2}x^2, & 0 \leqslant x < 1, \\ 1, & x \geqslant 1; \end{cases}$　　(B) $F_2(x) = \begin{cases} 0, & x < 0, \\ \dfrac{1}{3}, & 0 \leqslant x < 1, \\ \dfrac{1}{2}, & 1 \leqslant x < 2, \\ 1, & x \geqslant 2; \end{cases}$

(C) $F_3(x) = \begin{cases} \dfrac{\ln(1+x)}{1+x}, & x \geqslant 0, \\ 0, & x < 0; \end{cases}$　　(D) $F_4(x) = \begin{cases} 1 - \mathrm{e}^{-x}, & x \geqslant 0, \\ 0, & x < 0. \end{cases}$

2. 已知随机变量 X 的分布函数为 $F(x) = \dfrac{1}{\pi}\left(\arctan x + \dfrac{\pi}{2}\right), -\infty < x < +\infty$. 试计算概率 $P\{-1 \leqslant X \leqslant 1\}$.

2.2　离散型随机变量及其概率分布

1. 离散型随机变量的概念

定义 2.3　如果随机变量 X 的所有可能的不同取值是有限个或可数无限多个, 则称 X 为**离散型随机变量**. 设 X 所有可能的不同取值为 $x_k(k = 1, 2, \cdots)$, 若

$$P\{X = x_k\} = p_k, \quad k = 1, 2, \cdots, \tag{2.4}$$

则称 (2.4) 式为 X 的**分布律**, 也称为**概率分布** (probability distribution) 或**概率函数** (probability function).

分布律 (2.4) 也可用表格的形式表示, 如表 2.1 所示. 因此, 分布律也称为**分布列**. 离散型随机变量的分布律通常用分布列形式表示.

表 2.1

X	x_1	x_2	$\cdots$	x_k	$\cdots$
P	p_1	p_2	$\cdots$	p_k	$\cdots$

注　分布律 (2.4) 是指 $k = 1, 2, \cdots$ 时的一连串表达式 $P\{X = x_k\} = p_k$. 特别地, 若 $P\{X = x_1\} = 1$, 即 X 只取一个值时, 称 X 服从**单点分布**或**退化分布**

(degenerate distribution). 因此, 常数也可以看作是只取一个值的特殊离散型随机变量.

例 2.1 和例 2.3 中的随机变量 X 都是离散型随机变量. 要掌握一个离散型随机变量的分布律, 只需知道 X 的所有可能的不同取值 $x_k\,(k = 1, 2, \cdots)$ 及 X 取各个值的概率即可.

显然, 分布律 (2.4) 具有如下两个性质:

(1) 非负性

$$0 \leqslant p_k \leqslant 1, \quad k = 1, 2, \cdots. \tag{2.5}$$

(2) 规范性

$$\sum_{k=1}^{\infty} p_k = 1. \tag{2.6}$$

事实上, $\displaystyle\sum_{k=1}^{\infty} p_k = \sum_{k=1}^{\infty} P\{X = x_k\} = P\left\{\bigcup_{k=1}^{\infty}\{X = x_k\}\right\} = P(\Omega) = 1.$

当给定了 x_k 及 $p_k (k = 1, 2, \cdots)$ 之后, 就能描述离散型随机变量 X 的分布律, 这是因为我们已经知道它取什么值, 以及以多大的概率取这些值, 这也正是我们研究随机变量的分布所需要的.

例 2.5 若离散型随机变量 X 的分布律为 $P\{X = k\} = \dfrac{c \cdot k}{N}\ (k = 1, 2, \cdots, N)$. 求 c.

解 由 (2.6) 式知

$$\sum_{k=1}^{N} P\{X = k\} = \sum_{k=1}^{N} \frac{c \cdot k}{N} = c \cdot \frac{N+1}{2} = 1,$$

所以 $c = \dfrac{2}{N+1}$.

例 2.6 将 4 个研究生保送名额随机地分配到甲、乙、丙三个班中, 用 X 表示甲班分配到的名额数, 求 X 的分布律.

解 X 可能的取值为 0, 1, 2, 3, 4 且

$$P\{X = k\} = \frac{\mathrm{C}_4^k \cdot 2^{4-k}}{3^4} = \mathrm{C}_4^k \cdot \left(\frac{1}{3}\right)^k \left(1 - \frac{1}{3}\right)^{4-k}, \quad k = 0, 1, 2, 3, 4,$$

所以 X 的分布律如表 2.2 所示, 可以验证, 此分布律满足 (2.5) 式和 (2.6) 式.

表 2.2

X	0	1	2	3	4
P	16/81	32/81	24/81	8/81	1/81

例 2.7　从五个数字 1, 2, 3, 4, 5 中随机取出三个数, 用 X 表示取到的三个数中的最大数, 求 X 的分布律及其分布函数.

解　X 的所有可能取值为 3, 4, 5 且

$$P\{X=3\} = \frac{C_2^2 \cdot C_1^1}{C_5^3} = \frac{1}{10}, \quad P\{X=4\} = \frac{C_3^2 \cdot C_1^1}{C_5^3} = \frac{3}{10},$$

$$P\{X=5\} = \frac{C_4^2 \cdot C_1^1}{C_5^3} = \frac{6}{10} = \frac{3}{5},$$

所以 X 的分布律如表 2.3 所示.

表 2.3

X	3	4	5
P	1/10	3/10	3/5

设随机变量 X 的分布函数为 $F(x)$, 由于 $F(x)$ 的定义域是整个实数轴, 因此

当 $x < 3$ 时, $F(x) = P\{X \leqslant x\} = 0$;

当 $3 \leqslant x < 4$ 时, $F(x) = P\{X \leqslant x\} = P\{X = 3\} = 1/10$;

当 $4 \leqslant x < 5$ 时, $F(x) = P\{X \leqslant x\} = P\{X = 3\} + P\{X = 4\} = 2/5$;

当 $5 \leqslant x < \infty$ 时, $F(x) = P\{X \leqslant x\} = P\{X = 3\} + P\{X = 4\} + P\{X = 5\} = 1$.

所以 X 的分布函数为

$$F(x) = \begin{cases} 0, & x < 3, \\ 1/10, & 3 \leqslant x < 4, \\ 2/5, & 4 \leqslant x < 5, \\ 1, & x \geqslant 5. \end{cases}$$

例 2.8　已知离散型随机变量 X 的分布函数为

$$F(x) = \begin{cases} 0, & x < -1, \\ 1/4, & -1 \leqslant x < 2, \\ 3/4, & 2 \leqslant x < 3, \\ 1, & x \geqslant 3, \end{cases}$$

求 X 的分布律.

解 因为 X 仅在 $F(x)$ 的各分段点处概率不为零, 所以 X 可能的取值为 $-1, 2, 3$. 由 (2.3) 式知,

$$P\{X=-1\} = F(-1) - F(-1-0) = \frac{1}{4} - 0 = \frac{1}{4};$$

$$P\{X=2\} = F(2) - F(2-0) = \frac{3}{4} - \frac{1}{4} = \frac{1}{2};$$

$$P\{X=3\} = F(3) - F(3-0) = 1 - \frac{3}{4} = \frac{1}{4}.$$

所以 X 的分布律如表 2.4 所示.

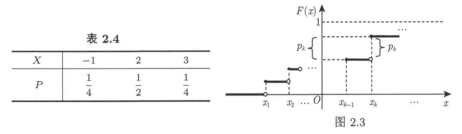

表 2.4

X	-1	2	3
P	$\frac{1}{4}$	$\frac{1}{2}$	$\frac{1}{4}$

图 2.3

由上可知, 一般地, 有下列结论.

(1) 若离散型随机变量 X 的分布律如表 2.1 所示, 则对于任意实数 x, X 的分布函数为

$$F(x) = P\{X \leqslant x\} = \sum_{x_k \leqslant x} p_k, \tag{2.7}$$

即 $F(x)$ 在 x 处的值等于所有不大于 x 的 x_k 对应的概率之和. 当 X 只取有限个值时, 其分布函数的图像为图 2.3 所示的阶梯形, 所取值 x_k 为分布函数的跳跃间断点, 跳跃高度为概率 p_k.

(2) 若离散型随机变量 X 的分布函数为 $F(x)$, x_k 为其间断点 $(k=1,2,\cdots)$, 则 X 的分布律

$$p_k = P\{X=x_k\} = F(x_k) - F(x_k-0), \quad k=1,2,\cdots. \tag{2.8}$$

2. 几种常见离散型随机变量及其分布律

1) (0-1) 分布

定义 2.4 设随机变量 X 只可能取 0 与 1 两个值, 它的分布律为

$$P\{X=k\} = p^k(1-p)^{1-k}, \quad k=0,1 \quad (0<p<1) \tag{2.9}$$

则称 X 服从 **(0-1) 分布**或**两点分布** (two-point distribution), 其分布律如表 2.5 所示.

表 2.5

X	0	1
P	$1-p$	p

对于一个随机试验 E, 若它是伯努利试验, 则其总可以用 (0-1) 分布来描述. (0-1) 分布是实际中经常用到的一种分布.

2) 二项分布

若 X 表示 n 重伯努利试验 E 中事件 A 发生的次数, 则 X 是一个离散型随机变量, X 所有可能的取值为 $0,1,2,\cdots,n$; 由于各次试验是相互独立的, 因此由 (1.18) 式知

$$P\{X=k\} = P\{A \text{ 在 } n \text{ 次试验中恰好发生 } k \text{ 次}\}$$
$$= C_n^k p^k (1-p)^{n-k}, \quad k=0,1,2,\cdots,n.$$

显然

$$P\{X=k\} \geqslant 0, \quad k=0,1,2,\cdots,n;$$

$$\sum_{k=0}^{n} P\{X=k\} = \sum_{k=0}^{n} C_n^k p^k (1-p)^{n-k} = (p+1-p)^n = 1.$$

注意到 $C_n^k p^k (1-p)^{n-k}$ 恰好是二项式 $[p+(1-p)]^n$ 的展开式中出现 p^k 的那一项, 因此称 X 服从参数为 (n,p) 的二项分布.

定义 2.5 若随机变量 X 的分布律为

$$P\{X=k\} = C_n^k p^k (1-p)^{n-k}, \quad k=0,1,2,\cdots,n, \tag{2.10}$$

其中 n 为正整数, $0<p<1$, 则称 X 服从参数为 (n,p) 的**二项分布** (binomial distribution), 记为 $X \sim B(n,p)$.

特别地, 当 $n=1$ 时, $X \sim B(1,p)$, 这就是 (0-1) 分布.

表 2.6 给出了当 $n=10$, 不同 p 值时二项分布 $B(n,p)$ 的部分概率值 (表格空白处的概率值近似为 0(<0.001)), 其线条图见图 2.4 (从左到右依次分别为 $p=0.1,0.2,0.5,0.7$). 从图 2.4 可看出二项分布在 np 处概率较大, 在 $n=10$, $p=0.5$ 时线条图具有对称性.

表 2.6

k	0	1	2	3	4	5	6	7	8	9
$B(10, 0.1)$	0.349	0.387	0.194	0.057	0.011	0.001				
$B(10, 0.2)$	0.107	0.268	0.302	0.201	0.088	0.027	0.006	0.001		
$B(10, 0.5)$	0.001	0.010	0.044	0.117	0.205	0.246	0.205	0.117	0.044	0.010
$B(10, 0.7)$			0.001	0.009	0.037	0.103	0.200	0.267	0.233	0.121

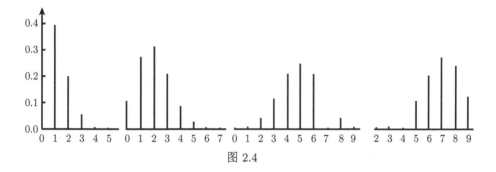

图 2.4

例 2.9 在书籍印刷中, 每页中字符出错率为 0.001. 现有一本 1000 页的书. 问该书至少有 2 页中字符出错的概率是多少?

解 用 X 表示 1000 页中字符出错的页数, 则 $X \sim B(1000, 0.001)$. 于是所求概率为

$$P\{X \geqslant 2\} = 1 - P\{X = 0\} - P\{X = 1\}$$

$$= 1 - (0.999)^{1000} - 1000 \times 0.001 \times 0.999^{999} \approx 0.264.$$

例 2.10 (药效试验) 设某种疾病的感染率为 20%, 新发现了一种血清疫苗, 可能对预防这种疾病有效, 为此对 25 只健康家禽注射了这种血清疫苗, 若注射后发现只有一只家禽受感染, 试问这种血清是否有作用?

解 注射疫苗后, 每只家禽要么受感染, 要么不受感染. 用 A 表示 "家禽受感染", 则 $\overline{A}$ 表示 "家禽不受感染", 用 X 表示 25 只家禽被注射疫苗后受感染的数目, 若疫苗完全无效, 则 $P(A) = 0.2$, 于是 $X \sim B(25, 0.2)$, 这样 25 只家禽至多有一只受感染的概率为

$$P\{X \leqslant 1\} = P\{X = 0\} + P\{X = 1\} = 0.8^{25} + C_{25}^1 \times 0.2 \times 0.8^{24} \approx 0.0274,$$

这个概率很小, 若血清无作用, 则 25 只鸡中至多只有一只受感染的事件是小概率事件, 它在一次试验中几乎不可能发生, 然而现在它居然发生了, 因此, 我们有理由认为该血清疫苗是有效的.

在实际中, 把概率很小 (一般要求在 0.05 以下) 的事件称为**小概率事件**. 由于小概率事件在一次试验中发生的可能性很小, 因此, 在一次试验中, 小概率事件实际上是不应该发生的. 这条原则我们称它为**实际推断原理**. 需要注意的是, 实际推断原理是指在一次试验中小概率事件几乎是不可能发生的, 当试验次数充分大时, 小概率事件至少发生一次却几乎是必然的, 见下例.

例 2.11　设某试验中随机事件 A 发生的概率为 0.005, 若将此试验相互独立地重复做 500 次, 试问随机事件 A 至少发生一次的概率是多少?

解　用 X 表示独立重复做 500 次试验中随机事件 A 发生的次数, 则易知 $X \sim B(500, 0.005)$, 即有

$$P\{X \geqslant 1\} = 1 - P\{X = 0\} = 1 - \mathrm{C}_{500}^{0}(0.001)^{0} \cdot (1 - 0.005)^{500} \approx 0.9184.$$

若重复做 800 次, 可知随机事件 A 至少发生一次的概率为 0.9819, 因此当试验次数充分大时, 小概率事件至少发生一次几乎是必然的.

实际推断原理在统计推断中具有重要的作用, 是统计推断的依据之一, 进一步的应用见第 8 章.

例 2.12　向某一固定目标独立射击 5000 次, 每次命中目标的概率为 0.001, 求至少命中 10 次的概率.

解　用 X 表示 5000 次射击命中目标的次数, 则 $X \sim B(5000, 0.001)$. 于是所求概率为

$$P\{X \geqslant 10\} = \sum_{k=10}^{5000} P\{X = k\} = \sum_{k=10}^{5000} \mathrm{C}_{5000}^{k} \cdot 0.001^{k} \cdot 0.999^{5000-k},$$

可以看到, 直接计算上式右端结果比较繁琐.

类似地, 在实际中, 我们经常要计算在 n 次独立重复的伯努利试验中恰好有 k 次成功的概率 $\mathrm{C}_{n}^{k}p^{k}(1-p)^{n-k}$, 至少有 k 次成功的概率 $\sum_{i=k}^{n} \mathrm{C}_{n}^{i}p^{i}(1-p)^{n-i}$ 等. 当 n 很大时, 要计算出它们的确切数值很不容易. 因此, 人们希望能找到二项分布的近似计算公式. 法国数学家泊松 (Poisson, 1781—1840) 对此进行了研究, 得到了如下二项分布概率计算的近似公式.

定理 2.1 (泊松逼近定理)　若 $X \sim B(n, p_n)$, 且 $\lim\limits_{n\to\infty} np_n = \lambda$ (λ 为常数), 则对任意确定的自然数 k, 有

$$\lim_{n\to\infty} P\{X = k\} = \lim_{n\to\infty} \mathrm{C}_{n}^{k}p_{n}^{k}(1-p_n)^{n-k} = \frac{\lambda^{k}}{k!}\mathrm{e}^{-\lambda}, \quad k = 0, 1, 2, \cdots, n. \quad (2.11)$$

证明 记 $\lambda_n = np_n$, 则 $p_n = \dfrac{\lambda_n}{n}$ 且 $\lim\limits_{n \to \infty} \lambda_n = \lambda$. 从而

$$C_n^k p_n^k (1-p_n)^{n-k} = \frac{n(n-1)\cdots(n-k+1)}{k!} \left(\frac{\lambda_n}{n}\right)^k \left(1-\frac{\lambda_n}{n}\right)^{n-k}$$

$$= \frac{\lambda_n^k}{k!} \left[\left(1-\frac{1}{n}\right)\left(1-\frac{2}{n}\right)\cdots\left(1-\frac{k-1}{n}\right)\right] \left(1-\frac{\lambda_n}{n}\right)^n \left(1-\frac{\lambda_n}{n}\right)^{-k}.$$

注意, 对于任意固定的 k, 当 $n \to \infty$ 时,

$$\left(1-\frac{1}{n}\right)\left(1-\frac{2}{n}\right)\cdots\left(1-\frac{k-1}{n}\right) \to 1, \quad \lambda_n^k \to \lambda^k,$$

$$\left(1-\frac{\lambda_n}{n}\right)^n \to \mathrm{e}^{-\lambda}, \quad \left(1-\frac{\lambda_n}{n}\right)^{-k} \to 1,$$

所以 $\lim\limits_{n \to \infty} C_n^k p_n^k (1-p_n)^{n-k} = \dfrac{\lambda^k}{k!} \mathrm{e}^{-\lambda}, k = 0, 1, 2, \cdots$.

由于 $\lim\limits_{n \to \infty} np_n = \lambda$ 为常数, 当 n 较大时, p_n 必定较小. 因此, 由泊松逼近定理可知, 当 n 较大, p_n 较小时, 有以下近似表达式

$$C_n^k p_n^k (1-p_n)^{n-k} \approx \frac{\lambda^k}{k!} \mathrm{e}^{-\lambda} \quad (\text{其中 } \lambda \approx np_n), \quad k = 0, 1, 2, \cdots, n. \tag{2.12}$$

在实际应用中, 当 $n \geqslant 10$ 且 $p_n \leqslant 0.1$ 时, 即可用近似公式 (2.12) 计算, 表 2.7 直接给出了二项分布 $(np_n = 1)$ 和泊松分布 $(\lambda = 1)$ 的一些具体计算结果, 可看出二者是非常接近的, 而且当 n 越大以及 p_n 越小时, 近似程度越好. 一般认为当 $n \geqslant 100$ 且 $\lambda = np_n \leqslant 10$ 时, 利用近似公式 (2.12) 效果更佳.

表 2.7

k	二项分布 $C_n^k p_n^k (1-p_n)^{n-k}$					泊松分布 $\lambda^k \mathrm{e}^{-\lambda}/k!$
	$n=10$ $p_n=0.1$	$n=20$ $p_n=0.05$	$n=50$ $p_n=0.02$	$n=100$ $p_n=0.01$	$n=200$ $p_n=0.005$	$\lambda = np_n = 1$
0	0.349	0.358	0.364	0.366	0.367	0.368
1	0.387	0.377	0.372	0.370	0.369	0.368
2	0.194	0.189	0.186	0.185	0.184	0.184
3	0.057	0.060	0.061	0.061	0.061	0.061
4	0.011	0.013	0.015	0.015	0.015	0.015
>4	0.002	0.003	0.002	0.003	0.004	0.004

譬如, 在例 2.12 中, $np_n = 5$, 利用泊松逼近定理及查附表 1, 有

$$P\{X \geqslant 10\} = \sum_{k=10}^{5000} C_{5000}^k \cdot 0.001^k \cdot 0.999^{5000-k} \approx \sum_{k=10}^{\infty} \frac{5^k}{k!} e^{-5} \approx 0.0318281.$$

例 2.13　在保险公司里, 有 2500 个人参加某类人寿保险, 根据经验, 一年里人群的死亡率为 0.002, 每个参加保险的人在一年里需交保险费 1200 元, 而在死亡时, 可以在保险公司领取 30 万元赔付金, 问

(1) 保险公司亏本的概率是多少?

(2) 保险公司获利不少于 150 万元的概率是多少?

解　(1) 保险公司收入为 2500×0.12 = 300 (万元), 用 X 表示 2500 个人一年中的死亡人数, 则 $X \sim B(2500, 0.002)$, 于是

$$P\{\text{保险公司亏本}\} = P\{30X > 300\} = P\{X > 10\}$$

$$= \sum_{k=11}^{2500} C_{2500}^k (0.002)^k \cdot (0.998)^{2500-k}$$

$$\approx \sum_{k=11}^{\infty} \frac{5^k e^{-5}}{k!} \approx 0.0136953 \quad (\text{查附表 1}).$$

这个概率很小, 由此可见, 在一年里, 保险公司亏本几乎是不可能的.

(2)　$P\{\text{保险公司获利不少于 150 万元}\}$

$$= P\{300 - 30X \geqslant 150\}$$

$$= P\{X \leqslant 5\} = 1 - P\{X \geqslant 6\}$$

$$= 1 - \sum_{k=6}^{2500} C_{2500}^k (0.002)^k \cdot (0.998)^{2500-k}$$

$$\approx 1 - \sum_{k=6}^{\infty} \frac{5^k e^{-5}}{k!} \approx 1 - 0.3840393 = 0.6159607.$$

例 2.14　设有 80 台同类型设备, 各台工作正常与否相互独立且发生故障的概率都是 0.01, 一个人只能处理一台设备发生的故障. 现考虑两种配备维修工人的方案, 第一种方案由 4 人维护, 每人负责 20 台; 第二种方案由 3 人共同维护 80 台. 试比较这两种方案在设备发生故障时不能及时维修的概率大小.

解　按第一种方案, 以 X 表示 "第一人维护的 20 台设备中同一时刻发生故障的设备台数", 以 $A_i (i = 1, 2, 3, 4)$ 表示事件 "第 i 人维护的 20 台设备中同一时

刻发生故障不能及时维修", 则知 80 台设备中同一时刻发生故障不能及时维修的概率为

$$P\left(A_1 \cup A_2 \cup A_3 \cup A_4\right) \geqslant P\left(A_1\right) = P\left\{X \geqslant 2\right\},$$

而 $X \sim B\left(20, 0.01\right)$, 这里 $\lambda = np = 0.2$, 因此有

$$P\left\{X \geqslant 2\right\} \approx \sum_{k=2}^{\infty} \frac{(0.2)^k \mathrm{e}^{-0.2}}{k!} = 0.0175231,$$

于是近似有

$$P\left(A_1 \cup A_2 \cup A_3 \cup A_4\right) \geqslant 0.0175231.$$

按第二种方案, 以 Y 表示 "80 台设备中同一时刻发生故障的台数", 则 $Y \sim B(80, 0.01)$, 这里 $\lambda = np = 0.8$. 于是 80 台设备中同一时刻发生故障不能及时维修的概率为

$$P\left\{Y \geqslant 4\right\} \approx \sum_{k=4}^{\infty} \frac{(0.8)^k \mathrm{e}^{-0.8}}{k!} = 0.0090799 \quad (\text{查附表 1}).$$

所以, 第二种方案比第一种方案好. 通过此例可以看到, 概率方法可用于讨论某些经济问题, 以便更有效地使用人力和物力资源.

二项分布是离散型分布中的重要分布, 应用十分广泛. 利用泊松逼近定理, 很自然引入另一个重要的分布——泊松分布.

3. 泊松分布

定义 2.6 设 E 是随机试验, X 是定义在其样本空间上的随机变量, 若 X 的分布律为

$$P\{X = k\} = \frac{\lambda^k \mathrm{e}^{-\lambda}}{k!}, \quad \lambda > 0, \ k = 0, 1, 2, \cdots, \tag{2.13}$$

则称 X 服从参数为 λ 的**泊松分布** (Poisson distribution), 记为 $X \sim P(\lambda)$.

表 2.8 给出不同 λ 值泊松分布的部分概率值 (表格空白处的概率值近似为 0 (< 0.001)), 其线条图如图 2.5 (从左到右依次为 $\lambda = 1, 2, 3, 4$), 可看出随 λ 的增大, 线条图逐渐趋于对称.

表 2.8

k	0	1	2	3	4	5	6	7	8	9	10
$P(1)$	0.368	0.368	0.184	0.061	0.015	0.003	0.001				
$P(2)$	0.135	0.271	0.271	0.180	0.090	0.036	0.012	0.004	0.001		
$P(3)$	0.050	0.149	0.224	0.224	0.168	0.101	0.050	0.022	0.008	0.003	0.001
$P(4)$	0.018	0.073	0.147	0.195	0.195	0.156	0.104	0.060	0.030	0.013	0.005

在实际中, 许多随机现象都可用泊松分布来描述. 例如, 一批产品的废品数; 一本书中某一页上印刷错误的个数; 某汽车站单位时间内前来候车的人数; 某段时间内, 某种放射性物质中发射出的 α 粒子数等等, 均可用泊松分布来描述. 泊松分布是概率论中的又一个重要分布, 在随机过程中也有重要应用.

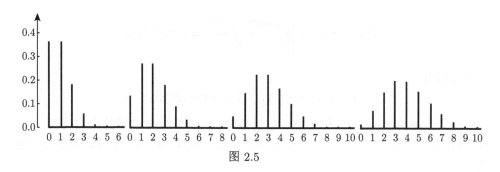

图 2.5

4. 几何分布

定义 2.7　若随机变量 X 的分布律为

$$P\{X = k\} = p(1-p)^{k-1}, \quad k = 1, 2, \cdots, \tag{2.14}$$

其中 $0 < p < 1$, 则称 X 服从参数为 p 的**几何分布** (geometric distribution), 记为 $X \sim G(p)$.

表 2.9 给出不同 p 值时几何分布的一些概率值, 其线条图如图 2.6 所示 (从左到右依次为 $p = 0.1, 0.3, 0.5$).

表 2.9

k	1	2	3	4	5	6	7	8	9	10
$G(0.1)$	0.100	0.090	0.081	0.073	0.066	0.059	0.053	0.048	0.043	0.039
$G(0.3)$	0.300	0.210	0.147	0.103	0.072	0.050	0.035	0.025	0.017	0.012
$G(0.5)$	0.500	0.250	0.125	0.063	0.031	0.016	0.008	0.004	0.002	0.001

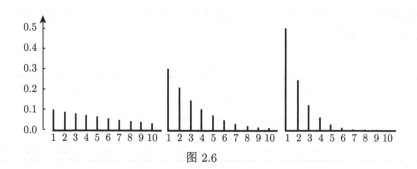

图 2.6

若令 X 表示伯努利试验序列中事件 A 首次出现所需要的试验次数, 则 X 服从几何分布. 例如, 向某一目标进行独立射击, 首次击中目标所需要的射击次数; 从含有正品和次品的产品中有放回地抽取产品, 首次抽到次品时取出的产品数等都服从几何分布.

本节思考题

1. 如果在伯努利试验序列中, 用 X 表示事件 A 第 r 次出现所需要的试验次数, 那么, X 的分布律是什么? 这个分布和几何分布是否有关系?

本节测试题

1. 设随机变量 $X \sim P(\lambda)$, 且 $P\{X=1\} = P\{X=2\}$, 试求概率 $P\{X>2\}$.

2. 从学校乘汽车到火车站的途中有 3 个交通岗, 假设在各个交通岗遇到红灯的事件相互独立, 且概率均为 0.4. 设 X 为途中遇到红灯的次数, 求 X 的分布律及分布函数.

3. 袋中有 8 只小球: 5 只新的、3 只旧的. 每次从中任取一只, X 表示直到取到新球为止所进行的抽取次数. 试求

(1) 不放回抽取时, X 的分布列及分布函数;

(2) 有放回抽取时, X 的分布列及分布函数.

2.3 连续型随机变量及其概率密度函数

1. 连续型随机变量的概念

定义 2.8 设随机变量 X 的分布函数为 $F(x)$, 若存在非负可积函数 $f(x)$, 使得对于任意实数 x, 都有

$$F(x) = \int_{-\infty}^{x} f(x)\mathrm{d}x, \tag{2.15}$$

则称 X 为**连续型随机变量**, 称 $f(x)$ 为 X 的**概率密度函数** (probability density function), 简称**概率密度**或**密度**.

由定义可知, 连续型随机变量 X 的分布函数 $F(x)$ 在 x 点的函数值等于其概率密度函数 $f(x)$ 在 $(-\infty, x]$ 区间上的积分.

类似于离散型随机变量, 连续型随机变量的概率密度函数 $f(x)$ 具有如下基本性质:

(1) **非负性** 对任意的实数 x, $f(x) \geqslant 0$;

(2) **规范性** $\int_{-\infty}^{+\infty} f(x)\mathrm{d}x = 1$.

反过来, 若已知一个函数 $f(x)$ 满足上述性质 (1) 和 (2), 则 $f(x)$ 一定是某个连续型随机变量 X 的概率密度函数.

另外, 由 (2.15) 式, 还可得到以下性质:

(1) 对于任意实数 $x_1, x_2\ (x_1 < x_2)$,

$$P\{x_1 < X \leqslant x_2\} = F(x_2) - F(x_1) = \int_{x_1}^{x_2} f(x)\mathrm{d}x;$$

(2) 连续型随机变量 X 的分布函数 $F(x)$ 是连续的, 但反之不真;

(3) 连续型随机变量 X 取任一确定值的概率为 0, 即对于任意实数 x, 有

$$P\{X = x\} = 0.$$

事实上, 由 (2.3) 式和 $F(x)$ 的连续性即知

$$P\{X = x\} = F(x) - F(x-0) = 0.$$

因为连续型随机变量 X 取任一确定值是可能的, 所以有下列结论.

(1) 概率为零的事件未必是不可能事件; 概率为 1 的事件也不一定是必然事件.

(2) 在计算连续型随机变量 X 落在某一区间的概率时, 可不必区分是开区间、闭区间还是半开半闭区间, 即对任意的实数 $x_1, x_2\ (x_1 < x_2)$, 有

$$P\{x_1 < X \leqslant x_2\} = P\{x_1 \leqslant X \leqslant x_2\} = P\{x_1 \leqslant X < x_2\}$$

$$= P\{x_1 < X < x_2\} = \int_{x_1}^{x_2} f(x)\mathrm{d}x. \tag{2.16}$$

这样, 如果连续型随机变量 X 的分布函数 $F(x)$ 除可数个点外导数处处连续, 那么, 在 $F(x)$ 的导数连续点处, $f(x) = F'(x)$, 而在其他点处 $f(x)$ 的值可任意补充定义, 不妨取为 0, 于是可得到的一个概率密度函数

$$f(x) = \begin{cases} F'(x), & \text{在 } F'(x) \text{ 的连续点上,} \\ 0, & \text{其他.} \end{cases} \tag{2.17}$$

例 2.15　设连续型随机变量 X 的概率密度函数 $f(x) = \dfrac{c}{1+x^2}$, $x \in \mathbf{R}$. 求

(1) 常数 c;

(2) X 的分布函数 $F(x)$;

(3) $P\{X > 1\}$.

解　(1) 由 $\int_{-\infty}^{+\infty} f(x)\mathrm{d}x = 1$, 得

$$\int_{-\infty}^{+\infty} \frac{c}{1+x^2}\mathrm{d}x = c(\arctan x)\big|_{-\infty}^{+\infty} = c\pi = 1.$$

所以 $c = 1/\pi$.

(2) 对于任意的实数 x, 有

$$F(x) = \int_{-\infty}^{x} f(x)\mathrm{d}x = \int_{-\infty}^{x} \frac{1}{\pi(1+x^2)}\mathrm{d}x$$

$$= \left[\frac{1}{\pi}\arctan x\right]_{-\infty}^{x} = \frac{1}{\pi}\arctan x + \frac{1}{2}.$$

(3) $P\{X > 1\} = 1 - F(1) = 1 - \left(\frac{1}{\pi}\arctan 1 + \frac{1}{2}\right) = \frac{1}{4}$.

例 2.16 一个靶子是半径为 2 米的圆盘 (图 2.7), 设击中靶上任一个同心圆盘内的点的概率与该圆盘的半径平方成正比, 并设射击都能中靶, 以 X 表示弹着点与圆心的距离, 求 X 的概率密度函数.

解 先求 X 的分布函数. 显然, X 可能的取值 x 在区间 $[0, 2]$ 上.

当 $x \leqslant 0$ 时,

$$F(x) = P\{X \leqslant x\} = 0;$$

当 $0 < x \leqslant 2$ 时, 由题意可得

$$P\{0 \leqslant X \leqslant x\} = kx^2.$$

由于当 $x = 2$ 时, $P\{0 \leqslant X \leqslant 2\} = 1$, 故 $k \cdot 2^2 = 1, k = 1/4$, 即 $P\{0 \leqslant X \leqslant x\} = x^2/4$, 于是

$$F(x) = P\{X \leqslant x\} = P\{X \leqslant 0\} + P\{0 < X \leqslant x\} = 0 + \frac{x^2}{4} = \frac{x^2}{4}.$$

当 $x > 2$ 时, $\{X \leqslant x\}$ 是必然事件, 所以

$$F(x) = 1.$$

于是

$$F(x) = \begin{cases} 0, & x < 0, \\ \dfrac{x^2}{4}, & 0 \leqslant x \leqslant 2, \\ 1, & x > 2, \end{cases}$$

$F(x)$ 的图像如图 2.8 所示.

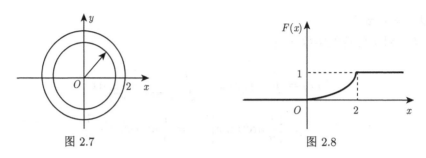

图 2.7　　　　　　　　　　　　　　　　　　图 2.8

易知, $F(x)$ 除 $x = 2$ 点外导数处处连续, 于是在 $F'(x)$ 的连续点处, 可由 $f(x) = F'(x)$ 确定 $f(x)$ 的值; 而对点 $x = 2$, 不妨取 $f(x)$ 的值为 0. 可验证: X 的一个概率密度函数为

$$f(x) = \begin{cases} \dfrac{x}{2}, & 0 \leqslant x < 2, \\ 0, & 其他. \end{cases}$$

2. 常见的几种连续型分布

1) 均匀分布

定义 2.9 若 X 的概率密度函数为

$$f(x) = \begin{cases} \dfrac{1}{b-a}, & x \in (a, b), \\ 0, & 其他, \end{cases} \tag{2.18}$$

则称 X 服从区间 (a, b) 内的**均匀分布** (uniform distribution), 记为 $X \sim U(a, b)$.

均匀分布的特征:

(1) 若 $X \sim U(a, b)$, 则 X 落在 (a, b) 中任意子区间内的概率只依赖于子区间的长度, 而与子区间的位置无关.

事实上, 对于任意一个长度为 l 的子区间 $(x_0, x_0 + l) \subseteq (a, b)$,

$$P\{X \in (x_0, x_0 + l)\} = P\{x_0 < X < x_0 + l\} = \int_{x_0}^{x_0+l} f(x)\mathrm{d}x$$

$$= \int_{x_0}^{x_0+l} \frac{1}{b-a}\mathrm{d}x = \frac{l}{b-a}.$$

(2) 若 $X \sim U(a, b)$, 则 X 的分布函数为

$$F(x) = \begin{cases} 0, & x \leqslant a, \\ \dfrac{x-a}{b-a}, & a < x < b, \\ 1, & x \geqslant b. \end{cases} \tag{2.19}$$

(3) $f(x)$ 和 $F(x)$ 的图形分别如图 2.9 (a) 和 (b) 所示.

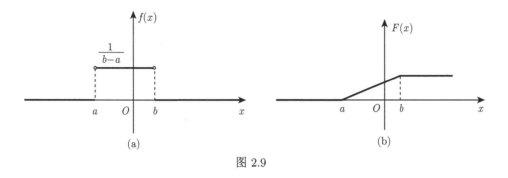

图 2.9

例 2.17 一把尺子刻度的分划值为 1mm, 若测量长度时的精度取到邻近的整数刻度, 求使用该尺子时的测量误差的绝对值大于 0.05mm 的概率. (假设误差服从均匀分布.)

解 设 X 表示使用这把尺子时的测量误差, 则 $X \sim U(-0.5, 0.5)$, 其概率密度函数为

$$f(x) = \begin{cases} 1, & x \in (-0.5, 0.5), \\ 0, & 其他, \end{cases}$$

测量误差的绝对值大于 0.05mm 的概率为

$$P\{|X| > 0.05\} = 1 - P\{|X| \leqslant 0.05\} = 1 - \int_{-0.05}^{0.05} 1 \cdot \mathrm{d}x = 0.9.$$

2) 指数分布

定义 2.10 若 X 的概率密度函数为

$$f(x) = \begin{cases} \lambda \mathrm{e}^{-\lambda x}, & x > 0, \\ 0, & x \leqslant 0 \end{cases} \quad (\lambda > 0). \tag{2.20}$$

则称 X 服从参数为 λ 的**指数分布** (exponential distribution), 记为 $X \sim \mathrm{Exp}(\lambda)$, 其分布函数为

$$F(x) = \begin{cases} 1 - \mathrm{e}^{-\lambda x}, & x > 0, \\ 0, & x \leqslant 0. \end{cases} \tag{2.21}$$

指数分布的概率密度函数 $f(x)$ 和分布函数 $F(x)$ 的图形分别如图 2.10 (a) 和 (b) 所示.

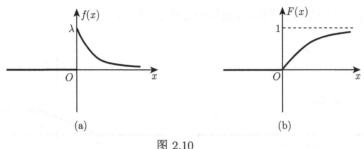

图 2.10

生活中, 指数分布应用很广. 电子元件的使用寿命、电话的通话时间、排队时所需的等待时间都可用指数分布描述. 因此, 指数分布在生存分析、可靠性理论和排队论中有广泛的应用. 下面看一个例子.

例 2.18　某种生物体在已存活了 t (单位: h), 在以后的 Δt 内死亡的概率为 $\lambda \Delta t + o(\Delta t)$, 其中 λ 是不依赖于 t 的正数. 求该生物体存活时间的概率密度函数.

解　设 X 表示该生物体的存活时间, 则 X 的取值范围是 $(0, +\infty)$. 先求 X 的分布函数 $F(x)$. 对于任意实数 x, 当 $x \leqslant 0$ 时, $F(x) = P\{X \leqslant x\} = 0$; 当 $x > 0$ 时, $F(x) = P\{X \leqslant x\}$, 依题意

$$P\{t < X \leqslant t + \Delta t \mid X > t\} = \frac{P\{t < X \leqslant t + \Delta t, X > t\}}{P\{X > t\}}$$
$$= \frac{F(t + \Delta t) - F(t)}{1 - F(t)} = \lambda \Delta t + o(\Delta t),$$

于是

$$\frac{F(t + \Delta t) - F(t)}{\Delta t} = [1 - F(t)]\left[\lambda + \frac{o(\Delta t)}{\Delta t}\right],$$

令 $\Delta t \to 0$, 则 $F'(t) = \lambda[1 - F(t)]$, 解得 $F(t) = 1 - ce^{-\lambda t}$.

因为 $F(0) = 0$, 所以 $F(0) = 1 - ce^0 = 1 - c = 0, c = 1$. 于是

$$F(t) = 1 - e^{-\lambda t} \quad (t > 0),$$

$$f(t) = \begin{cases} \lambda e^{-\lambda t}, & t > 0, \\ 0, & t \leqslant 0 \end{cases} \quad (\lambda > 0).$$

这说明该生物体存活时间服从参数为 λ 的指数分布.

指数分布的无记忆性　若随机变量 $X \sim \mathrm{Exp}(\lambda)$, 则对任意 $s > 0, t > 0$ 有

$$P\{X > s + t | X > s\} = P\{X > t\} \tag{2.22}$$

成立. (2.22) 式可以理解为若 X 表示某产品的寿命, 且服从指数分布, 则此产品正常使用 s 个单位时间后, 再正常使用 t 个单位时间的概率与 s 无关, 即产品对已经使用 s 个单位时间没有记忆. 称此性质为指数分布的无记忆性. 证明请读者自己完成.

另外, 对于离散型随机变量而言, 几何分布也是具有无记忆性的.

3) 正态分布

(1) 正态分布的定义.

定义 2.11　若 X 的概率密度函数为

$$f(x) = \frac{1}{\sqrt{2\pi}\sigma} e^{-\frac{(x-\mu)^2}{2\sigma^2}}, \quad x \in \mathbf{R}, \tag{2.23}$$

其中 μ 和 σ 为常数且 $\sigma > 0$, 则称 X 服从参数为 (μ, σ^2) 的**正态分布** (normal distribution 或高斯 (Gauss) 分布), 记为 $X \sim N(\mu, \sigma^2)$, 也称 X 为正态随机变量, 其分布函数为

$$F(x) = \frac{1}{\sqrt{2\pi}\sigma} \int_{-\infty}^{x} e^{-\frac{(x-\mu)^2}{2\sigma^2}} \mathrm{d}x, \quad x \in \mathbf{R}. \tag{2.24}$$

特别地, 当 $\mu = 0, \sigma = 1$ 时, 称正态分布 $N(0,1)$ 为**标准正态分布**, 它的概率密度函数特记为 $\phi(x)$, 即

$$\phi(x) \equiv \frac{1}{\sqrt{2\pi}} e^{-\frac{x^2}{2}}, \quad x \in \mathbf{R}. \tag{2.25}$$

它的分布函数特记为 $\Phi(x)$, 即

$$\Phi(x) \equiv \int_{-\infty}^{x} \phi(x)\mathrm{d}x = \frac{1}{\sqrt{2\pi}} \int_{-\infty}^{x} e^{-\frac{x^2}{2}} \mathrm{d}x, \quad x \in \mathbf{R}. \tag{2.26}$$

标准正态分布的概率密度函数 $\phi(x)$ 和分布函数 $\Phi(x)$ 的图形分别如图 2.11 (a) 和 (b) 所示.

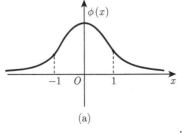

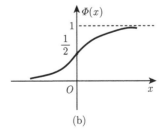

图 2.11

由 $\displaystyle\int_{-\infty}^{+\infty}\frac{1}{\sqrt{2\pi}}\mathrm{e}^{-\frac{x^2}{2}}\mathrm{d}x = 1$ 可知

$$\int_{-\infty}^{+\infty}\mathrm{e}^{-\frac{x^2}{2}}\mathrm{d}x = \sqrt{2\pi}, \tag{2.27}$$

$$\int_{0}^{+\infty}\mathrm{e}^{-\frac{x^2}{2}}\mathrm{d}x = \sqrt{\frac{\pi}{2}}. \tag{2.28}$$

上述两个式子请熟练掌握, 它们在以后的计算中经常要用到.

(2) 正态分布的特征.

若 $X \sim N(\mu,\sigma^2)$, 则其概率密度函数 $f(x)$ 具有如下特征 (图 2.12).

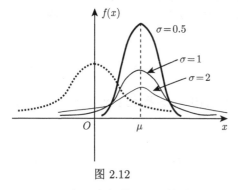

图 2.12

(i) $f(x)$ 的图像关于直线 $x = \mu$ 对称 (因而称 μ 为**位置参数**), 由此便有

$$P\{X \leqslant \mu - l\} = P\{X \geqslant \mu + l\};$$

$$P\{\mu - l < X \leqslant \mu\} = P\{\mu < X \leqslant \mu + l\}.$$

(ii) $f(x)$ 的最大值为 $f(\mu) = \dfrac{1}{\sqrt{2\pi}\sigma}$.

(iii) x 离 μ 越远, $f(x)$ 值越小, 曲线 $y = f(x)$ 以 Ox 轴为渐近线.

(iv) 对于确定的 μ,σ 越小, $f(\mu)$ 越大, X 落在 μ 附近的概率越大; σ 越大, $f(\mu)$ 越小, X 落在 μ 附近的概率越小 (因而称 σ 为**尺度参数**);

(v) 曲线 $y = f(x)$ 的拐点是 $(\mu - \sigma, f(\mu - \sigma))$ 和 $(\mu + \sigma, f(\mu + \sigma))$.

易知: 若 $X \sim N(\mu,\sigma^2)$, 则 $X^* = \dfrac{X - \mu}{\sigma} \sim N(0,1)$.

事实上, 对于任意实数 x, X^* 的分布函数

$$F^*(x) = P\{X^* \leqslant x\} = P\left\{\frac{X - u}{\sigma} \leqslant x\right\} = P\{X \leqslant \sigma x + \mu\}$$

$$= \int_{-\infty}^{\sigma x + \mu}\frac{1}{\sqrt{2\pi}\sigma}\mathrm{e}^{-\frac{(x-\mu)^2}{2\sigma^2}}\mathrm{d}x = \int_{-\infty}^{x}\frac{1}{\sqrt{2\pi}}\mathrm{e}^{-\frac{t^2}{2}}\mathrm{d}t \quad \left(\diamondsuit\ \frac{x - \mu}{\sigma} = t\right)$$

$$= \Phi(x),$$

所以 $X^* \sim N(0,1)$.

这样我们便有如下定理.

定理 2.2 若 $X \sim N(\mu, \sigma^2)$, 其分布函数为 $F(x)$, 则对任意实数 x, 有

$$F(x) = \Phi\left(\frac{x - \mu}{\sigma}\right). \qquad (2.29)$$

证明 因为 $X \sim N(\mu, \sigma^2)$, 所以

$$F(x) = P\{X \leqslant x\} = P\left\{\frac{X - \mu}{\sigma} \leqslant \frac{x - \mu}{\sigma}\right\}$$

$$= P\left\{X^* \leqslant \frac{x - \mu}{\sigma}\right\} = \Phi\left(\frac{x - \mu}{\sigma}\right). \qquad \square$$

推论 2.1 若 $X \sim N(\mu, \sigma^2)$, 则对于任意实数 $x_1 < x_2$, 有

$$P\{x_1 < X \leqslant x_2\} = \Phi\left(\frac{x_2 - \mu}{\sigma}\right) - \Phi\left(\frac{x_1 - \mu}{\sigma}\right). \qquad (2.30)$$

利用 (2.30) 式, 可将一般正态分布的概率计算转化为标准正态分布的概率计算, 而标准正态分布的分布函数值可由附表 2 获得, 这样, 一般正态分布的概率计算就可解决.

关于标准正态分布, 一个重要的公式是: 对于任意实数 x, 有

$$\Phi(x) + \Phi(-x) = 1. \qquad (2.31)$$

这可用 $\Phi(x)$ 的定义证明, 此处从略.

另外, 还有几个经常用到的公式: 若 $X \sim N(0,1)$, 则对于任意实数 x $(x \geqslant 0), x_1, x_2$ $(x_1 < x_2)$, 有

(1) $P\{x_1 < X \leqslant x_2\} = \Phi(x_2) - \Phi(x_1)$;

(2) $P\{|X| < x\} = \Phi(x) - \Phi(-x) = 2\Phi(x) - 1$;

(3) $P\{|X| \geqslant x\} = 2[1 - \Phi(x)]$.

一般地, 如果 $X \sim N(\mu, \sigma^2)$, 则对任意 $k > 0$, 有

$$P\{|X - \mu| < k\sigma\} = P\left\{\frac{|X - \mu|}{\sigma} < k\right\} = 2\Phi(k) - 1,$$

当 $k = 1, 2, 3$ 时, 分别有

$$P\{|X - \mu| < 1\sigma\} = 2\Phi(1) - 1 \approx 0.6827;$$

$$P\{|X - \mu| < 2\sigma\} = 2\Phi(2) - 1 \approx 0.9545;$$

$$P\{|X - \mu| < 3\sigma\} = 2\Phi(3) - 1 \approx 0.9973.$$

可见, 服从正态分布 $N(\mu, \sigma^2)$ 的随机变量 X 的取值落在区间 $(\mu - \sigma, \mu + \sigma)$ 内的概率约为 68.27%; 落在区间 $(\mu - 2\sigma, \mu + 2\sigma)$ 内的概率约为 95.45%; 落在区间 $(\mu - 3\sigma, \mu + 3\sigma)$ 内的概率约为 99.73%. 于是, 服从正态分布 $N(\mu, \sigma^2)$ 的随机变量 X 落在区间 $(\mu - 3\sigma, \mu + 3\sigma)$ 之外的概率约为 0.27%, 还不到千分之三, 这是一个小概率事件, 在实际中认为它几乎不可能发生, 这就是著名的 " 3σ" 准则. 它在实际中常用来作为质量控制的依据.

例 2.19   测量某一目标的距离时产生的误差用 X 表示 (单位: m), 若 $X \sim N(20, 40^2)$, 求在三次重复测量中至少有一次误差的绝对值不超过 30 米的概率. (设各次测量时产生的误差是相互独立的.)

解   因为 $X \sim N(20, 40^2)$, 用 A 表示 "误差的绝对值不超过 30 米", 所以

$$P(A) = P\{|X| \leqslant 30\} = P\{-30 \leqslant X \leqslant 30\}$$

$$= \Phi\left(\frac{30 - 20}{40}\right) - \Phi\left(\frac{-30 - 20}{40}\right)$$

$$= \Phi(0.25) - \Phi(-1.25) \approx 0.4931.$$

设 Y 表示 "三次重复测量中误差的绝对值不超过 30 米的次数", 则 $Y \sim B(3, 0.4931)$, 于是

$$P\{Y \geqslant 1\} = 1 - P\{Y = 0\} \approx 1 - (1 - 0.4931)^3 \approx 1 - 0.1303 = 0.8697,$$

即在三次重复测量中至少有一次误差的绝对值不超过 30 米的概率约为 0.8697.

例 2.20   设某工厂生产的某种元件的寿命 $X \sim N(160, \sigma^2)$ (单位: h), 其中 σ 未知, 若要求 $P\{120 < X \leqslant 200\} \geqslant 0.80$, 问允许 σ 最大是多少?

解   因为 $X \sim N(160, \sigma^2)$, 所以

$$P\{120 < X \leqslant 200\} = \Phi\left(\frac{200 - 160}{\sigma}\right) - \Phi\left(\frac{120 - 160}{\sigma}\right)$$

$$= \Phi\left(\frac{40}{\sigma}\right) - \Phi\left(-\frac{40}{\sigma}\right) = 2\Phi\left(\frac{40}{\sigma}\right) - 1$$

$$\geqslant 0.80.$$

由 $\Phi\left(\dfrac{40}{\sigma}\right) \geqslant 0.90$, 查附表 2 得 $\dfrac{40}{\sigma} \geqslant 1.28$, $\sigma \leqslant \dfrac{40}{1.28} = 31.25$, 即 σ 允许最大 31.25.

在自然现象和社会现象中, 大量的随机变量都服从或近似服从正态分布, 如测量误差、炮弹落点距目标的偏差、海洋波浪的高度、一个地区的男性成年人的身高及体重、考试的成绩等. 正是由于生活中大量的随机变量服从或近似服从正态分布, 因此, 正态分布在理论与实践中都占据着特别重要的地位.

本节思考题

1. 如果一个随机变量的分布函数是连续的, 那么它是否必为连续型随机变量?
2. 除离散型随机变量和连续型随机变量之外, 还有不是这两种类型的其他随机变量吗?

$$\left(\text{提示: 考察 } F(x) = \begin{cases} 1 - \mathrm{e}^{-x}, & x \geqslant 1, \\ 0, & x < 1 \end{cases} \text{ 是否为分布函数.}\right)$$

本节测试题

1. 已知连续型随机变量 X 的分布函数为 $F(x) = \begin{cases} A\mathrm{e}^x, & x < 0, \\ B, & 0 \leqslant x < 1, \\ 1 - A\mathrm{e}^{-(x-1)}, & x \geqslant 1. \end{cases}$ 试求:

(1) 常数 A 与 B 的值; (2) X 的概率密度函数; (3) $P\left\{X > \dfrac{1}{3}\right\}$.

2. 设随机变量 $X \sim N(1, 2^2)$, 试求概率 $P\{X = 1\}$; $P\{0 \leqslant X < 2\}$; $P\{|X| > 2\}$.
3. 设随机变量 $X \sim U(1, 6)$. 试求关于 y 的方程 $y^2 + Xy + 1 = 0$ 有实根的概率.

2.4 随机变量函数的分布

在实际问题中, 常常会遇到这样的问题: 已知随机变量 X 的概率分布, 要求函数 $Y = g(X)$ 的概率分布. 对此, 我们先引入如下概念.

1. 随机变量的函数

设 X 是一个随机变量, $y = g(x)$ 是一个已知函数, 其定义域是 D, 若 X 的取值范围是 D 的子集, 则由 $y = g(x)$ 就可以得到一个新的随机变量 $Y = g(X)$, 由于随机变量 $Y = g(X)$ 是随机变量 X 的函数, 故称 Y 的概率分布为**随机变量函数的分布**.

2. 离散型随机变量函数的分布

设离散型随机变量 X 的分布列如表 2.1 所示, 则函数 $Y = g(X)$ 也是离散型随机变量, 可能的取值是 $y_k = g(x_k), k = 1, 2, \cdots$.

当 y_k 均不相等时, 由于 $\{g(X) = g(x_k)\} = \{X = x_k\}$, 因此

$$P\{Y = y_k\} = P\{X = x_k\} = p_k.$$

当 $y_k = g(x_k)$ 不是互不相等时, 则应分别把那些相等的 y_k 值合并, 并将其对应的概率 p_k 相加, $k = 1, 2, \cdots$, 即可得 $Y = g(X)$ 的分布律.

例 2.21　设 X 的分布列如表 2.10 所示. 求:

(1) $Y = 2X + 1$ 的分布列;

(2) $Y = X^2 + 1$ 的分布列.

表 2.10

X	-2	-1	0	1	2
P	1/5	1/6	1/5	1/15	11/30

解　(1) 由于 $Y = 2X + 1$, 所以 Y 的可能取值为 $-3, -1, 1, 3, 5$. 它们互不相等, 因此有 $P\{Y = -3\} = P\{2X + 1 = -3\} = P\{X = -2\} = \dfrac{1}{5}$. 类似可求得

$$P\{Y = -1\} = \frac{1}{6}; \quad P\{Y = 1\} = \frac{1}{5};$$

$$P\{Y = 3\} = \frac{1}{15}; \quad P\{Y = 5\} = \frac{11}{30}.$$

因此 $Y = 2X + 1$ 的分布列如表 2.11 所示.

表 2.11

Y	-3	-1	1	3	5
P	1/5	1/6	1/5	1/15	11/30

(2) 由于 $Y = X^2 + 1$, 所以 Y 的可能取值为 $5, 2, 1, 2, 5$. 因此可得 $Y = X^2 + 1$ 的分布列如表 2.12 所示.

表 2.12

Y	5	2	1	2	5
P	1/5	1/6	1/5	1/15	11/30

由于有相等的取值, 应分别把那些相等的 y_k 值合并, 并将其对应的概率 p_k 相加, 即可得 $Y = g(X)$ 的分布律, 即

$$P\{Y = 1\} = \frac{1}{5}; \quad P\{Y = 2\} = \frac{1}{6} + \frac{1}{15} = \frac{7}{30};$$

$$P\{Y = 5\} = \frac{1}{5} + \frac{11}{30} = \frac{17}{30}.$$

因此 $Y = X^2 + 1$ 的分布列如表 2.13 所示.

表 2.13

Y	1	2	5
P	1/5	7/30	17/30

例 2.22 设 X 的分布列如表 2.14 所示. 求 $Y = \sin\left(\dfrac{\pi}{2}X\right)$ 的分布列.

表 2.14

X	1	2	$\cdots$	i	$\cdots$
P	1/2	$1/2^2$	$\cdots$	$1/2^i$	$\cdots$

解 Y 所有的可能不同取值是 $-1, 0, 1$, 而

$$P\{Y = -1\} = P\left\{\sin\left(\frac{\pi}{2}X\right) = -1\right\} = \sum_{k=0}^{\infty} P\{X = 4k+3\} = \sum_{k=0}^{\infty} \frac{1}{2^{4k+3}} = \frac{2}{15};$$

$$P\{Y = 0\} = P\left\{\sin\left(\frac{\pi}{2}X\right) = 0\right\} = \sum_{k=1}^{\infty} P\{X = 2k\} = \sum_{k=1}^{\infty} \frac{1}{2^{2k}} = \frac{1}{3},$$

所以 Y 的分布列如表 2.15 所示.

表 2.15

Y	-1	0	1
P	2/15	1/3	8/15

3. 连续型随机变量函数的分布

设 X 为连续型随机变量, 已知其概率密度函数为 $f(x)$, 分布函数为 $F_X(x)$, $y = g(x)$ 为一元连续实函数, 则 $Y = g(X)$ 也是随机变量. 但由于此时形成的 $Y = g(X)$ 未必一定是连续型的, 因此, 在这种情况下, 最基本的处理方法是由 X 的分布函数 $F_X(x)$ 去求 $Y = g(X)$ 的分布函数 $F_Y(y)$, 进而再考虑是否可获得 Y 的概率密度函数 $f_Y(y)$.

例 2.23 设随机变量 X 的概率密度函数为 $f_X(x)$, 求 $Y = aX + b\ (a \neq 0)$ 的概率密度函数 $f_Y(y)$.

解 先求 $Y = aX + b\ (a \neq 0)$ 的分布函数 $F_Y(y)$. 当 $a > 0$ 时, 有

$$F_Y(y) = P\{Y \leqslant y\} = P\{aX + b \leqslant y\}$$

$$= P\left\{X \leqslant \frac{y-b}{a}\right\} = F_X\left(\frac{y-b}{a}\right).$$

上式两边关于 y 求导, 可得 Y 的概率密度函数

$$f_Y(y) = f_X\left(\frac{y-b}{a}\right) \cdot \left[\frac{y-b}{a}\right]' = \frac{1}{a} \cdot f_X\left(\frac{y-b}{a}\right), \quad y \in \mathbf{R}.$$

当 $a < 0$ 时, 我们也可类似求得

$$f_Y(y) = -\frac{1}{a} \cdot f_X\left(\frac{y-b}{a}\right), \quad y \in \mathbf{R}.$$

因此, Y 的概率密度函数为

$$f_Y(y) = \frac{1}{|a|} \cdot f_X\left(\frac{y-b}{a}\right), \quad y \in \mathbf{R}. \tag{2.32}$$

由 (2.32) 式可推出

(1) 若 $X \sim N(\mu, \sigma^2)$, 则 $Y = aX + b \sim N\left(a\mu + b, a^2\sigma^2\right)$ $(a \neq 0)$;

(2) 若 $X \sim N(\mu, \sigma^2)$, 则 $\dfrac{X-\mu}{\sigma} \sim N(0, 1)$.

这表明服从**正态分布的随机变量的线性函数仍然服从正态分布**.

例 2.24　设 $X \sim U(0, 1)$, 求 $Y = -\dfrac{1}{2}\ln(1-X)$ 的概率密度函数 $f_Y(y)$.

解　因为 $X \sim U(0, 1)$, 所以

$$f_X(x) = \begin{cases} 1, & x \in (0, 1), \\ 0, & \text{其他}. \end{cases}$$

由于当 $y \leqslant 0$ 时, $1 - \mathrm{e}^{-2y} \leqslant 0$; 当 $y > 0$ 时, $1 > 1 - \mathrm{e}^{-2y} > 0$, 所以

$$F_Y(y) = P\{Y \leqslant y\} = P\left\{-\frac{1}{2}\ln(1-X) \leqslant y\right\}$$

$$= P\{X \leqslant 1 - \mathrm{e}^{-2y}\} = \int_{-\infty}^{1-\mathrm{e}^{-2y}} f_X(x)\mathrm{d}x,$$

则当 $y > 0$ 时, $F_Y(y) = \displaystyle\int_{-\infty}^{0} 0 \cdot \mathrm{d}x + \int_{0}^{1-\mathrm{e}^{-2y}} 1 \cdot \mathrm{d}x = 1 - \mathrm{e}^{-2y}$; 当 $y \leqslant 0$ 时,

$F_Y(y) = \displaystyle\int_{-\infty}^{1-\mathrm{e}^{-2y}} 0 \cdot \mathrm{d}x = 0$, 显然 $F_Y(y)$ 在 $y = 0$ 处不可导, 分布函数关于 y

$(y \neq 0)$ 求导数得

$$f_Y(y) = \begin{cases} 2\mathrm{e}^{-2y}, & y > 0, \\ 0, & y < 0, \end{cases}$$

在 $y = 0$ 处补充定义 $f_Y(0) = 0$, 因此, $Y = -\dfrac{1}{2}\ln(1 - X)$ 的概率密度函数为

$$f_Y(y) = \begin{cases} 2\mathrm{e}^{-2y}, & y > 0, \\ 0, & y \leqslant 0, \end{cases}$$

即 $Y \sim \mathrm{Exp}\,(2)$.

例 2.25 设 $X \sim N\,(0,1)$, 求 $Y = X^2$ 的概率密度函数 $f_Y(y)$.

解 当 $x \in (-\infty, +\infty)$ 时, $y = x^2$ 取值于 $[0, +\infty)$. 因此, 当 $y < 0$ 时,

$$F_Y(y) = P\{Y \leqslant y\} = P\{X^2 \leqslant y\} = 0;$$

当 $y \geqslant 0$ 时,

$$F_Y(y) = P\{Y \leqslant y\} = P\{X^2 \leqslant y\}$$

$$= P\{-\sqrt{y} \leqslant X \leqslant \sqrt{y}\} = 2\Phi\left(\sqrt{y}\right) - 1,$$

$$[F_Y(y)]' = 2\phi\left(\sqrt{y}\right) \cdot \left(\sqrt{y}\right)' = \frac{1}{\sqrt{2\pi}} y^{-\frac{1}{2}} \cdot \mathrm{e}^{-\frac{y}{2}},$$

所以

$$f_Y(y) = \begin{cases} \dfrac{1}{\sqrt{2\pi}} y^{-\frac{1}{2}} \cdot \mathrm{e}^{-\frac{y}{2}}, & y > 0, \\ 0, & y \leqslant 0. \end{cases}$$

本节思考题

1. 离散型随机变量的函数一定是离散型随机变量吗?
2. 连续型随机变量的函数可否为离散型随机变量? 试举例说明.

本节测试题

1. 如果随机变量 X 的分布列为

X	-2	-1	0	1	2
P	1/6	1/5	1/20	1/4	1/3

求随机变量 $Y = |X - 1|$ 的分布列.

2. 已知随机变量 $X \sim U\,(0,1)$, 求 $Y = 2\mathrm{e}^X$ 的概率密度函数.

本章主要知识概括

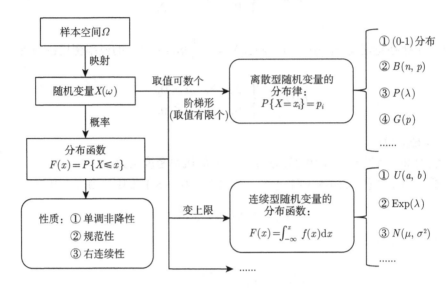

本章 MATLAB 命令简介

为了便于研究概率密度函数和概率分布函数, MATLAB 在其统计工具箱中提供了一组概率密度函数 (pdf) 和概率分布函数 (cdf), 并分别用后缀 pdf 和 cdf 表示, 专门用来处理有关概率的计算问题. 本章涉及的 MATLAB 命令语言概括在表 2.16 中, 其中输入 x 是数据组成的向量或矩阵, 输出 y 是与输入 x 对应的向量或矩阵.

表 **2.16**

分布名称	函数命令	参数说明	对应的统计功能
二项分布 (bino)	$y = \text{binopdf}\,(x, n, p)$	$p \in (0, 1)$	$y = C_n^x p^x (1-p)^{n-x}$, 见 (2.10), $x = 0, 1, \cdots, n$
	$y = \text{binocdf}\,(x, n, p)$		$y = F(x)$, 见 (2.7)
泊松分布 (poiss)	$y = \text{poisspdf}\,(x, \lambda)$	$\lambda > 0$	$y = \dfrac{\lambda^x}{x!}\mathrm{e}^{-\lambda}$, 见 (2.13), $x = 0, 1, 2, \cdots$
	$y = \text{poisscdf}\,(x, \lambda)$		$y = F(x)$, 见 (2.7)
几何分布 (geo)	$y = \text{geopdf}\,(x, p)$	$p \in (0, 1)$	$y = p(1-p)^x$, 见 (2.14), $x = k - 1$, $x = 0, 1, 2, \cdots$
	$y = \text{geocdf}\,(x, p)$		$y = F(x)$, 见 (2.7)
均匀分布 (unif)	$y = \text{unifpdf}\,(x, a, b)$	$a < b$	$y = \dfrac{1}{b-a}$, 见 (2.18)
	$y = \text{unifcdf}\,(x, a, b)$		$y = F(x)$, 见 (2.19)
指数分布 (exp)	$y = \text{exppdf}\,(x, \mu)$	$\lambda = \dfrac{1}{\mu}$	$y = \lambda \mathrm{e}^{-\lambda x}$, $x > 0$, 见 (2.20)
	$y = \text{expcdf}\,(x, \mu)$		$y = F(x)$, 见 (2.21)
正态分布 (norm)	$y = \text{normpdf}\,(x, \mu, \sigma)$	$N(\mu, \sigma^2)$	$y = \dfrac{1}{\sqrt{2\pi}\sigma}\mathrm{e}^{-\frac{(x-\mu)^2}{2\sigma^2}}$, 见 (2.23)
	$y = \text{normcdf}\,(x, \mu, \sigma)$		$y = F(x)$, 见 (2.24)

本章的很多例子可用上述命令来解决. 比如, 对例 2.9, $X \sim B(1000, 0.001)$, 于是

$$P\{X \geqslant 2\} = 1 - P\{X = 0\} - P\{X = 1\}$$
$$= 1 - \text{binopdf}(0, 1000, 0.001) - \text{binopdf}(1, 1000, 0.001)$$
$$\approx 1 - 0.3677 - 0.3681 = 0.2642,$$

或

$$P\{X \geqslant 2\} = 1 - P\{X \leqslant 1\}$$
$$= 1 - \text{binocdf}(1, 1000, 0.001)$$
$$\approx 1 - 0.7358 = 0.2642.$$

对例 2.20, $X \sim N(20, 40^2)$, 于是

$$P\{|X| \leqslant 30\} = F(30) - F(-30)$$
$$= \text{normcdf}(30, 20, 40) + \text{normcdf}(-30, 20, 40) \approx 0.4931.$$

这些结果与我们前面所得结果完全一致. 更多的例子请读者自行实践.

习　题　2

1. 试判断下列各题给出的是否为某随机变量的分布列.
(1)

X	1	2	3
P	0.3	0.4	0.5

(2)

X	-1	1
P	0.4	0.6

(3) $P\{X = k\} = \dfrac{1}{2^k}, k = 1, 2, \cdots$;

(4) $P\{X = k\} = \dfrac{1}{2} \cdot \left(\dfrac{1}{3}\right)^k, k = 0, 1, 2, \cdots$.

2. 设随机变量 X 的分布列为 $P\{X = k\} = \dfrac{k}{15}, k = 1, 2, 3, 4, 5$, 求 $P\{X = 1 \text{ 或 } X = 2\}$, $P\left\{\dfrac{1}{2} < X < \dfrac{5}{2}\right\}$ 和 $P\{1 \leqslant X \leqslant 2\}$.

3. 掷一颗骰子, 直到出现 6 点为止, 用 X 表示所掷的次数, 求 X 的分布律.

4. 同时掷两颗骰子, 直到至少有一颗骰子上出现 6 点为止, 用 X 表示所掷的次数, 求 X 的分布律.

5. 假设一射手的命中率为 0.08, 现在接连不断地进行射击, 直到命中目标为止.

(1) 试求最多要进行 10 次射击的概率;

(2) 问为使命中目标的概率大于 0.95, 至少需要进行多少次射击?

6. 一台仪器在 10000 个工作时间内平均发生 10 次故障, 试求在 100 个工作时间内故障大于两次的概率.

7. 设 $X \sim P(\lambda)$, 且 $P\{X = 3\} = P\{X = 4\}$, 求 λ.

8. 设随机变量 X 的概率分布为 $P\{X = k\} = a \cdot \left(\dfrac{1}{3}\right)^k, k = 1, 2, \cdots$, 求 a.

9. 某种型号的电子管的寿命 X (以 h 计) 具有以下的概率密度:

$$f(x) = \begin{cases} \dfrac{10^3}{x^2}, & x > 1000, \\ 0, & \text{其他}, \end{cases}$$

现有一大批此种管子 (设各管子损坏与否相互独立), 任取 5 个, 求其中至少有 2 个寿命大于 1500 h 的概率.

10. 设 X 在 $(0, 5)$ 内服从均匀分布, 求方程 $4t^2 + 4Xt + X + 2 = 0$ 有实根的概率.

11. 设 $X \sim B(2, p)$, $Y \sim B(3, p)$, $P\{X \geqslant 1\} = \dfrac{5}{9}$, 求 $P\{Y \geqslant 1\}$.

12. 在一次试验中, 事件 A 发生的概率为 p, 现重复进行了两次, 在下列两种情况下, 分别求 p 的值:

(1) 已知事件 A 至多发生一次的概率等于事件 A 至少发生一次的概率;

(2) 已知事件 A 至多发生一次的条件下, 事件 A 至少发生一次的概率等于 $\dfrac{1}{2}$.

13. 一份考卷上有 5 道选择题, 每题给出 4 个备选答案, 其中只有 1 个正确答案, 求

(1) 某考生全凭猜测答对题数 X 的分布律;

(2) 至少答对 2 道题的概率.

14. 某科统考成绩近似服从正态分布 $N(66.5, 15^2)$, 在参加统考的人中, 及格者 100 人 (及格分数线为 60 分), 计算:

(1) 不及格人数;

(2) 估计第十名的成绩.

15. 设盒中有 10 只球, 编号分别为 $1, 2, \cdots, 10$, 从中任取 5 只球, 求取出的球中最大号码 X 和最小号码 Y 的分布律.

16. 已知 $X \sim B\left(3, \dfrac{1}{3}\right)$, 求 $Y = \dfrac{X}{3}$ 的分布函数.

17. 设随机变量 X 的分布函数为

$$F(x) = P(X \leqslant x) = \begin{cases} 0, & x < -1, \\ 0.4, & -1 \leqslant x < 1, \\ 0.8, & 1 \leqslant x < 3, \\ 1, & x \geqslant 3. \end{cases}$$

求 X 的分布律.

18. 设 $F_1(x), F_2(x)$ 都是分布函数, 又 $a > 0, b > 0$ 是两个常数, 且 $a + b = 1$, 证明 $F(x) = aF_1(x) + bF_2(x)$ 仍是分布函数.

19. 设随机变量 X 的概率密度函数为

$$f(x) = \begin{cases} ax + b, & 0 < x < 1, \\ 0, & \text{其他,} \end{cases}$$

且 $P\left\{X > \frac{1}{2}\right\} = \frac{5}{8}$. (1) 求 a, b; (2) 计算 $P\left\{\frac{1}{4} < X \leqslant \frac{1}{2}\right\}$.

20. 设随机变量 X 的分布函数为

$$F(x) = \begin{cases} 0, & x < 1, \\ \ln x, & 1 \leqslant x < \mathrm{e}, \\ 1, & x \geqslant \mathrm{e}, \end{cases}$$

求: (1) $P\{X < 2\}, P\{0 < X \leqslant 3\}, P\left\{2 < X < \frac{5}{2}\right\}$;

(2) X 的概率密度函数 $f(x)$.

21. 确定下列函数中的常数 A, 使该函数成为一维随机变量的概率密度函数:

(1) $f(x) = A\mathrm{e}^{-|x|}$;　　(2) $f(x) = \begin{cases} A\cos x, & -\frac{\pi}{2} \leqslant x \leqslant \frac{\pi}{2}, \\ 0, & \text{其他.} \end{cases}$

22. 设随机变量 X 的概率密度函数 $f(x)$ 为偶函数, 试证明对任意的 $a > 0$, 有

(1) $F(-a) = 1 - F(a) = \frac{1}{2} - \int_0^a f(x)\mathrm{d}x$;

(2) $P\{|X| < a\} = 2F(a) - 1$;

(3) $P\{|X| > a\} = 2[1 - F(a)]$.

23. 设 $X \sim N(3, 2^2)$, 求

(1) $P\{2 < X \leqslant 5\}, P\{-4 < X < 8\}, P\{|X| > 2\}, P\{X > 3\}$;

(2) 确定 c, 使 $P(X > c) = P(X \leqslant c)$.

24. 已知随机变量 X 的概率密度函数 $f(x) = \frac{1}{\pi(1+x^2)}, x \in \mathbf{R}$, 求 $Y = 1 - \sqrt[3]{X}$ 的概率密度函数 $f_Y(y)$.

25. 设随机变量 X 的概率密度函数 $f(x) = \begin{cases} \lambda \mathrm{e}^{-\lambda x}, & x > 0, \\ 0, & x \leqslant 0, \end{cases} \lambda > 0$, 求

(1) $Y = \dfrac{1}{3}X^2 + 2$ 的概率密度函数 $f_Y(y)$;

(2) $Y = \lambda X$ 的概率密度函数 $f_Y(y)$.

26. 设随机变量 $X \sim N\left(0, \sigma^2\right)$, a, b 为常数, 且 $0 < a < b$, 求 σ 使 $P\{a < X < b\}$ 取得最大值.

27. 随机变量 $X \sim N\left(\mu, \sigma^2\right)$, 求随机变量 $Y = 10^X$ 的概率密度函数 $f_Y(y)$.

28. 设随机变量 X 的概率密度函数为 $f_X(x)$, 求 $Y = X^2$ 的概率密度函数 $f_Y(y)$.

29. 设随机变量 X 的概率密度函数为 $f_X(x)$, $y = g(x)$ 严格单调, 其反函数 $g^{-1}(y)$ 有连续导数, 求 $Y = g(X)$ 的概率密度函数 $f_Y(y)$.

第 2 章测试题

第 3 章 多维随机变量及其分布

第 2 章只限讨论一个随机变量的情况, 但在实际问题中, 对于某些随机试验的结果, 需要同时用两个或两个以上随机变量才能描述, 这就需要引进多维随机变量及其分布的概念.

在本章我们以二维随机变量及其分布的讨论为主, 首先介绍二维随机变量及其联合分布的概念, 其次引出边缘分布、条件分布和随机变量的独立性, 最后介绍二维随机变量函数的分布.

3.1　二维随机变量及其联合分布

1. 二维随机变量的概念

在射击时, 弹着点是目标上的一个位置, 它与横坐标和纵坐标有关, 弹着点受两个变量的影响. 在桥梁结构设计中, 出于可靠性的考虑, 通常需要考察桥梁构件的抗拉力与荷载效应, 此时可靠性也受到两个变量的影响.

与一维随机变量类似, 一般地我们可定义二维随机变量如下.

定义 3.1　设 E 是一个随机试验, $X = X(\omega)$ 和 $Y = Y(\omega)$ 是定义在其样本空间 Ω 上的随机变量, $\omega \in \Omega$, 由它们构成的向量 $(X(\omega), Y(\omega))$ 称为定义在样本空间 Ω 上的**二维随机变量**或二维随机向量, 简记为 (X, Y). $X(\omega)$ 和 $Y(\omega)$ 分别称为二维随机变量 (X, Y) 的第一个分量 (或坐标) 和第二个分量 (或坐标).

一般地, 设 E 是一个随机试验, $X_1(\omega), X_2(\omega), \cdots, X_n(\omega)$ 是定义在其样本空间 Ω 上的一组随机变量, 将它们按一定的顺序构成一个 n 维向量 $(X_1(\omega), X_2(\omega), \cdots, X_n(\omega))$, 称其为定义在样本空间 Ω 上的 **n 维随机变量**或 **n 维随机向量**, 简记为 $(X_1, X_2, \cdots, X_n)$, $X_i = X_i(\omega)$ 称为第 i 个分量 (或坐标), $i = 1, 2, \cdots, n$.

2. 二维随机变量的联合分布

在研究随机向量的概率特征时, 除每个随机变量的概率特征外, 还要研究它们的联合概率特征, 因为后者完全可以决定前者, 但是前者一般无法决定后者. 因此, 只研究单个随机变量的分布是不够的, 还必须研究随机向量作为一个整体的联合分布.

对于二维随机变量, (X, Y) 作为整体的分布称为二维随机变量 (X, Y) 的**联合分布** (joint distribution). 与一维情形类似, 为了研究二维随机变量 (X, Y) 的联合分布, 我们引入二维随机变量 (X, Y) 的分布函数的概念.

定义 3.2　设 $(X(\omega), Y(\omega))$ 是定义在样本空间 Ω 上的二维随机变量, 对于任意的实数 x, y, 称函数

$$F(x, y) \equiv P\{\omega : X(\omega) \leqslant x, Y(\omega) \leqslant y\} \tag{3.1}$$

为二维随机变量 $(X(\omega), Y(\omega))$ 的**联合分布函数**, 简称 (X, Y) 的**分布函数**.

以后, 将 (3.1) 式中的表达式简记为 $F(x, y) = P\{X \leqslant x, Y \leqslant y\}$.

显然, 联合分布函数 $F(x, y)$ 在平面上任意点 (x, y) 处的函数值就是随机点 (X, Y) 落在点 (x, y) 左下方的整个无穷区域内的概率, 如图 3.1 所示.

联合分布函数具有下列性质.

由定义 3.2 和图 3.2 易知, 对任意的 x_1, x_2, y_1, y_2 $(x_1 < x_2, y_1 < y_2)$, 有

(1) $$P\{x_1 < X \leqslant x_2, y_1 < Y \leqslant y_2\}$$

$$= F(x_2, y_2) - F(x_2, y_1) - F(x_1, y_2) + F(x_1, y_1). \tag{3.2}$$

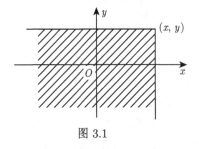

图 3.1

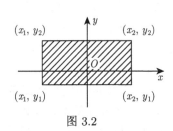

图 3.2

从而,

$$F(x_2, y_2) - F(x_2, y_1) - F(x_1, y_2) + F(x_1, y_1) \geqslant 0. \tag{3.3}$$

(2) $F(x, y)$ 是 x 和 y 的单调非降函数.

(证明略.)

(3) 对于平面上的任意点 (x, y),

$$0 \leqslant F(x, y) \leqslant 1,$$

且对任意固定的 y, $F(-\infty, y) = 0$, 对任意固定的 x, $F(x, -\infty) = 0$,

$$F(-\infty, -\infty) = 0, \quad F(+\infty, +\infty) = 1. \tag{3.4}$$

这可借助于几何直观进行说明. 例如, 在图 3.1 中将无穷区域 (阴影部分) 的右边界向左无限移动 (即 $x \to -\infty$), 则 "随机点 (X, Y) 落入这个无穷区域内" 的概率趋于 0, 即 $F(-\infty, y) = 0$; 其他等式可类似说明.

(4) $F(x, y)$ 关于 x 和 y 均右连续, 即

$$F(x, y) = F(x + 0, y), \quad F(x, y) = F(x, y + 0).$$

例 3.1　定义二元函数

$$F(x, y) = \begin{cases} 1, & x + y \geqslant 0, \\ 0, & x + y < 0, \end{cases}$$

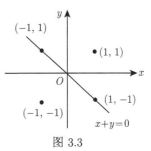

图 3.3

试问 $F(x, y)$ 是否为某个二维随机变量 (X, Y) 的联合分布函数?

解　如图 3.3, 容易验证,

$$F(1, 1) - F(-1, 1) - F(1, -1) + F(-1, -1) = 1 - 1 - 1 + 0 = -1 < 0$$

不符合 (3.3) 式, 因此, $F(x, y)$ 不是任何二维随机变量 (X, Y) 的联合分布函数.

3. 二维离散型随机变量及其联合分布律 (列)

与一维随机变量的情形类似, 这里也仅讨论离散型和连续型这两种类型的二维随机变量.

定义 3.3　若二维随机变量 (X, Y) 的所有可能取值只有有限个或可列无限个, 则称 (X, Y) 为**二维离散型随机变量**.

显然, 若 (X, Y) 是二维离散型随机变量, 则其分量 X 和 Y 都是一维离散型随机变量. 通常, 我们用联合概率分布律 (列) 描述二维离散型随机变量 (X, Y) 的分布.

定义 3.4　设 (X, Y) 是二维离散型随机变量, 它所有可能的取值为 (x_i, y_j), $i, j = 1, 2, \cdots$, 则称

$$P\{X = x_i, Y = y_j\} = p_{ij}, \quad i, j = 1, 2, \cdots \tag{3.5}$$

为 (X, Y) 的**联合分布律 (列)** 或**联合概率分布** (joint probability distribution), 简称**分布律**.

联合分布律一般用表格形式表示, 如表 3.1 所示, 显然, 二维离散型随机变量 (X, Y) 的联合分布律满足

(1) (非负性) $p_{ij} \geqslant 0$;

(2) (规范性) $\sum\limits_{i,j} p_{ij} = 1$.

联合分布函数为

$$F(x, y) = P\{X \leqslant x, Y \leqslant y\} = \sum_{y_j \leqslant y} \sum_{x_i \leqslant x} p_{ij}. \tag{3.6}$$

表 **3.1**

X ＼ Y	y_1	y_2	$\cdots$	y_j	$\cdots$
x_1	p_{11}	p_{12}	$\cdots$	p_{1j}	$\cdots$
x_2	p_{21}	p_{22}	$\cdots$	p_{2j}	$\cdots$
$\vdots$	$\vdots$	$\vdots$		$\vdots$	
x_i	p_{i1}	p_{i2}	$\cdots$	p_{ij}	$\cdots$
$\vdots$	$\vdots$	$\vdots$		$\vdots$	

例 3.2　设 X 是从 $1, 2, 3, 4$ 这四个整数中任意取得的一数, X 取定后, Y 是从 1 与 X 间的整数中任意取得的一数. 求 (X, Y) 的联合分布律.

解　要求 (X, Y) 的联合分布律, 应先定出 (X, Y) 的所有可能的取值, 从而应先确定出 X 与 Y 的所有可能取值. 易知, X 的可能取值为 $1, 2, 3, 4$; Y 的可能取值为 $1, 2, 3, 4$, 于是

$$P\{X = 1, Y = 1\} = P\{X = 1\} \cdot P\{Y = 1 \mid X = 1\} = \frac{1}{4},$$

一般地, 有

$$P\{X = i, Y = j\} = P\{X = i\} \cdot P\{Y = j \mid X = i\},$$

$$= \begin{cases} \dfrac{1}{4} \cdot \dfrac{1}{i}, & j \leqslant i, i = 1, 2, 3, 4, \\ 0, & j > i. \end{cases}$$

所以, (X, Y) 的联合分布律如表 3.2 所示.

表 3.2

X \ Y	1	2	3	4
1	1/4	0	0	0
2	1/8	1/8	0	0
3	1/12	1/12	1/12	0
4	1/16	1/16	1/16	1/16

4. 二维连续型随机变量及联合概率密度函数

与一维情形类似, 我们有如下定义.

定义 3.5 设二维随机变量 (X,Y) 的联合分布函数为 $F(x,y)$, 若存在非负可积函数 $f(x,y)$, 使得对于任意实数 x 和 y, 有

$$F(x,y) = \int_{-\infty}^{y} \int_{-\infty}^{x} f(x,y)\mathrm{d}x\mathrm{d}y, \tag{3.7}$$

则称 (X,Y) 为**二维连续型随机变量**, $f(x,y)$ 称为 (X,Y) 的**联合概率密度函数** (joint probability density function), 简称为 (X,Y) 的**概率密度函数**.

类似地, (X,Y) 的联合概率密度函数 $f(x,y)$ 具有以下性质 (证明略):

(1) (非负性) $f(x,y) \geqslant 0$;

(2) (规范性) $\displaystyle\int_{-\infty}^{+\infty} \int_{-\infty}^{+\infty} f(x,y)\mathrm{d}x\mathrm{d}y = 1$; \tag{3.8}

(3) 对于平面区域 D, 有

$$P\{(X,Y) \in D\} = \iint\limits_{(x,y)\in D} f(x,y)\,\mathrm{d}x\mathrm{d}y; \tag{3.9}$$

(4) 若除可数个点外 $F(x,y)$ 的二阶混合偏导数处处连续, 则

$$f(x,y) = \begin{cases} \dfrac{\partial^2 F(x,y)}{\partial x \partial y}, & 在 \dfrac{\partial^2 F}{\partial x \partial y} 的连续点处, \\ 0, & 其他 \end{cases} \tag{3.10}$$

是 (X,Y) 的联合概率密度函数.

由性质 (3) 知: 在几何上, $z = f(x,y)$ 表示空间的一个曲面, $P\{(X,Y) \in D\}$ 的值等于以 D 为底、以曲面 $z = f(x,y)$ 为顶的曲顶柱体的体积.

设 D 是平面上某个区域, 其面积为 S, 若 (X,Y) 的联合概率密度函数

$$f(x,y) = \begin{cases} \dfrac{1}{S}, & (x,y) \in D, \\ 0, & 其他, \end{cases} \tag{3.11}$$

则称 (X, Y) 服从区域 D 上的**均匀分布**, 记为 $(X, Y) \sim U(D)$.

若 (X, Y) 的联合概率密度函数为

$$f(x,y) = \frac{1}{2\pi\sigma_1\sigma_2\sqrt{1-\rho^2}}\exp\left[-\frac{1}{2(1-\rho^2)}\left(\frac{(x-\mu_1)^2}{\sigma_1^2} - 2\rho\frac{(x-\mu_1)(y-\mu_2)}{\sigma_1\sigma_2}\right.\right.$$

$$\left.\left. + \frac{(y-\mu_2)^2}{\sigma_2^2}\right)\right], \tag{3.12}$$

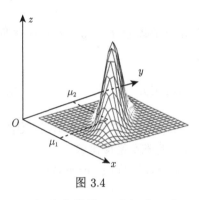

图 3.4

其中 $\mu_1, \mu_2, \sigma_1, \sigma_2, \rho$ 均为常数, $\sigma_1 > 0, \sigma_2 > 0, |\rho| < 1, (x,y) \in \mathbf{R}^2$, 则称 (X, Y) 服从参数为 $(\mu_1, \mu_2, \sigma_1^2, \sigma_2^2, \rho)$ 的**二维正态分布**, 记为 $(X, Y) \sim N(\mu_1, \mu_2, \sigma_1^2, \sigma_2^2, \rho)$. 二维正态分布联合密度函数图形很像一顶帽边无限延展的帽子, 如图 3.4 所示, 其中心点在 (μ_1, μ_2) 处.

例 3.3　设 (X, Y) 的概率密度函数

$$f(x, y) = \begin{cases} ce^{-(x+y)}, & 0 < x, y < +\infty, \\ 0, & \text{其他}. \end{cases}$$

(1) 确定常数 c; (2) 求 $P\{X + Y \leqslant 1\}$; (3) 求 (X, Y) 的分布函数 $F(x, y)$.

解　(1) 由 (3.8) 式知

$$\int_{-\infty}^{+\infty}\int_{-\infty}^{+\infty} f(x,y)\,\mathrm{d}x\mathrm{d}y = c\int_0^{+\infty}\mathrm{e}^{-x}\mathrm{d}x \cdot \int_0^{+\infty}\mathrm{e}^{-y}\mathrm{d}y = c \cdot 1 = 1,$$

所以 $c = 1$.

(2) 由 (3.9) 式得

$$P\{X + Y \leqslant 1\} = P\{(X, Y) \in D\} = \iint\limits_{D:\ x+y\leqslant 1} f(x,y)\,\mathrm{d}x\mathrm{d}y$$

$$= \int_0^1\int_0^{1-y}\mathrm{e}^{-(x+y)}\mathrm{d}x\mathrm{d}y = \int_0^1[\mathrm{e}^{-y} - \mathrm{e}^{-1}]\mathrm{d}y = 1 - \frac{2}{\mathrm{e}}.$$

(3) 当 $x > 0$ 且 $y > 0$ 时,

$$F(x, y) = \int_{-\infty}^{y}\int_{-\infty}^{x} f(x,y)\mathrm{d}x\mathrm{d}y$$

$$= \int_0^y\int_0^x\mathrm{e}^{-(x+y)}\mathrm{d}x\mathrm{d}y = (1 - \mathrm{e}^{-y})(1 - \mathrm{e}^{-x}).$$

当 $x \leqslant 0$ 或 $y \leqslant 0$ 时, $F(x,y) = 0$, 所以

$$F(x,y) = \begin{cases} (1 - \mathrm{e}^{-y})(1 - \mathrm{e}^{-x}), & x > 0 \text{ 且 } y > 0, \\ 0, & \text{其他}. \end{cases}$$

例 3.4 设 $(X,Y) \sim N(0,0,\sigma^2,\sigma^2,0)$, 求 $P\{X \leqslant Y\}$.

解 因为 $(X,Y) \sim N(0,0,\sigma^2,\sigma^2,0)$, 所以 $f(x,y) = \dfrac{1}{2\pi\sigma^2} \mathrm{e}^{-\frac{x^2+y^2}{2\sigma^2}}$. 从而 (图 3.5)

$$P\{X \leqslant Y\} = P\{(X,Y) \in D\}$$
$$= \iint\limits_{D:\ x \leqslant y} \frac{1}{2\pi\sigma^2} \mathrm{e}^{-\frac{x^2+y^2}{2\sigma^2}} \mathrm{d}x\mathrm{d}y.$$

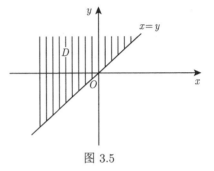

图 3.5

作极坐标变换, 令 $\begin{cases} x = r\cos\theta, \\ y = r\sin\theta, \end{cases}$ 则

$$P\{X \leqslant Y\} = \int_{\frac{\pi}{4}}^{\frac{5\pi}{4}} \mathrm{d}\theta \int_0^{+\infty} \frac{1}{2\pi\sigma^2} \mathrm{e}^{-\frac{r^2}{2\sigma^2}} r\mathrm{d}r = \frac{1}{2}.$$

事实上, 由曲面 $z = f(x,y)$ 的对称性也可得 $P\{X \leqslant Y\} = \dfrac{1}{2}$.

本节思考题

1. 如果一个随机试验只有两个可能的基本结果, 那么由其定义的随机变量 X 和二维随机变量 (X,Y) 各有多少个取值?

本节测试题

1. 设二维随机变量 (X,Y) 的概率密度为 $f(x,y) = \begin{cases} 8xy, & 0 \leqslant x \leqslant y, 0 \leqslant y \leqslant 1, \\ 0, & \text{其他}, \end{cases}$ 试求 $P\left\{X < \dfrac{1}{2}\right\}$ 及联合分布函数 $F(x,y)$.

2. 设二维随机向量 (X,Y) 的联合分布律如表 3.3 所示, 且已知事件 $\{X = 0\}$ 与 $\{X+Y = 1\}$ 相互独立, 试确定常数 a 和 b.

表 3.3

X \ Y	0	1
0	2/5	a
1	b	1/10

3. 设桥梁构件的抗拉力与荷载效应是二维正态随机变量 (X, Y), 且其概率密度为 $f(x, y) = \frac{1}{2\pi} \mathrm{e}^{-\left[2x^2 + \sqrt{3}x(y-1) + \frac{1}{2}(y-1)^2\right]}$, 试确定分布参数 $\mu_1, \mu_2, \sigma_1, \sigma_2, \rho$.

3.2 边 缘 分 布

二维随机变量 (X, Y) 作为一个整体, 具有联合分布函数 $F(x, y)$, 而 X 和 Y 都是一维随机变量, 它们也有自身的概率分布, 分别称为 (X, Y) 关于 X 和 Y 的**边缘分布** (marginal distribution), 其相应的分布函数 $F_X(x), F_Y(y)$ 依次称为二维随机变量是 (X, Y) 关于 X 和关于 Y 的**边缘分布函数**. 易知

$$F_X(x) = P\{X \leqslant x\} = P\{X \leqslant x, Y < +\infty\} = F(x, +\infty), \tag{3.13}$$

$$F_Y(y) = P\{Y \leqslant y\} = P\{X < +\infty, Y \leqslant y\} = F(+\infty, y). \tag{3.14}$$

下面分别讨论二维离散型随机变量和二维连续型随机变量的边缘分布.

1. 离散型随机变量的边缘分布

设 (X, Y) 是二维离散型随机变量, 其联合分布律为 $P\{X = x_i, Y = y_j\} = p_{ij}, i, j = 1, 2, \cdots$, 则 (X, Y) 关于 X 的边缘分布律为

$$P\{X = x_i\} = P\{X = x_i, Y < +\infty\} = \sum_{j=1}^{\infty} p_{ij}, \quad i = 1, 2, \cdots,$$

即

$$P\{X = x_i\} = p_{i\cdot} \equiv \sum_{j=1}^{\infty} p_{ij}, \quad i = 1, 2, \cdots, \tag{3.15}$$

同理 (X, Y) 关于 Y 的边缘分布律为

$$P\{Y = y_j\} = p_{\cdot j} \equiv \sum_{i=1}^{\infty} p_{ij}, \quad j = 1, 2, \cdots. \tag{3.16}$$

离散型随机变量的边缘分布律可由联合分布律直接得到, 见表 3.4.

例 3.5 (续例 3.2) 求 (X, Y) 关于 X 和 Y 的边缘分布律.

解 由例 3.2 所求的联合分布律可得 X 和 Y 的边缘分布律如表 3.5 所示, 即关于 X 的边缘分布律如表 3.6 所示, 关于 Y 的边缘分布律如表 3.7 所示.

表 3.4

X \ Y	y_1	y_2	$\cdots$	y_j	$\cdots$	$P\{X = x_i\}$
x_1	p_{11}	p_{12}	$\cdots$	p_{1j}	$\cdots$	$p_{1\cdot}$
x_2	p_{21}	p_{22}	$\cdots$	p_{2j}	$\cdots$	$p_{2\cdot}$
$\vdots$						$\vdots$
x_i	p_{i1}	p_{i2}	$\cdots$	p_{ij}	$\cdots$	$p_{i\cdot}$
$\vdots$						$\vdots$
$P\{Y = y_j\}$	$p_{\cdot 1}$	$p_{\cdot 2}$	$\cdots$	$p_{\cdot j}$	$\cdots$	

表 3.5

X \ Y	1	2	3	4	$p_{i\cdot}$
1	1/4	0	0	0	1/4
2	1/8	1/8	0	0	1/4
3	1/12	1/12	1/12	0	1/4
4	1/16	1/16	1/16	1/16	1/4
$p_{\cdot j}$	25/48	13/48	7/48	1/16	

表 3.6

X	1	2	3	4
P	1/4	1/4	1/4	1/4

表 3.7

Y	1	2	3	4
P	25/48	13/48	7/48	1/16

2. 连续型随机变量的边缘概率密度函数

设 (X, Y) 是二维连续型随机变量, 其联合概率密度函数为 $f(x, y)$. 由 $F_X(x) = F(x, +\infty) = \int_{-\infty}^{x} \left[\int_{-\infty}^{+\infty} f(x, y)\,\mathrm{d}y \right] \mathrm{d}x$ 知,

$$f_X(x) = \int_{-\infty}^{+\infty} f(x, y)\mathrm{d}y. \tag{3.17}$$

同理

$$f_Y(y) = \int_{-\infty}^{+\infty} f(x, y)\mathrm{d}x. \tag{3.18}$$

例 3.6　设 $(X,Y) \sim N(\mu_1, \mu_2, \sigma_1^2, \sigma_2^2, \rho)$. 求关于 X 和 Y 的边缘概率密度函数.

解　由 (3.17) 式得

$$f_X(x) = \int_{-\infty}^{+\infty} f(x,y)\mathrm{d}y$$

$$= \int_{-\infty}^{+\infty} \frac{1}{2\pi\sigma_1\sigma_2\sqrt{1-\rho^2}}$$

$$\cdot \exp\left\{-\frac{1}{2(1-\rho^2)}\left[\frac{(x-\mu_1)^2}{\sigma_1^2} - 2\rho\frac{(x-\mu_1)(y-\mu_2)}{\sigma_1\sigma_2} + \frac{(y-\mu_2)^2}{\sigma_2^2}\right]\right\}\mathrm{d}y$$

$$= \frac{1}{2\pi\sigma_1\sqrt{1-\rho^2}}\int_{-\infty}^{+\infty} \exp\left\{-\frac{1}{2(1-\rho^2)}(u^2 - 2\rho uv + v^2)\right\}\mathrm{d}v$$

$$\left(\diamondsuit \ \frac{x-\mu_1}{\sigma_1} = u, \quad \frac{y-\mu_2}{\sigma_2} = v\right)$$

$$= \frac{1}{\sqrt{2\pi}\sigma_1}\mathrm{e}^{-\frac{u^2}{2}} \cdot \int_{-\infty}^{+\infty} \frac{1}{\sqrt{2\pi(1-\rho^2)}}\exp\left\{-\frac{\rho^2 u^2 - 2\rho uv + v^2}{2(1-\rho^2)}\right\}\mathrm{d}v$$

$$= \frac{\mathrm{e}^{-\frac{u^2}{2}}}{\sqrt{2\pi}\sigma_1}\int_{-\infty}^{+\infty} \frac{1}{\sqrt{2\pi(1-\rho^2)}}\exp\left\{-\frac{(v-\rho u)^2}{2(\sqrt{1-\rho^2})^2}\right\}\mathrm{d}v$$

$$= \frac{1}{\sqrt{2\pi}\sigma_1}\mathrm{e}^{-\frac{u^2}{2}} = \frac{1}{\sqrt{2\pi}\sigma_1}\mathrm{e}^{-\frac{(x-\mu_1)^2}{2\sigma_1^2}}, \quad x \in \mathbf{R}.$$

同理

$$f_Y(y) = \frac{1}{\sqrt{2\pi}\sigma_2}\mathrm{e}^{-\frac{(y-\mu_2)^2}{2\sigma_2^2}}, \quad y \in \mathbf{R}.$$

由此可知

(1) 若 $(X,Y) \sim N(\mu_1, \mu_2, \sigma_1^2, \sigma_2^2, \rho)$, 则 $X \sim N(\mu_1, \sigma_1^2), Y \sim N(\mu_2, \sigma_2^2)$;

(2) (X,Y) 的分布依赖于 5 个参数, 而 X 和 Y 的边缘分布只依赖 4 个参数, 不同的 ρ 可对应相同的边缘分布密度函数 $f_X(x), f_Y(y)$, 因此由 X 和 Y 的边缘分布不能确定 (X,Y) 的联合分布.

例 3.7　设 (X,Y) 的联合概率密度函数为 $f(x,y) = \begin{cases} 6, & x^2 \leqslant y \leqslant x, \\ 0, & \text{其他.} \end{cases}$　求 (X,Y) 关于 X 和 Y 的边缘概率密度函数.

解　显然 (X,Y) 服从区域 D 上的均匀分布, 其中区域 D 由 $y = x^2$ 和 $y = x$ 所围成, 如图 3.6 所示. 因此由 (3.17) 式有

(1) 当 $0 < x < 1$ 时,

$$f_X(x) = \int_{-\infty}^{+\infty} f(x, y)\mathrm{d}y = \int_{x^2}^{x} 6\mathrm{d}y = 6(x - x^2);$$

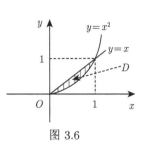

图 3.6

当 $x \notin (0, 1)$ 时,

$$f_X(x) = \int_{-\infty}^{+\infty} f(x, y)\mathrm{d}y = 0.$$

所以

$$f_X(x) = \begin{cases} 6(x - x^2), & x \in (0, 1), \\ 0, & \text{其他.} \end{cases}$$

(2) 当 $0 < y < 1$ 时,

$$f_Y(y) = \int_{-\infty}^{+\infty} f(x, y)\mathrm{d}x = \int_{y}^{\sqrt{y}} 6\mathrm{d}x = 6(\sqrt{y} - y);$$

当 $y \notin (0, 1)$ 时,

$$f_Y(y) = \int_{-\infty}^{+\infty} f(x, y)\mathrm{d}x = 0.$$

所以 $f_Y(y) = \begin{cases} 6(\sqrt{y} - y), & y \in (0, 1), \\ 0, & \text{其他.} \end{cases}$

本节思考题

1. 设 (X, Y) 是二维连续型随机变量, 那么 X 和 Y 是否都是连续型随机变量? 联合密度函数连续时, 边缘密度函数是否也是连续的?

2. 均匀分布的二维随机变量, 其边缘分布是否都是均匀分布的?

本节测试题

1. 设二维随机变量 (X, Y) 的边缘分布律如下, 且 $P\{X^2 = Y^2\} = 1$.

X	0	1
P	1/3	2/3

Y	-1	0	1
P	1/3	1/3	1/3

试求随机向量 (X, Y) 的联合分布律.

2. 设二维随机变量 (X, Y) 服从区域上 D 的均匀分布, 其中 D 是由 $x - y = 0$, $x + y = 2$ 与 $y = 0$ 所围成的三角区域. 试求 (X, Y) 关于 X 和 Y 的边缘概率密度函数.

3.3　条件分布与独立性

1. 条件分布

根据 1.4 节条件概率的定义, 我们可引入条件分布的概念. 先看一个例子.

例 3.8 (续例 3.5)　求在 $Y = 3$ 时, $X = i$ $(i = 1, 2, 3, 4)$ 的概率.

解　根据条件概率的定义和例 3.5 的结果, 我们有

$$P\{X = 1 \mid Y = 3\} = \frac{P\{X = 1, Y = 3\}}{P\{Y = 3\}} = \frac{p_{13}}{p_{\cdot 3}} = \frac{0}{7/48} = 0,$$

$$P\{X = 2 \mid Y = 3\} = \frac{p_{23}}{p_{\cdot 3}} = 0,$$

$$P\{X = 3 \mid Y = 3\} = \frac{p_{33}}{p_{\cdot 3}} = \frac{1/12}{7/48} = \frac{4}{7},$$

$$P\{X = 4 \mid Y = 3\} = \frac{p_{43}}{p_{\cdot 3}} = \frac{1/16}{7/48} = \frac{3}{7}.$$

由例 3.8 可知, 当 $Y = 3$ 时, $P\{X = i \mid Y = 3\} = \frac{p_{i3}}{p_{\cdot 3}}$ $(i = 1, 2, 3, 4)$, 又有 $\sum_{i=1}^{4} \frac{p_{i3}}{p_{\cdot 3}} = 1$, 这样, 在 $Y = 3$ 的条件下, 就得到离散型随机变量 X 的一个分布, 这个分布是在 $Y = 3$ 的条件下所获得的, 称为在 $Y = 3$ 条件下 X 的条件分布, 如表 3.8 所示.

表 3.8

$X \mid Y = 3$	1	2	3	4
P	0	0	4/7	3/7

一般地, 有以下定义.

定义 3.6　设 (X, Y) 是二维离散型随机变量, 对于固定 j, 若 $P\{Y = y_j\} > 0$, 则称

$$P\{X = x_i \mid Y = y_j\} = \frac{P\{X = x_i, Y = y_j\}}{P\{Y = y_j\}} = \frac{p_{ij}}{p_{\cdot j}}, \quad i = 1, 2, \cdots \tag{3.19}$$

为在 $Y = y_j$ 条件下随机变量 X 的**条件分布律** (conditional distribution), 简称**条件分布**.

当 (X,Y) 是连续型随机变量时, 由于对任意实数 x 和 y, 有 $P\{X = x\} = 0$, $P\{Y = y\} = 0$, 因此, 不能直接用条件概率公式, 此时我们用极限的方法引入 "条件分布函数" 的概念. 设 (X,Y) 的联合概率密度函数为 $f(x,y)$, (X,Y) 关于 Y 的边缘概率密度函数为 $f_Y(y)$, 给定 y, 对于任意给定的 $\varepsilon > 0$, 当 $x \in \mathbf{R}$ 时, 考虑条件概率

$$P\{X \leqslant x \,|\, y < Y \leqslant y + \varepsilon\} = \frac{P\{X \leqslant x, y < Y \leqslant y + \varepsilon\}}{P\{y < Y \leqslant y + \varepsilon\}}.$$

上式给出了在 $y < Y \leqslant y + \varepsilon$ 条件下定义 X 的条件分布函数的思想.

定义 3.7 给定 y, 对于任意给定的 $\varepsilon > 0$, $P\{y < Y \leqslant y + \varepsilon\} > 0$, 若对任意的实数 x, 极限

$$\lim_{\varepsilon \to 0+} \frac{P\{X \leqslant x, y < Y \leqslant y + \varepsilon\}}{P\{y < Y \leqslant y + \varepsilon\}}$$

总存在, 则称此极限为在 $Y = y$ 条件下 X 的**条件分布函数**, 记为 $F(x|y)$.

设 (X,Y) 的联合分布函数为 $F(x,y)$, 概率密度函数为 $f(x,y)$. 若在点 (x,y) 处 $f(x,y)$ 连续, Y 的边缘概率密度函数 $f_Y(y)$ 连续, 且 $f_Y(y) > 0$, 则有

$$
\begin{aligned}
F(x|y) &= \lim_{\varepsilon \to 0+} \frac{P\{X \leqslant x, y < Y \leqslant y + \varepsilon\}}{P\{y < Y \leqslant y + \varepsilon\}} \\[2mm]
&= \lim_{\varepsilon \to 0+} \frac{F(x, y + \varepsilon) - F(x, y)}{F_Y(y + \varepsilon) - F_Y(y)} = \frac{\lim\limits_{\varepsilon \to 0+} \left\{ \dfrac{F(x, y + \varepsilon) - F(x, y)}{\varepsilon} \right\}}{\lim\limits_{\varepsilon \to 0+} \left\{ \dfrac{F_Y(y + \varepsilon) - F_Y(y)}{\varepsilon} \right\}} \\[2mm]
&= \frac{\dfrac{\partial F(x,y)}{\partial y}}{F_Y'(y)} = \frac{\displaystyle\int_{-\infty}^{x} f(x,y)\mathrm{d}x}{f_Y(y)} \quad (\text{由 } (3.7) \text{ 式}),
\end{aligned}
$$

即

$$F(x|y) = \int_{-\infty}^{x} \frac{f(x,y)}{f_Y(y)} \mathrm{d}x. \tag{3.20}$$

这样, 若记 $f(x|y)$ 为在 $Y = y$ 条件下 X 的**条件概率密度函数**, 则由上式知

$$f(x|y) = \frac{f(x,y)}{f_Y(y)}. \tag{3.21}$$

不难看出, 此公式还有 (3.19) 形式上恰与第 1 章的贝叶斯公式 (1.13) 相似.

类似地, 可以定义 $F(y|x)$, 并求得 $f(y|x) = f(x,y)/f_X(x)$.

例 3.9 设 (X,Y) 的联合密度函数为

$$f(x,y) = \begin{cases} \mathrm{e}^{-(x+y)}, & x>0,\text{且 } y>0, \\ 0, & \text{其他}, \end{cases}$$

求条件概率密度函数 $f(x|y)$ 和 $f(y|x)$.

解 由 (3.18) 式, 当 $y>0$ 时,

$$f_Y(y) = \int_{-\infty}^{+\infty} f(x,y)\mathrm{d}x = \int_0^{+\infty} \mathrm{e}^{-(x+y)}\mathrm{d}x = \mathrm{e}^{-y};$$

当 $y \leqslant 0$ 时, $f_Y(y) = 0$. 因此

$$f_Y(y) = \begin{cases} \mathrm{e}^{-y}, & y>0, \\ 0, & \text{其他}. \end{cases}$$

从而, 当 $y>0$ 时,

$$f(x|y) = \frac{f(x,y)}{f_Y(y)} = \begin{cases} \mathrm{e}^{-x}, & x>0, \\ 0, & \text{其他}. \end{cases}$$

同理, 当 $x>0$ 时,

$$f(y|x) = \begin{cases} \mathrm{e}^{-y}, & y>0, \\ 0, & \text{其他}. \end{cases}$$

若 $(X,Y) \sim N(\mu_1,\mu_2,\sigma_1^2,\sigma_2^2,\rho)$, 则由例 3.6 知 $X \sim N(\mu_1,\sigma_1^2)$, $Y \sim N(\mu_2,\sigma_2^2)$. 再由公式 (3.21), 即可获得条件概率密度函数 $f(x|y)$ 和 $f(y|x)$ 的具体表达式, 经整理后发现, 二者都是正态分布的概率密度函数 (图像见图 3.7), 说明条件分布仍然都是正态分布. 具体地, 在 $Y=y$ 条件下, X 的条件分布

$$X|Y=y \sim N(\mu_{|y},\sigma_{|y}^2), \quad \text{其中 } \mu_{|y} = \mu_1 + \rho\frac{\sigma_1}{\sigma_2}(y-\mu_2), \sigma_{|y}^2 = \sigma_1^2(1-\rho^2),$$

在 $X=x$ 条件下, Y 的条件分布

$$Y|X=x \sim N(\mu_{|x},\sigma_{|x}^2), \quad \text{其中 } \mu_{|x} = \mu_2 + \rho\frac{\sigma_2}{\sigma_1}(x-\mu_1), \sigma_{|x}^2 = \sigma_2^2(1-\rho^2).$$

可见, 条件分布是正态的并且只有位置参数随条件变化而改变.

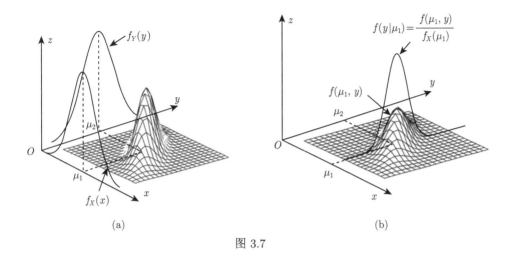

图 3.7

2. 独立性

由 1.5 节知, 若 $P(AB) = P(A) \cdot P(B)$, 则称随机事件 A 与 B 是相互独立的. 类似可引出随机变量的独立性概念.

定义 3.8 设 (X, Y) 是二维随机变量, 若对任意实数 x 和 y, 有

$$P\{X \leqslant x, Y \leqslant y\} = P\{X \leqslant x\} \cdot P\{Y \leqslant y\},$$

即

$$F(x, y) = F_X(x) \cdot F_Y(y), \tag{3.22}$$

则称 X 与 Y 是**相互独立的**.

随机变量的独立性是概率论中的一个重要概念, 在大多数情形下, 概率论和数理统计是以独立随机变量作为其主要研究对象的. 对于离散型和连续型随机变量, 我们分别有下列的定理 (证明从略).

定理 3.1 设 (X, Y) 为二维离散型随机变量, 其联合分布律为

$$P\{X = x_i, Y = y_j\} = p_{ij}, \quad i, j = 1, 2, \cdots,$$

则 X 与 Y 相互独立的充要条件是对于任意的 $(x_i, y_j), i, j = 1, 2, \cdots,$ 有

$$P\{X = x_i, Y = y_j\} = P\{X = x_i\} \cdot P\{Y = y_j\}, \tag{3.23}$$

即有 $p_{ij} = p_{i \cdot} \cdot p_{\cdot j}, i, j = 1, 2, \cdots$ 成立.

定理 3.2　设 (X, Y) 是二维连续型随机变量, 其联合概率密度函数为 $f(x, y)$, 则 X 与 Y 相互独立的充要条件是在平面上, 几乎处处[①]有

$$f(x, y) = f_X(x) f_Y(y) \tag{3.24}$$

或者说, $f_X(x) f_Y(y)$ 是 (X, Y) 的一个联合概率密度函数.

例 3.10　问例 3.9 中的 X 与 Y 是否相互独立.

解　由例 3.9 知

$$f_X(x) = \begin{cases} \mathrm{e}^{-x}, & x > 0, \\ 0, & \text{其他}, \end{cases} \qquad f_Y(y) = \begin{cases} \mathrm{e}^{-y}, & y > 0, \\ 0, & \text{其他}, \end{cases}$$

所以对于任意的实数 x 和 y, 有

$$f_X(x) f_Y(y) = \begin{cases} \mathrm{e}^{-(x+y)}, & x > 0 \text{ 且 } y > 0, \\ 0, & \text{其他}, \end{cases}$$

即 (3.24) 式成立. 故 X 与 Y 是相互独立的.

例 3.11　讨论例 3.6 中 X 与 Y 的独立性.

解　由例 3.6 知

$$f_X(x) = \frac{1}{\sqrt{2\pi}\sigma_1} \mathrm{e}^{-\frac{(x-\mu_1)^2}{2\sigma_1^2}}, \quad x \in \mathbf{R};$$

$$f_Y(y) = \frac{1}{\sqrt{2\pi}\sigma_2} \mathrm{e}^{-\frac{(y-\mu_2)^2}{2\sigma_2^2}}, \quad y \in \mathbf{R}.$$

(1) 若 $\rho = 0$, 则对于任意的实数 x 和 y,

$$f(x, y) = \frac{1}{2\pi\sigma_1\sigma_2} \mathrm{e}^{-\frac{1}{2}\left[\left(\frac{x-\mu_1}{\sigma_1}\right)^2 + \left(\frac{y-\mu_2}{\sigma_2}\right)^2\right]} = f_X(x) f_Y(y),$$

所以 X 与 Y 相互独立.

(2) 若 $\rho \neq 0$, 则 X 与 Y 不独立, 因为如果 X 与 Y 相互独立, 那么由 $f(x, y)$, $f_X(x)$ 和 $f_Y(y)$ 的连续性知, 对于任意的实数 x 和 y, 应有 $f(x, y) = f_X(x) f_Y(y)$. 不妨取 $x = \mu_1, y = \mu_2$, 于是 $f(\mu_1, \mu_2) = f_X(\mu_1) f_Y(\mu_2)$, 即

$$\frac{1}{2\pi\sigma_1\sigma_2\sqrt{1-\rho^2}} = \frac{1}{2\pi\sigma_1\sigma_2},$$

---

① 这里的 "几乎处处" 可理解为平面上使 (3.24) 式不成立的点 (x, y) 的全体最多只能形成面积为零的区域.

从而 $\rho = 0$, 这与条件矛盾, 故 X 与 Y 不独立.

这样, 实际上已经证明了下面的定理.

定理 3.3 若 $(X, Y) \sim N(\mu_1, \mu_2, \sigma_1^2, \sigma_2^2, \rho)$, 则 X 与 Y 相互独立的充要条件是 $\rho = 0$.

更一般地, 二维随机变量的有关概念也可以推广到 n 维随机变量的情形. 比如, **n 维随机变量** $(X_1, X_2, \cdots, X_n)$ 的**分布函数**定义为

$$F(x_1, x_2, \cdots, x_n) = P\{X_1 \leqslant x_1, X_2 \leqslant x_2, \cdots, X_n \leqslant x_n\},$$

其中 $x_1, x_2, \cdots, x_n$ 为任意实数.

若 n 维随机变量 $(X_1, X_2, \cdots, X_n)$ 的分布函数 $F(x_1, x_2, \cdots, x_n)$ 已知, 则其 $k \ (1 \leqslant k < n)$ 维边缘分布函数随之而定. 例如, $(X_1, X_2, \cdots, X_n)$ 关于 X_1 和 (X_1, X_2) 的边缘分布函数就分别为

$$F_{X_1}(x_1) = F(x_1, +\infty, \cdots, +\infty)$$

和

$$F_{X_1, X_2}(x_1, x_2) = F(x_1, x_2, +\infty, \cdots, +\infty).$$

若对任意实数 $x_1, x_2, \cdots, x_n$, 都有

$$F(x_1, x_2, \cdots, x_n) = F_{X_1}(x_1) F_{X_2}(x_2) \cdots F_{X_n}(x_n),$$

则称 $X_1, X_2, \cdots, X_n$ 是**相互独立**的.

进一步, 若对任意实数 $x_1, x_2, \cdots, x_m, y_1, y_2, \cdots, y_n$, 有

$$F(x_1, x_2, \cdots, x_m, y_1, y_2, \cdots, y_n) = F_X(x_1, x_2, \cdots, x_m) \cdot F_Y(y_1, y_2, \cdots, y_n),$$

其中 F, F_X 和 F_Y 依次为 $(X_1, X_2, \cdots, X_m, Y_1, Y_2, \cdots, Y_n), (X_1, X_2, \cdots, X_m)$ 和 $(Y_1, Y_2, \cdots, Y_n)$ 的分布函数, 则称随机向量 $(X_1, X_2, \cdots, X_m)$ 与 $(Y_1, Y_2, \cdots, Y_n)$ 是**相互独立**的.

现在, 我们不加证明地给出一个有用结论.

定理 3.4 若 $(X_1, X_2, \cdots, X_m)$ 与 $(Y_1, Y_2, \cdots, Y_n)$ 相互独立, 则

(1) X_i 与 Y_j 相互独立, $i = 1, 2, \cdots, m; j = 1, 2, \cdots, n;$

(2) 若 h, g 是连续函数, 则 $h(X_1, X_2, \cdots, X_m)$ 与 $g(Y_1, Y_2, \cdots, Y_n)$ 也相互独立.

本节思考题

1. 如果两个随机变量的联合密度函数不等于边缘密度函数的乘积, 那么这两个随机变量就一定不是相互独立的. 是这样的吗?

2. 若二维离散型随机变量 (X, Y) 的条件分布 $P\{X = x_i | Y = y_j\}$ 总是与 y_j 无关 (对任何 i, j), 可否判定 X 与 Y 相互独立? 有没有一般结论?

本节测试题

1. 若二维离散型随机变量 (X, Y) 的联合分布律如表 3.9 所示, 且 $P\{Y = 1 | X = 1\} = 0.5$.

表 3.9

Y \ X	−1	0	1
1	0.1	α	0.2
2	0.1	0.2	β

(1) 试求常数 α, β;　　　　　　(2) 试求 (X, Y) 关于 X 与 Y 的边缘分布律;

(3) 试求概率 $P\{X = 1 | Y = 1\}$;　　(4) 试判断 X 与 Y 是否相互独立.

2. 设二维随机变量 (X, Y) 的联合概率密度为

$$f(x,y) = \begin{cases} \dfrac{x^3}{2} e^{-x(1+y)}, & x > 0, y > 0, \\ 0, & \text{其他}. \end{cases}$$

试求: (1) (X, Y) 关于 X 的边缘概率密度 $f_X(x)$;

(2) 条件概率密度 $f(y|x)$, 写出当 $x = 0.5$ 时的条件概率密度;

(3) 条件概率 $P\{Y \geqslant 1 | X = 0.5\}$.

3. 设二维随机变量 (X, Y) 服从正态分布 $N(1, 0, 1, 1, 0)$, 试确定概率 $P\{XY - Y < 0\}$.

3.4　二维随机变量函数的分布

第 2 章已经讨论过一维随机变量函数的分布, 现在同样可以讨论二维随机变量函数的分布.

1. 问题的提法

设 $(X_1, X_2, \cdots, X_n)$ 是 n 维随机变量, 其联合分布已知, $z = g(x_1, x_2, \cdots, x_n)$ 是 n 元实连续函数, 则 $Z = g(X_1, X_2, \cdots, X_n)$ 的分布称为 $(X_1, X_2, \cdots, X_n)$ 函数的分布.

需要注意的是, n 维随机变量函数形成的随机变量仍然是一维随机变量, 这里我们主要讨论二维随机变量函数的分布问题, 解决这类问题的关键是掌握其基本思想方法.

2. 二维随机变量函数的分布

1) 离散型随机变量函数的分布

例 3.12　设 (X_1, X_2) 是二维离散型随机变量, 且 X_1 与 X_2 相互独立, 其边缘分布律如表 3.10 所示, $k = 1, 2$, 求 $Z = X_1 + X_2$ 的分布.

表 3.10

X_k	0	1
P	2/3	1/3

解 Z 的所有可能不同取值是 $0, 1, 2$, 且

$$P\{Z = 0\} = P\{X_1 + X_2 = 0\} = P\{X_1 = 0, X_2 = 0\}$$

$$= P\{X_1 = 0\} \cdot P\{X_2 = 0\} = \frac{2}{3} \cdot \frac{2}{3} = \frac{4}{9};$$

$$P\{Z = 1\} = P\{X_1 + X_2 = 1\} = P\{X_1 = 0, X_2 = 1\} + P\{X_1 = 1, X_2 = 0\}$$

$$= P\{X_1 = 0\} \cdot P\{X_2 = 1\} + P\{X_1 = 1\} \cdot P\{X_2 = 0\}$$

$$= \frac{2}{3} \cdot \frac{1}{3} + \frac{1}{3} \cdot \frac{2}{3} = \frac{4}{9};$$

$$P\{Z = 2\} = P\{X_1 + X_2 = 2\} = P\{X_1 = 1, X_2 = 1\}$$

$$= P\{X_1 = 1\} \cdot P\{X_2 = 1\} = \frac{1}{3} \cdot \frac{1}{3} = \frac{1}{9},$$

所以 Z 的分布律如表 3.11 所示.

表 3.11

Z	0	1	2
P	4/9	4/9	1/9

例 3.13 设 X 与 Y 相互独立, 且 $X \sim P(\lambda_1)$, $Y \sim P(\lambda_2)$, 求 $Z = X + Y$ 的分布律.

解 $Z = X + Y$ 所有可能的不同取值为 $0, 1, 2, \cdots$, 由 X 与 Y 的独立性, 有

$$P\{Z = k\} = P\{X + Y = k\} = \sum_{i=0}^{k} P\{X = i, Y = k - i\}$$

$$= \sum_{i=0}^{k} P\{X = i\} \cdot P\{Y = k - i\}$$

$$= \sum_{i=0}^{k} \left[\frac{\lambda_1^i \mathrm{e}^{-\lambda_1}}{i!} \cdot \frac{\lambda_2^{k-i} \mathrm{e}^{-\lambda_2}}{(k-i)!} \right]$$

$$= \frac{1}{k!} \mathrm{e}^{-(\lambda_1 + \lambda_2)} \sum_{i=0}^{k} \frac{k!}{i!(k-i)!} \lambda_1^i \lambda_2^{k-i}$$

$$= \frac{(\lambda_1 + \lambda_2)^k}{k!} e^{-(\lambda_1+\lambda_2)}, \quad k = 0, 1, 2, \cdots,$$

所以 $Z = X + Y \sim P(\lambda_1 + \lambda_2)$.

这个例子告诉我们, 若 X 与 Y 相互独立, 且 $X \sim P(\lambda_1)$, $Y \sim P(\lambda_2)$, 则

$$Z = X + Y \sim P(\lambda_1 + \lambda_2).$$

这种性质称为**可加性**, 因此泊松分布具有可加性. 类似地, 二项分布也具有可加性: 若 $X \sim B(m,p), Y \sim B(n,p)$, 且 X 与 Y 相互独立, 则

$$X + Y \sim B(m + n, p).$$

(见习题 3 的 19 题.)

2) 连续型随机变量函数的分布

设 $f(x,y)$ 为联合概率密度函数, 当 $z = g(x,y)$ 是连续函数时, 则 $Z = g(X,Y)$ 的概率密度函数 $f_Z(z)$ 可通过如下方式获得.

第一步　求出 $Z = g(X,Y)$ 的分布函数 $F_Z(z)$. 对任意 $z \in \mathbf{R}$, 有

$$F_Z(z) = P\{Z \leqslant z\} = P\{g(X,Y) \leqslant z\} = P\{(X,Y) \in D_z\}$$

$$= \iint_{D_z:g(x,y)\leqslant z} f(x,y)\mathrm{d}x\mathrm{d}y.$$

第二步　利用分布函数与概率密度函数的关系, 对 $F_Z(z)$ 求导可得

$$f_Z(z) = F'_Z(z).$$

上述做法就是求二维随机变量函数分布的一般方法, 应充分理解并熟练掌握. 下面讨论几个具体的随机变量函数的分布.

设 (X,Y) 是二维连续型随机变量, $f(x,y)$ 是其联合概率密度函数.

(i) 和的分布.

求 $Z \equiv X + Y$ 的概率密度函数.

对任意实数 z, 根据定义, 由 (3.9) 式有

$$F_Z(z) = P\{Z \leqslant z\} = P\{X + Y \leqslant z\}$$

$$= \iint_{D_z:x+y\leqslant z} f(x,y)\,\mathrm{d}x\mathrm{d}y$$

$$= \int_{-\infty}^{+\infty} \left(\int_{-\infty}^{z-y} f(x,y)\,\mathrm{d}x\right)\mathrm{d}y,$$

上式中积分区域 $D_z : x + y \leqslant z$ 如图 3.8 所示. 对固定的 z 和 y, 先作变换 $x = u - y$,

$$F_Z(z) = \int_{-\infty}^{+\infty} \left[\int_{-\infty}^{z} f(u-y, y) \, \mathrm{d}u \right] \mathrm{d}y$$

$$= \int_{-\infty}^{z} \left[\int_{-\infty}^{+\infty} f(u-y, y) \, \mathrm{d}y \right] \mathrm{d}u.$$

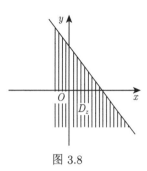

图 3.8

由连续型随机变量概率密度函数的定义可得

$$f_Z(z) = \int_{-\infty}^{+\infty} f(z-y, y) \mathrm{d}y. \tag{3.25}$$

同理

$$f_Z(z) = \int_{-\infty}^{+\infty} f(x, z-x) \mathrm{d}x. \tag{3.26}$$

特别地, 当 X 与 Y 相互独立时, $f(x, y) = f_X(x) \cdot f_Y(y)$, 于是

$$f_Z(z) = \int_{-\infty}^{+\infty} f_X(z-y) \cdot f_Y(y) \mathrm{d}y, \tag{3.27}$$

$$f_Z(z) = \int_{-\infty}^{+\infty} f_X(x) \cdot f_Y(z-x) \, \mathrm{d}x. \tag{3.28}$$

例 3.14 设 X 与 Y 相互独立, 且均服从均匀分布 $U(0, 1)$, 求 $Z = X + Y$ 的概率密度函数.

解 依题意, X 与 Y 的概率密度函数分别为

$$f_X(x) = \begin{cases} 1, & 0 < x < 1, \\ 0, & \text{其他}, \end{cases} \qquad f_Y(y) = \begin{cases} 1, & 0 < y < 1, \\ 0, & \text{其他}, \end{cases}$$

由 (3.27) 式, 对于任意的实数 z,

$$f_Z(z) = \int_{-\infty}^{+\infty} f_X(z-y) \cdot f_Y(y) \mathrm{d}y.$$

由于

$$f_X(z-y) = \begin{cases} 1, & z-1 < y < z, \\ 0, & \text{其他,} \end{cases}$$

因此

$$f_Z(z) = \int_{z-1}^{z} f_Y(y)\,\mathrm{d}y.$$

当 $z \leqslant 0$ 时, 对满足 $z-1 < y < z \leqslant 0$ 的 y, 有 $f_Y(y) = 0$, 所以

$$f_Z(z) = \int_{z-1}^{z} f(y)\mathrm{d}y = \int_{z-1}^{z} 0\mathrm{d}y = 0;$$

当 $0 < z \leqslant 1$ 时, $-1 < z-1 \leqslant 0$, 有

$$f_Z(z) = \int_{z-1}^{0} 0\mathrm{d}y + \int_{0}^{z} 1\mathrm{d}y = z;$$

当 $1 < z \leqslant 2$ 时, $0 < z-1 \leqslant 1$, 有

$$f_Z(z) = \int_{z-1}^{1} 1 \cdot \mathrm{d}y + \int_{1}^{z} 0\mathrm{d}y = 2 - z;$$

当 $z > 2$ 时, $z-1 > 1$, 有

$$f_Z(z) = \int_{z-1}^{z} 0\mathrm{d}y = 0.$$

综上所述, 得 $Z = X + Y$ 的概率密度函数为

$$f_Z(z) = \begin{cases} z, & 0 < z \leqslant 1, \\ 2-z, & 1 < z \leqslant 2, \\ 0, & \text{其他.} \end{cases}$$

例 3.15　设 $(X, Y) \sim N(0, 0, 1, 1, 0)$, 求 $Z = X + Y$ 的分布.

解　依题意, $X \sim N(0, 1)$, $Y \sim N(0, 1)$, 且 X 与 Y 相互独立, 所以

$$f_Z(z) = \int_{-\infty}^{+\infty} f_X(x) \cdot f_Y(z-x)\,\mathrm{d}x = \int_{-\infty}^{+\infty} \frac{1}{\sqrt{2\pi}} \cdot \mathrm{e}^{-\frac{x^2}{2}} \cdot \frac{1}{\sqrt{2\pi}} \mathrm{e}^{-\frac{(z-x)^2}{2}}\,\mathrm{d}x$$

$$= \frac{1}{2\pi} \int_{-\infty}^{+\infty} \mathrm{e}^{-\left(x^2 - xz + \frac{z^2}{2}\right)}\,\mathrm{d}x = \frac{1}{2\pi} \int_{-\infty}^{+\infty} \mathrm{e}^{-\frac{z^2}{4}} \cdot \mathrm{e}^{-\left(x - \frac{z}{2}\right)^2}\,\mathrm{d}x.$$

因为 $\left(x-\dfrac{z}{2}\right)^2=\left(\dfrac{2x-z}{2}\right)^2=\dfrac{1}{2}\left(\dfrac{2x-z}{\sqrt{2}}\right)^2$, 所以令 $\dfrac{2x-z}{\sqrt{2}}=t$ 就有

$$f_Z(z)=\frac{1}{2\pi}\mathrm{e}^{-\frac{z^2}{4}}\cdot\frac{1}{\sqrt{2}}\int_{-\infty}^{+\infty}\mathrm{e}^{-\frac{t^2}{2}}\mathrm{d}x=\frac{1}{\sqrt{2\pi}\cdot\sqrt{2}}\mathrm{e}^{-\frac{z^2}{2(\sqrt{2})^2}},$$

故 $Z=X+Y\sim N(0,2)$.

一般地, 有如下定理.

定理 3.5 若 X 与 Y 相互独立, 且 $X\sim N(\mu_1,\sigma_1^2)$, $Y\sim N(\mu_2,\sigma_2^2)$, 则

$$X+Y\sim N(\mu_1+\mu_2,\sigma_1^2+\sigma_2^2). \tag{3.29}$$

更进一步地, 还有如下推论.

推论 3.1 若 $X_1, X_2,\cdots,X_n$ 相互独立, 且 $X_i\sim N(\mu_i,\sigma_i^2)$, $i=1,2,\cdots,n$, 则

$$\sum_{i=1}^n X_i\sim N\left(\sum_{i=1}^n\mu_i,\sum_{i=1}^n\sigma_i^2\right). \tag{3.30}$$

由于正态随机变量的线性函数是正态随机变量, 因而还有如下推论.

推论 3.2 相互独立的正态随机变量的非零线性组合仍然是正态随机变量.

(ii) 商的分布.

求 $Z\equiv\dfrac{X}{Y}$ $(Y\neq 0)$ 的概率密度函数.

对于任意的实数 z, 根据定义 2.7, 由 (3.9) 式有

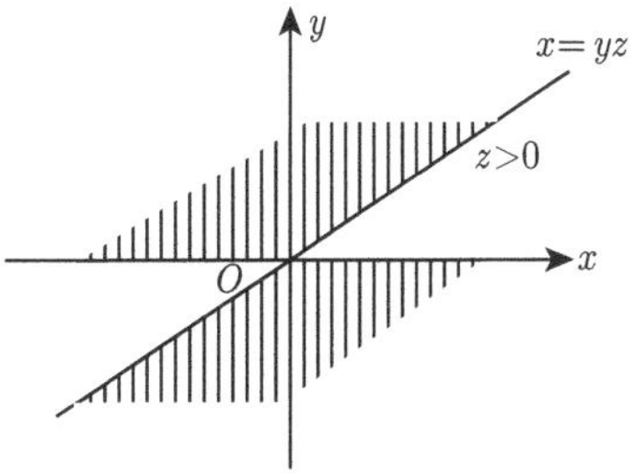

图 3.9

$$\begin{aligned}F_Z(z)&=P\{Z\leqslant z\}\\&=P\left\{\frac{X}{Y}\leqslant z\right\}=\iint\limits_{D_z:\frac{x}{y}\leqslant z}f(x,y)\,\mathrm{d}x\mathrm{d}y\\&=\iint\limits_{\substack{D_z:x\leqslant yz\\y>0}}f(x,y)\,\mathrm{d}x\mathrm{d}y+\iint\limits_{\substack{D_z:x\geqslant yz\\y<0}}f(x,y)\,\mathrm{d}x\mathrm{d}y\\&=\int_0^{+\infty}\left(\int_{-\infty}^{yz}f(x,y)\,\mathrm{d}x\right)\mathrm{d}y+\int_{-\infty}^0\left(\int_{yz}^{+\infty}f(x,y)\mathrm{d}x\right)\mathrm{d}y.\end{aligned}$$

(图 3.9 中阴影部分是 $z>0$ 时的 D_z, 当 $z<0$ 时, 易验证上式也成立.)

对固定的 y 和 z, 先作变换 $x = uy$, 则有

$$F_Z(z) = \int_0^{+\infty} \left(\int_{-\infty}^z yf(uy,y)\,\mathrm{d}u \right)\mathrm{d}y + \int_{-\infty}^0 \left(\int_z^{-\infty} yf(uy,y)\,\mathrm{d}u \right)\mathrm{d}y$$

$$= \int_{-\infty}^{+\infty} \left[\int_{-\infty}^z |y|\,f(uy,y)\,\mathrm{d}u \right]\mathrm{d}y$$

$$= \int_{-\infty}^z \left[\int_{-\infty}^{+\infty} |y|\,f(uy,y)\mathrm{d}y \right]\mathrm{d}u.$$

所以

$$f_Z(z) = \int_{-\infty}^{+\infty} |y|\,f(zy,y)\mathrm{d}y. \tag{3.31}$$

若 X 与 Y 相互独立, 则

$$f_Z(z) = \int_{-\infty}^{+\infty} |y| f_X(zy) f_Y(y)\mathrm{d}y. \tag{3.32}$$

类似可以求得 $Z \equiv XY$ 的概率密度函数为 $f_{XY}(z) = \int_{-\infty}^{+\infty} \dfrac{1}{|y|} f\left(\dfrac{z}{y}, y \right)\mathrm{d}y.$ (请读者自己证明.)

(iii) 随机变量最大值和最小值的分布.

设 (X,Y) 的联合分布函数为 $F(x,y)$, X 与 Y 的边缘分布函数分别为 $F_X(x)$, $F_Y(y)$. 若 X 与 Y 相互独立, 求 $M \equiv \max(X,Y)$ 及 $V \equiv \min(X,Y)$ 的分布函数.

由于 $M = \max(X,Y) \leqslant z$ 等价于 $X \leqslant z$ 且 $Y \leqslant z$, 因此, 对于任意的实数 z, 有

$$F_{\max}(z) = P\{M \leqslant z\} = P\{X \leqslant z, Y \leqslant z\},$$

$$= P\{X \leqslant z\}P\{Y \leqslant z\}$$

$$= F_X(z)F_Y(z),$$

即

$$F_{\max}(z) = F_X(z) \cdot F_Y(z). \tag{3.33}$$

类似地, 由 $V = \min(X,Y) > z$ 等价于 $X > z$ 且 $Y > z$, 可得

$$F_{\min}(z) = P\{V \leqslant z\} = 1 - P\{V > z\} = 1 - P\{X > z, Y > z\},$$

$$= 1 - P\{X > z\}P\{Y > z\}$$

$$= 1 - [1 - P\{X \leqslant z\}][1 - P\{Y \leqslant z\}]$$

$$= 1 - [1 - F_X(z)][1 - F_Y(z)],$$

即

$$F_{\min}(z) = 1 - [1 - F_X(z)][1 - F_Y(z)]. \tag{3.34}$$

更一般地, 设 $X_1, X_2, \cdots, X_n$ 相互独立, 它们的分布函数分别是 $F_{X_i}(x_i), i = 1, 2, \cdots, n$, 则 $M \equiv \max(X_1, X_2, \cdots, X_n)$ 的分布函数为

$$F_{\max}(z) = \prod_{i=1}^{n} F_{X_i}(z),$$

$V \equiv \min(X_1, X_2, \cdots, X_n)$ 的分布函数为

$$F_{\min}(z) = 1 - \prod_{i=1}^{n}[1 - F_{X_i}(z)].$$

进而, 若诸 X_i 的分布相同, $i = 1, 2, \cdots, n$, 分布函数均为 $F(x)$, 则

$$F_{\max}(z) = [F(z)]^n, \quad F_{\min}(z) = 1 - [1 - F(z)]^n.$$

例 3.16 对例 3.7 中的 X 与 Y, 求 $M = \max(X, Y)$ 的概率密度函数.

解 对于任意的实数 z, 根据定义 2.7 可知

当 $z \leqslant 0$ 时, 有

$$F_{\max}(z) = P\{M \leqslant z\} = P\{X \leqslant z, Y \leqslant z\} = 0;$$

当 $0 < z < 1$ 时, 有

$$F_{\max}(z) = P\{M \leqslant z\} = P\{X \leqslant z, Y \leqslant z\}$$

$$= \int_0^z \int_{x^2}^x 6\mathrm{d}y\mathrm{d}x = \int_0^z 6(x - x^2)\mathrm{d}x;$$

当 $z \geqslant 1$ 时, 有

$$F_{\max}(z) = P\{M \leqslant z\} = P\{X \leqslant z, Y \leqslant z\} = \int_0^z \int_{x^2}^x 6\mathrm{d}y\mathrm{d}x = 1,$$

所以

$$F_{\max}(z) = \begin{cases} 0, & z \leqslant 0, \\ 6\displaystyle\int_0^z (x - x^2)\mathrm{d}x, & 0 < z < 1, \\ 1, & z \geqslant 1, \end{cases}$$

两边关于 z 求导, 即得 $M = \max(X, Y)$ 的概率密度函数

$$f_{\max}(z) = \begin{cases} 6(z - z^2), & 0 < z < 1, \\ 0, & \text{其他}. \end{cases}$$

本节思考题

1. 两个正态分布的随机变量之和也是正态分布的吗? 是不是它们的线性组合 (包括之差) 都是正态分布的?

2. 如果两个随机变量服从同一个分布, 那么它们的最大值也服从这个分布吗? 如果这两个随机变量还相互独立, 那么情况又会怎样?

本节测试题

1. 某种商品一周的需求量是一个随机变量, 其概率密度函数为

$$f(x) = \begin{cases} xe^{-x}, & x > 0, \\ 0, & x \leqslant 0, \end{cases}$$

设各周的需求量是相互独立的. 试求两周需求量的概率密度函数.

2. 已知 $X \sim N(0, 1)$, $Y \sim B\left(1, \dfrac{1}{2}\right)$ 且 X 与 Y 相互独立, 求 $Z = XY$ 的分布函数.

3. 某汽车加油站共有两个加油窗口. 现有三辆车甲、乙、丙同时进入该加油站, 假设甲、乙首先开始加油, 当其中一辆车加油结束后立即开始第三辆车丙加油. 假设各辆车加油所需时间相互独立且均服从参数为 λ 的指数分布. 试求第三辆车丙在加油站等待时间 T 的概率密度.

本章主要知识概括

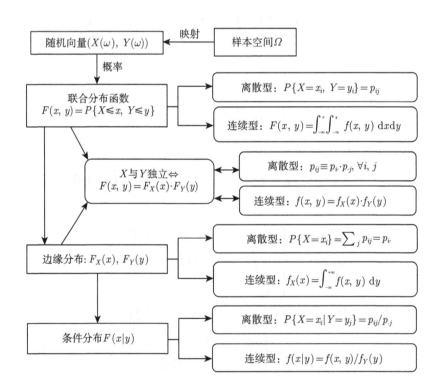

习 题 3

1. 掷一枚硬币和一颗骰子, X 表示掷硬币出现的正面的次数, Y 表示掷骰子出现的点数, 求 (X,Y) 的分布律.

2. 接连不断地掷一颗骰子直到出现小于 5 的点为止, 以 X 表示最后一次掷出的点数, 而以 Y 表示掷骰子的次数, 求 (X,Y) 的分布律.

3. 袋中有标记为 1~4 的四张卡片, 从中不放回地抽取两张, X 表示首次抽到的卡片上的数字, Y 表示抽到两张卡片上数字差的绝对值. 求 (X,Y) 的分布律与 X 和 Y 的边缘分布.

4. 袋中有 2 只白球和 3 只黑球, 现从中依次 (不放回) 摸出两球, 设

$$X = \begin{cases} 1, & \text{第一次摸出白球}, \\ 0, & \text{第一次摸出黑球}, \end{cases} \qquad Y = \begin{cases} 1, & \text{第一次摸出白球}, \\ 0, & \text{第一次摸出黑球}, \end{cases}$$

求 (X,Y) 的联合分布及边缘分布.

5. 设盒内有 3 只红球, 1 只白球, 从中不放回地抽取两次, 每次抽一球, 设第一次抽到的红球数为 X, 两次抽到的红球数为 Y, 求 (X,Y) 的联合分布律及分布函数.

6. 设二维随机变量 (X,Y) 的联合分布律如表 3.12 所示, 问 α, β 取何值时, X 与 Y 独立.

表 3.12

Y \\ X	1	2	3
1	1/6	1/9	1/18
2	1/3	α	β

7. 设二维随机变量 (X,Y) 的联合分布律为

$$P\{X = n, Y = m\} = \frac{\lambda^n p^m (1-p)^{n-m}}{m!(n-m)!} e^{-\lambda} \quad (\lambda > 0, 0 < p < 1),$$

$m = 0, 1, 2, \cdots, n, n = 0, 1, 2, \cdots$, 求 X 与 Y 边缘分布律.

8. 设随机变量 X 与 Y 独立, 且 $P\{X = 1\} = P\{Y = 1\} = p > 0$, 又 $P\{X = 0\} = P\{Y = 0\} = 1 - p > 0$, 定义 $Z = \begin{cases} 1, & X + Y \text{ 为偶数}, \\ 0, & X + Y \text{ 为奇数}, \end{cases}$ 问 p 取何值时, X 与 Z 独立.

9. 设二维随机变量 (X,Y) 具有概率密度函数

$$f(x,y) = \begin{cases} ce^{-2(x+y)}, & x > 0, \quad y > 0, \\ 0, & \text{其他}, \end{cases}$$

求: (1) 常数 c; (2) (X,Y) 的分布函数; (3) (X,Y) 落在区域 $D = \{(x,y) \mid x > 0, y > 0, \text{且 } x + y \leqslant 1\}$ 内的概率.

10. 设二维随机变量 (X,Y) 的概率密度函数为 $f(x,y) = \dfrac{A}{\pi^2 (16 + x^2)(25 + y^2)}$, 求

(1) 常数 A;

(2) (X, Y) 的分布函数.

11. 设二维随机变量 (X, Y) 的概率密度函数为

$$f(x, y) = \begin{cases} 4xy, & 0 < x < 1, 0 < y < 1, \\ 0, & 其他, \end{cases}$$

求: (1) $P\left\{0 < X < \dfrac{1}{2}, \dfrac{1}{4} < Y < 1\right\}$; (2) $P\{X = Y\}$; (3) $P\{X < Y\}$; (4) $P\{X \leqslant Y\}$.

12. 设 (X, Y) 服从区域 $D = \left\{(x, y) \mid 0 \leqslant y \leqslant 1 - x^2\right\}$ 上的均匀分布, 求: (1) (X, Y) 的联合密度函数; (2) X 和 Y 的边缘密度函数.

13. 设二维随机变量 (X, Y) 的概率密度函数为 $f(x, y) = \begin{cases} \mathrm{e}^{-y}, & 0 < x < y, \\ 0, & 其他, \end{cases}$ 求:

(1) $f_X(x)$; (2) $P\{X + Y \leqslant 1\}$.

14. 设随机变量 (X, Y) 的概率密度函数为

$$f(x, y) = \begin{cases} \dfrac{3}{4}, & (x, y) \in D, \\ 0, & 其他, \end{cases}$$

其中 $D = \left\{(x, y) \mid 0 \leqslant y \leqslant 1 - x^2\right\}$, 求 (X, Y) 落在区域 $B = \left\{(x, y) \mid y \geqslant x^2\right\}$ 内的概率.

15. 设 (X, Y) 的概率密度函数为

$$f(x, y) = \begin{cases} \dfrac{1 + xy}{4}, & |x| < 1, \quad |y| < 1, \\ 0, & 其他, \end{cases}$$

证明 X 与 Y 不独立.

16. 若 $f_1(x), f_2(y)$ 为概率密度函数, 为使 $f(x, y) = f_1(y) f_2(y) + h(x, y)$ 成为概率密度函数, 问 $h(x, y)$ 必须满足什么条件?

17. 若 (X, Y) 的概率密度函数为

$$f(x, y) = \begin{cases} A\mathrm{e}^{-(2x+y)}, & x > 0, y > 0, \\ 0, & 其他, \end{cases}$$

求: (1) 常数 A; (2) $P\{X < 2, Y < 1\}$; (3) $f_X(x), f_Y(y)$; (4) $P\{X + Y < 2\}$.

18. 若 (X, Y) 的概率密度函数为

$$f(x, y) = \begin{cases} 8xy, & 0 \leqslant x \leqslant y, \quad 0 \leqslant y \leqslant 1, \\ 0, & 其他, \end{cases}$$

问 X 与 Y 是否独立?

19. 若随机变量 X 与 Y 独立, 且 $X \sim B(m, p), Y \sim B(n, p)$, 证明 $X + Y \sim B(m + n, p)$.

20. 若 X 与 Y 相互独立同分布, 分布律如表 3.13 所示, 求 $Z = \max(X, Y)$ 的分布律.

表 **3.13**

X	0	1
P	$\dfrac{1}{2}$	$\dfrac{1}{2}$

21. 设二维随机变量 (X, Y) 的概率密度函数为

$$f(x, y) = \begin{cases} 2\mathrm{e}^{-(x+2y)}, & x > 0, y > 0, \\ 0, & \text{其他,} \end{cases}$$

求 $Z = X + 2Y$ 的概率密度函数.

22. 设随机变量 X 与 Y 独立, 概率密度函数分别为

$$f_X(x) = \begin{cases} 1, & 1 \leqslant x \leqslant 1, \\ 0, & \text{其他,} \end{cases} \qquad f_Y(y) = \begin{cases} \mathrm{e}^{-y}, & y > 0 \\ 0, & \text{其他,} \end{cases}$$

求 $Z = X + Y$ 的概率密度函数.

23. 设 X 与 Y 独立, 且均服从 $U(0, 1)$, 求 $Z = XY$ 的概率密度函数.

24. 设 X 与 Y 独立, 且均服从 $N(0, 1)$, 求 $Z = \dfrac{X}{Y}$ 的概率密度函数.

第 3 章测试题

第 4 章　随机变量的数字特征

由第 2 章和第 3 章可知, 只要知道了随机变量的概率分布, 就能完整地刻画随机变量的性质. 然而在许多实际问题中, 一方面确定一个随机变量的概率分布常常比较困难; 另一方面有时也并不需要知道随机变量的全部信息, 而只要了解随机变量的某种特征就可以了. 这种描述特征的量称为随机变量的数字特征.

本章主要介绍反映随机变量取值平均状态的数学期望、描述围绕其数学期望取值分散程度的方差、刻画两个随机变量之间关联性的协方差和相关系数以及随机变量的矩等概念.

4.1　数　学　期　望

1. 数学期望的概念

引例　某射手在每次射击中命中的环数 X 服从如下分布律 (表 4.1).

表 4.1

X	0	1	2	3	$\cdots$	10
P	p_0	p_1	p_2	p_3	$\cdots$	p_{10}

试问该射手在一次射击中平均命中的环数是多少?

自然的想法是, 假设该射手进行了 N 次射击, 那么约有 $N p_0$ 次命中 0 环, $N p_1$ 次命中 1 环, $\cdots$, $N p_{10}$ 次命中 10 环. 这样, N 次射击中命中的总环数为 $0 \cdot N p_0 + 1 \cdot N p_1 + \cdots + 10 \cdot N p_{10}$. 如果平均到每一次射击上, 那么平均命中的环数, 即

$$\frac{0 \cdot N p_0 + 1 \cdot N p_1 + \cdots + 10 \cdot N p_{10}}{N} = 0 \cdot p_0 + 1 \cdot p_1 + \cdots + 10 \cdot p_{10}.$$

可以看出: 平均命中的环数等于命中环数 X 的可能取值与其对应的概率乘积之和 (恰好由分布律表里上下两行数据乘积求和所得), 这实际上就是以所取概率为权重的加权平均. 一般地, 为刻画随机变量所取的这种平均值, 我们给出如下定义.

2. 离散型随机变量的数学期望

定义 4.1 设 X 为离散型随机变量, 其分布律为表 4.2.

表 4.2

X	x_1	x_2	$\cdots$	x_k	$\cdots$
P	p_1	p_2	$\cdots$	p_k	$\cdots$

若级数 $\displaystyle\sum_{k=1}^{\infty} x_k p_k$ 绝对收敛, 即 $\displaystyle\sum_{k=1}^{\infty} |x_k| p_k < +\infty$, 则称级数 $\displaystyle\sum_{k=1}^{\infty} x_k p_k$ 的和为随机变量 X 的**数学期望** (expectation), 记为 $E(X)$, 即

$$E(X) \equiv \sum_{k=1}^{\infty} x_k p_k. \tag{4.1}$$

若级数 $\displaystyle\sum_{k=1}^{\infty} x_k p_k$ 不绝对收敛, 则称 X 的**数学期望不存在**.

在定义中, 要求 $\displaystyle\sum_{k=1}^{\infty} x_k p_k$ 绝对收敛是必需的, 因为 X 的数学期望是一个确定的量, 它不应该受级数求和次序的影响, 这在数学上就是要求级数绝对收敛.

由公式 (4.1) 知, X 的数学期望 $E(X)$ 实际上是其所有取值 x_k 以其相应概率 p_k 为权重的加权平均, 可看作是概率意义上的平均值, 所以, 数学期望也称为**均值**. 特别地, 当 X 等可能地取有限个值时, 例如 $P\{X = x_i\} = 1/n, i = 1, 2, \cdots, n$, 则 $E(X)$ 就是常见的算术平均值 $\dfrac{1}{n}\displaystyle\sum_{i=1}^{n} x_i$.

当 X 的取值为有限个时, $E(X)$ 一定存在, 但当 X 的取值为无限多个时, 就必须要求级数 $\displaystyle\sum_{k=1}^{\infty} x_k p_k$ 绝对收敛, 这样才能保证此级数的收敛值与求和的顺序无关, $E(X)$ 才有意义, 才可定义.

设 X 是一维随机变量, $Y = g(X)$ 是 X 的函数, 则 Y 的数学期望可由公式 (4.1) 求出, 但此时需要知道 Y 的概率分布律. 不过, 由于 Y 是 X 的函数, 还可以通过 X 的概率分布律间接求出 Y 的数学期望, 这就是下面的公式.

若 $\displaystyle\sum_{k=1}^{\infty} g(x_k) p_k$ 绝对收敛, 则

$$E(Y) = E[g(X)] = \sum_{k=1}^{\infty} g(x_k) p_k. \tag{4.2}$$

(证明略.)

类似地, 我们还有

若 (X, Y) 的联合分布律为 $P\{X=x_i,\ Y=y_j\}=p_{ij}, i,j=1,\ 2,\cdots, g(x,\ y)$ 是二元连续函数, 则 $g(X, Y)$ 的数学期望为

$$E[g(X,\ Y)]=\sum_j\sum_i g(x_i, y_i)p_{ij}. \tag{4.3}$$

(证明略.)

当然, 我们也可以先求出 $g(X, Y)$ 的分布律, 再计算 $g(X, Y)$ 的数学期望.

例 4.1 设 X 的分布律为表 4.3.

表 4.3

X	-1	0	1	2
P	0.1	0.2	0.3	0.4

求 $E(X)$ 和 $E(X^2+X-1)$.

解 由定义

$$E(X)=(-1)\times 0.1+0\times 0.2+1\times 0.3+2\times 0.4=1;$$

由公式 (4.2) 得

$$E(X^2+X-1)=[(-1)^2+(-1)-1]\times 0.1+[0^2+0-1]\times 0.2$$
$$+[1^2+1-1]\times 0.3+[2^2+2-1]\times 0.4$$
$$=-0.1-0.2+0.3+2=2.$$

例 4.2 设 (X, Y) 的联合分布律为表 4.4.

表 4.4

X \ Y	1	2	3
-1	0.1	0.2	0.3
1	0.2	0.1	0.1

求 $E(X)$ 和 $E(X^2+Y)$.

解 显然, X 的分布律为表 4.5.

表 4.5

X	-1	1
P	0.6	0.4

由定义得 $E(X) = (-1) \times 0.6 + 1 \times 0.4 = -0.2$. 又 $X^2 + Y$ 的分布律为表 4.6.

表 4.6

$X^2 + Y$	2	3	4
P	0.3	0.3	0.4

由定义得 $E(X^2 + Y) = 2 \times 0.3 + 3 \times 0.3 + 4 \times 0.4 = 3.1$.

利用公式 (4.3), 也可以得到 $E(X^2 + Y)$. 事实上

$$E(X^2 + Y) = [(-1)^2 + 1] \times 0.1 + [(-1)^2 + 2] \times 0.2 + [(-1)^2 + 3] \times 0.3$$

$$+ [1^2 + 1] \times 0.2 + [1^2 + 2] \times 0.1 + [1^2 + 3] \times 0.1$$

$$= 3.1.$$

3. 连续型随机变量的数学期望

定义 4.2 设 X 为连续型随机变量, 其概率密度函数为 $f(x)$, 若积分 $\int_{-\infty}^{+\infty} xf(x)\,\mathrm{d}x$ 绝对收敛, 则称积分 $\int_{-\infty}^{+\infty} x\,f(x)\,\mathrm{d}x$ 的值为随机变量 X 的**数学期望**, 记为 $E(X)$, 即

$$E(X) \equiv \int_{-\infty}^{+\infty} xf(x)\mathrm{d}x. \tag{4.4}$$

否则称 X 的**数学期望不存在**.

设 X 是连续型随机变量, 其概率密度函数为 $f(x)$, $y = g(x)$ 是一元已知函数. 若 $\int_{-\infty}^{+\infty} g(x)f(x)\mathrm{d}x$ 绝对收敛, 则 $Y = g(X)$ 的数学期望为

$$E(Y) = Eg(X) = \int_{-\infty}^{+\infty} g(x)f(x)\mathrm{d}x. \tag{4.5}$$

设 (X, Y) 是二维连续型随机变量, 其联合概率密度函数为 $f(x, y)$, $g(x, y)$ 是二元已知函数, 若 $\int_{-\infty}^{+\infty} \int_{-\infty}^{+\infty} g(x, y)f(x, y)\mathrm{d}x\,\mathrm{d}y$ 绝对收敛, 则 $g(X, Y)$ 的数学期望为

$$E[g(X, Y)] = \int_{-\infty}^{+\infty} \int_{-\infty}^{+\infty} g(x,y)f(x,y)\mathrm{d}x\,\mathrm{d}y. \tag{4.6}$$

例 4.3 设 X 的概率密度函数为

$$f(x) = \frac{1}{\pi(1 + x^2)}, \quad x \in \mathbf{R},$$

求证: X 的数学期望不存在.

证明   因为

$$\lim_{b\to+\infty}\int_0^b |x|\,f(x)\,\mathrm{d}x = \frac{1}{\pi}\cdot\lim_{b\to+\infty}\int_0^b \frac{x}{1+x^2}\mathrm{d}x$$

$$= \frac{1}{2\pi}\cdot\lim_{b\to+\infty}\ln\left(1+x^2\right)\bigg|_0^b = +\infty,$$

所以 $\int_0^{+\infty} |x|\,f(x)\,\mathrm{d}x$ 不收敛, 即 $\int_{-\infty}^{+\infty} |x|\,f(x)\,\mathrm{d}x$ 不收敛, 从而 X 的数学期望不存在.

例 4.4   设二维随机变量 (X,Y) 的概率密度函数为

$$f(x,y) = \begin{cases} x+y, & 0\leqslant x\leqslant 1,\ 0\leqslant y\leqslant 1, \\ 0, & \text{其他}, \end{cases}$$

试求 XY 的数学期望.

解   由公式 (4.6) 得

$$E(XY) = \int_{-\infty}^{+\infty}\int_{-\infty}^{+\infty} xy f(x,y)\,\mathrm{d}x\mathrm{d}y = \int_0^1\int_0^1 xy(x+y)\,\mathrm{d}x\mathrm{d}y = \frac{1}{3}.$$

例 4.5   某商场计划某月购进一种商品, 该商品出售一件可获利 a 元, 而积压一件将亏损 b 元 (a, b 均为已知常数). 根据市场统计分析, 该商场每月的销售量 X(单位: 件) 服从参数为 λ 的指数分布, 若要使获得利润的数学期望最大, 问应购进多少件商品？

解   设应购进 n 件, 则获利 $M = M(X) = \begin{cases} aX - b(n-X), & X < n, \\ an, & X \geqslant n, \end{cases}$ 其中 X 的概率密度函数为

$$f(x) = \begin{cases} \lambda\mathrm{e}^{-\lambda x}, & x > 0, \\ 0, & x \leqslant 0 \end{cases} \quad (\lambda > 0),$$

于是 $M = M(X)$ 的数学期望为

$$E(M) = E[M(X)] = \int_{-\infty}^{+\infty} M(x)f(x)\mathrm{d}x$$

$$= \int_0^n (ax - b(n-x))\lambda\,\mathrm{e}^{-\lambda x}\mathrm{d}x + \int_n^{+\infty} an\lambda\,\mathrm{e}^{-\lambda x}\mathrm{d}x$$

$$= \left[(a+b)\frac{1}{\lambda} - (a+b)\frac{1}{\lambda}\mathrm{e}^{-\lambda t} - bt\right]_{t=n}.$$

记上式方括号内关于 t 的函数为 $g(t)$, 则由 $\dfrac{\mathrm{d}g(t)}{\mathrm{d}t} = (a+b)\,\mathrm{e}^{-\lambda t} - b = 0$, 可解得

$$t_0 = -\frac{1}{\lambda}\ln\left(\frac{b}{a+b}\right).$$

又 $\left.\dfrac{\mathrm{d}^2 g(t)}{\mathrm{d}t^2}\right|_{t=t_0} = -\lambda(a+b)\mathrm{e}^{-\lambda t_0} < 0$, 因此, 当 $n = [t_0]$ 或 $n = [t_0] + 1$ 时, $E(M)$ 取得极大值, 进而也是最大值.

注　符号 $[\cdot]$ 表示向下取整, 即 $[x]$ 表示不超过 x 的最大整数.

4. 数学期望的性质

性质 1　设 c 是常数, 则 $E(c) = c$.

性质 2　$E(cX) = cE(X)$.

性质 3　$E(X \pm Y) = E(X) \pm E(Y)$.

性质 4　若 X 与 Y 相互独立, 则 $E(XY) = E(X) \cdot E(Y)$.

这一性质可推广到任意有限多个相互独立的随机变量之积的情形, 即若 X_1, $X_2, \cdots, X_n$ 相互独立, 则

$$E(X_1 X_2 \cdots X_n) = E(X_1) \cdot E(X_2) \cdots \cdots E(X_n). \tag{4.7}$$

上式可简记为 $E\left(\displaystyle\prod_{i=1}^{n} X_i\right) = \displaystyle\prod_{i=1}^{n} E(X_i)$.

证明　只给出性质 3 和性质 4 在连续型情形下的证明.

设 (X, Y) 是连续型随机变量, 联合概率密度函数分别为 $f(x,y)$, 边缘概率密度函数分别为 $f_X(x)$, $f_Y(y)$. 于是

$$E(X \pm Y) = \int_{-\infty}^{+\infty} \int_{-\infty}^{+\infty} (x \pm y) f(x, y) \mathrm{d}x \mathrm{d}y$$

$$= \int_{-\infty}^{+\infty} \int_{-\infty}^{+\infty} x f(x, y) \mathrm{d}x \mathrm{d}y \pm \int_{-\infty}^{+\infty} \int_{-\infty}^{+\infty} y f(x, y) \mathrm{d}x \mathrm{d}y$$

$$= E(X) \pm E(Y).$$

又若 X 与 Y 相互独立, 则 $f(x, y) = f_X(x) f_Y(y)$, 于是

$$E(XY) = \int_{-\infty}^{+\infty} \int_{-\infty}^{+\infty} xy f(x, y) \mathrm{d}x \mathrm{d}y = \int_{-\infty}^{+\infty} \int_{-\infty}^{+\infty} xy f_X(x) f_Y(y) \mathrm{d}x \mathrm{d}y$$

$$= \left[\int_{-\infty}^{+\infty} x f_X(x) \mathrm{d}x \right] \cdot \left[\int_{-\infty}^{+\infty} y f_Y(y) \mathrm{d}y \right] = E(X) \cdot E(Y).$$

例 4.6　设 $(X, Y) \sim N(\mu_1, \mu_2, \sigma_1^2, \sigma_2^2, \rho)$, 求 $E(2X - 3Y + 1)$.

解　显然, $E(X) = \mu_1$, $E(Y) = \mu_2$, 于是由数学期望的性质得

$$E(2X - 3Y + 1) = 2E(X) - 3E(Y) + 1 = 2\mu_1 - 3\mu_2 + 1.$$

例 4.7　假如某一民航送客车载有 20 位旅客自机场开出, 旅客有 10 个车站可以下车, 如到达一个车站没有旅客下车就不停车, 以 X 表示停车的次数, 求 $E(X)$. (设每位旅客在各个车站下车是等可能的, 且各旅客是否下车相互独立.)

解　设随机变量 $X_i = \begin{cases} 1, & \text{在第 } i \text{ 站有人下车}, \\ 0, & \text{在第 } i \text{ 站无人下车}, \end{cases}$ $i = 1, 2, \cdots, 10$, 则停车

次数 $X = \sum_{i=1}^{10} X_i$. 又 $P\{X_i = 0\} = \left(\dfrac{9}{10}\right)^{20}$, $P\{X_i = 1\} = 1 - \left(\dfrac{9}{10}\right)^{20}$, $i = 1$,

$2, \cdots, 10$, 所以, $X_i (i = 1, 2, \cdots, 10)$ 的分布律为表 4.7.

表 4.7

X_i	0	1
P	$\left(\dfrac{9}{10}\right)^{20}$	$1 - \left(\dfrac{9}{10}\right)^{20}$

由此知 $E(X_i) = 1 - \left(\dfrac{9}{10}\right)^{20}$, $i = 1, 2, \cdots, 10$. 所以

$$E(X) = E\left(\sum_{i=1}^{10} X_i\right) = \sum_{i=1}^{10} E(X_i) = 10\left[1 - \left(\frac{9}{10}\right)^{20}\right] \approx 8.784.$$

此例中 $E(X)$ 虽不是整数, 但我们仍然可获知, 平均停车次数为 8~9 次.

一般地, 将一个随机变量分解为多个 "简单" 随机变量之和, 然后利用性质 3 来计算数学期望, 这种做法在实际中应用较广, 是计算复杂随机变量数字特征的一个常用办法.

例 4.8 假如某疾病的发病率 $p = 0.01$, 各人患病与否相互独立. 现对 1000 人检测该疾病. 若逐个检测, 则需检测 1000 次. 现采用如下分组检测办法: 每 10 人一组, 混合检测 1 次, 若该组的混合标本呈阴性, 则检测完成; 若混合标本呈阳性, 则再对该组成员逐个检测 1 次. 试问:

(1) 采用分组检测办法的平均检测次数是多少?

(2) 与逐个检测相比, 分组检测的平均工作量是否有减少?

解 (1) 因为每一组检测所需的次数是随疾病的发生而变化的, 是一个随机变量, 可记第 i 组的检测次数为 X_i, 所以

$$
X_i = \begin{cases} 1, & \text{第 } i \text{ 组无病例}, \\ 1 + 10, & \text{第 } i \text{ 组有病例}, \end{cases} \quad i = 1, 2, \cdots, 100,
$$

于是, 总的检测次数 $X = \sum_{i=1}^{100} X_i$. 又 $P\{X_i = 1\} = (1-p)^{10}$, $P\{X_i = 11\} = 1 - (1-p)^{10}$, $i = 1, 2, \cdots, 100$, 故

$$
E(X) = E\left(\sum_{i=1}^{100} X_i\right) = \sum_{i=1}^{100} E(X_i)
$$

$$
= 100 \times \{1 \times (1-p)^{10} + 11 \times [1 - (1-p)^{10}]\} \approx 195.618,
$$

即采用分组检测办法的平均检测次数为 195~196 次.

(2) 分组检测的平均工作量不仅减少了, 而且减少约 80%.

本节思考题

1. 若将例 4.8 中的分组规模扩大到 20 人一组, 试问相应的平均检测次数是否还会减少? 平均工作量减少是否会超过 80%? 有无一般规律?

2. (投资决策问题) 某人有 10 万元, 想用于投资或存入银行. 假设某投资项目投资成功将获利 5 万元, 失败将损失 1 万元, 预计成功的概率是 30%, 失败的概率是 70%. 若存入银行, 同期间的利率是 2%, 问如何决策预期的收益更大?

本节测试题

1. 若某地一个月内发生重大交通事故的次数为 X 且 $P\{X=0\}=0.8, P\{X=1\}=0.12, P\{X=2\}=0.08$, 求该地发生重大交通事故的月平均次数.

2. 设随机变量 $X \sim U(a,b)$, 求 $Y = \mathrm{e}^X$ 的数学期望.

3. 设随机变量 $X_1, X_2, \cdots, X_n$ 相互独立且都服从标准正态分布, 求 $E\left(X_k \sum\limits_{i=1}^{n} X_i\right)$.

4.2　方　　差

1. 方差的概念

有甲、乙两位射手, 甲射手命中的环数用 X 表示, 乙射手命中的环数用 Y 表示, X 和 Y 的分布律分别为表 4.8 和表 4.9.

表 4.8

X	8	9	10
P	0.2	0.6	0.2

表 4.9

Y	8	9	10
P	0.1	0.8	0.1

现在问甲、乙两位射手谁的射击水平更稳定些?

易知, 甲、乙两位射手每次射击命中的平均环数分别为

$$E(X) = 8 \times 0.2 + 9 \times 0.6 + 10 \times 0.2 = 9\,(\text{环}),$$

$$E(Y) = 8 \times 0.1 + 9 \times 0.8 + 10 \times 0.1 = 9\,(\text{环}).$$

可见, 甲、乙两位射手每次射击命中的平均环数相等, 这表明这两位射手的射击水平相当. 但是, 谁的射击水平更稳定呢? 通常的想法是, 看谁命中的环数 x_i 与其平均环数 $E(X)$ 的偏差绝对值 $|x_i - E(X)|$ 的平均值最小, 即 $E|X - E(X)|$ 最小. $E|X - E(X)|$ 越小, X 的值就越集中于 $E(X)$ 附近, 表明此射手发挥越稳定; $E|X - E(X)|$ 越大, X 的值在 $E(X)$ 附近就越分散, 表明此射手发挥越不稳定. 然而在实际中 $E|X - E(X)|$ 带有绝对值, 在数学运算上不方便, 所以, 通常用 $E(X - E(X))^2$ 来表达随机变量 X 取值的分散程度 (或集中) 程度.

据此分析, 我们可以算得

$$E(X - E(X))^2 = (8-9)^2 \times 0.2 + (9-9)^2 \times 0.6 + (10-9)^2 \times 0.2 = 0.4,$$

$$E(Y - E(Y))^2 = (8 - 9)^2 \times 0.1 + (9 - 9)^2 \times 0.8 + (10 - 9)^2 \times 0.1 = 0.2.$$

由于 $E(X - E(X))^2 > E(Y - E(Y))^2$, 因此, 我们认为乙的射击水平更稳定一些.

可以看出, $E(X - E(X))^2$ 是用来描述随机变量 X 与其均值 $E(X)$ 偏离程度的一种度量, 为此我们给出如下定义.

定义 4.3 设 X 是一个随机变量, 若 $E(X - E(X))^2$ 存在, 则称 $E(X - E(X))^2$ 为 X 的**方差** (variance), 记为 $D(X)$ 或 $\mathrm{Var}(X)$, 即

$$D(X) \equiv \mathrm{Var}(X) \equiv E(X - E(X))^2, \tag{4.8}$$

而称 $\sqrt{D(X)}$ 为 X 的**标准差** (standard deviation) 或**均方差**, 记为 $\sigma(X)$, 即 $\sigma(X) \equiv \sqrt{D(X)}$, 它与 X 有相同的量纲.

随机变量 X 的方差 $D(X)$ 刻画的是 X 与其数学期望 $E(X)$ 的平均偏离 (或分散) 程度. $D(X)$ 越小, X 的取值与 $E(X)$ 越接近 (越集中); $D(X)$ 越大, X 的取值与 $E(X)$ 越偏离 (越分散).

由定义可知, 随机变量 X 的方差是其函数 $(X - E(X))^2$ (仍是随机变量) 的数学期望, 因此, 方差事实上也是由数学期望定义的. 通常, 用以下公式计算方差

$$D(X) = E(X^2) - (E(X))^2. \tag{4.9}$$

这是因为 $[X - E(X)]^2 = X^2 - 2XE(X) + (E(X))^2$, 所以

$$D(X) = E[X - E(X)]^2 = E(X^2) - 2(E(X))^2 + (E(X))^2 = E(X^2) - (E(X))^2.$$

2. 离散型随机变量的方差

设随机变量 X 的分布列如表 4.10 所示. 若 $E(X)$ 存在且 $\sum\limits_{i=1}^{\infty}(x_i - E(X))^2 p_i$ 绝对收敛, 则

$$D(X) = \sum_{i=1}^{\infty} [x_i - E(X)]^2 p_i \tag{4.10}$$

或

$$D(X) = \sum_{i=1}^{\infty} x_i^2 p_i - (E(X))^2. \tag{4.11}$$

表 4.10

X	x_1	x_2	$\cdots$	x_i	$\cdots$
P	p_1	p_2	$\cdots$	p_i	$\cdots$

3. 连续型随机变量的方差

设随机变量 X 的概率密度函数为 $f(x)$, $E(X)$ 存在. 若 $\int_{-\infty}^{+\infty}(x-E(X))^2$ $f(x)\mathrm{d}x$ 绝对收敛, 则

$$D(X)=\int_{-\infty}^{+\infty}(x-E(X))^2f(x)\mathrm{d}x, \tag{4.12}$$

或

$$D(X)=\int_{-\infty}^{+\infty}x^2f(x)\mathrm{d}x-(E(X))^2. \tag{4.13}$$

例 4.9　设随机变量 X 的分布律如表 4.11 所示, 求 $E(X)$ 和 $D(X)$.

表 4.11

X	0	1
P	$1-p$	p

解　由公式 (4.1) 有

$$E(X)=0\times(1-p)+1\times p=p,$$

由公式 (4.2) 有

$$E(X^2)=0^2\times(1-p)+1^2\times p=p,$$

所以

$$D(X)=E(X^2)-(E(X))^2=p-p^2=p(1-p).$$

例 4.10　设随机变量 X 的概率密度函数为

$$f(x)=\begin{cases}1+x, & -1\leqslant x<0,\\ 1-x, & 0\leqslant x<1,\\ 0, & \text{其他},\end{cases}$$

求 $E(X)$ 和 $D(X)$.

解　由公式 (4.4) 有

$$E(X)=\int_{-1}^0 x(1+x)\mathrm{d}x+\int_0^1 x(1-x)\mathrm{d}x=0,$$

由公式 (4.5) 有

$$E(X^2) = \int_{-1}^{0} x^2(1+x)\mathrm{d}x + \int_{0}^{1} x^2(1-x)\mathrm{d}x = \frac{1}{6},$$

所以

$$D(X) = E(X^2) - (E(X))^2 = \frac{1}{6}.$$

4. 方差的性质

设 X 是一个随机变量, c 为常数, 则有

性质 1　$D(c) = 0$.

性质 2　$D(cX) = c^2 DX$.

性质 3　若 X 与 Y 相互独立, 则 $D(X \pm Y) = D(X) + D(Y)$. 特别地, $D(X - c) = D(X)$.

证明　(1) $D(c) = E[c - E(c)]^2 = E(c - c)^2 = 0$.

(2) $D(cX) = E[cX - E(cX)]^2 = E[cX - cE(X)]^2$
$$= c^2 E(X - E(X))^2 = c^2 D(X).$$

(3) $D(X \pm Y) = E[(X \pm Y) - E(X \pm Y)]^2$
$$= E[(X - E(X)) \pm (Y - E(Y))]^2$$
$$= E[(X - E(X))^2 \pm 2(X - E(X))(Y - E(Y))$$
$$\quad + (Y - E(Y))^2]$$
$$= E(X - E(X))^2 \pm 2E[(X - E(X))(Y - E(Y))]$$
$$\quad + E(Y - E(Y))^2$$
$$= D(X) \pm 2E[(X - E(X))(Y - E(Y))] + D(Y).$$

因为 X 与 Y 相互独立, 所以 $X - E(X)$ 与 $Y - E(Y)$ 也相互独立, 于是

$$E[(X - E(X))(Y - E(Y))] = E(X - E(X)) \cdot E(Y - E(Y)) = 0,$$

因此

$$D(X \pm Y) = D(X) + D(Y). \qquad \square$$

此性质可以推广到 n 个随机变量的情形. 设 $X_1, X_2, \cdots, X_n$ 相互独立, $c_1, c_2, \cdots, c_n$ 是常数, 则

$$D\left(\sum_{i=1}^{n} c_i X_i\right) = \sum_{i=1}^{n} c_i^2 D(X_i). \tag{4.14}$$

性质 4 $D(X) = 0$ 的充要条件是 X 以概率 1 取常数 $E(X)$, 即 $P\{X = E(X)\} = 1$.

(证明略.)

例 4.11   设 X 是一个随机变量, 若 $E(X)$, $D(X)$ 均存在, 且 $D(X) > 0$, 令 $X^* \equiv \dfrac{X - E(X)}{\sqrt{D(X)}}$, 求 $E(X^*)$ 和 $D(X^*)$.

解   由性质 2, 有 $E(X^*) = E\left[\dfrac{X - E(X)}{\sqrt{D(X)}}\right] = \dfrac{1}{\sqrt{D(X)}}(E(X) - E(X)) = 0$, 因此

$$D(X^*) = D\left(\frac{X - E(X)}{\sqrt{D(X)}}\right) = \frac{1}{D(X)}D(X - E(X)) = \frac{D(X)}{D(X)} = 1.$$

一般地, 称如上定义的 X^* 为 X 的**标准化随机变量**, 它是无量纲的.

例 4.12   设 $X_1, X_2, \cdots, X_n$ 相互独立, 且 $D(X_i) = \sigma^2, E(X_i) = \mu$ $(i = 1, 2, \cdots, n)$, 令 $\overline{X} = \dfrac{1}{n}\sum\limits_{i=1}^{n} X_i$, 求 $E(\overline{X})$ 和 $D(\overline{X})$.

解   由数学期望和方差的性质得

$$E(\overline{X}) = E\left(\frac{1}{n}\sum_{i=1}^{n} X_i\right) = \frac{1}{n}E\left(\sum_{i=1}^{n} X_i\right) = \frac{1}{n}\sum_{i=1}^{n} E(X_i) = \mu,$$

$$D(\overline{X}) = D\left(\frac{1}{n}\sum_{i=1}^{n} X_i\right) = \frac{1}{n^2}D\left(\sum_{i=1}^{n} X_i\right) = \frac{1}{n^2}\sum_{i=1}^{n} D(X_i) = \frac{\sigma^2}{n}.$$

例 4.13   设 $X_1, X_2, \cdots, X_n$ 相互独立, 且 $E(X_i) = \mu_i, D(X_i) = \sigma_i^2$, $i = 1, 2, \cdots, n, c_1, c_2, \cdots, c_n$ 均为常数, 求 $Y = c_1X_1 + c_2X_2 + \cdots + c_nX_n$ 的数学期望和方差.

解   由数学期望和方差的性质, 得

$$E(Y) = E(c_1X_1 + c_2X_2 + \cdots + c_nX_n) = c_1E(X_1) + c_2E(X_2) + \cdots + c_nE(X_n)$$

$$= c_1\mu_1 + c_2\mu_2 + \cdots + c_n\mu_n = \sum_{i=1}^{n} c_i\mu_i;$$

$$D(Y) = D(c_1X_1 + c_2X_2 + \cdots + c_nX_n) = c_1^2D(X_1) + c_2^2D(X_2) + \cdots + c_n^2D(X_n)$$

$$= c_1^2\sigma_1^2 + c_2^2\sigma_2^2 + \cdots + c_n^2\sigma_n^2 = \sum_{i=1}^{n} c_i^2\sigma_i^2.$$

5. 几类重要随机变量的数学期望和方差

(1) (0-1) 分布.

设 X 的分布律如表 4.11 所示. 由例 4.9 知 $E(X) = p, D(X) = p(1-p)$.

(2) 二项分布.

设 $X \sim B(n, p)$, 由二项分布的定义, X 是 n 重伯努利试验中事件 A 发生的次数, 且在每次试验中 A 发生的概率为 p, 引入随机变量

$$X_i = \begin{cases} 1, & A \text{ 在第 } i \text{ 次试验中发生}, \\ 0, & A \text{ 在第 } i \text{ 次试验中不发生}, \end{cases} \quad i = 1, 2, \cdots, n,$$

则 X_i 相互独立, 且均服从表 4.11 的分布律. 显然, $X = \sum\limits_{i=1}^{n} X_i$, 又 $E(X_i) = p$, $D(X_i) = p(1-p)$. 因此

$$E(X) = E\left(\sum_{i=1}^{n} X_i\right) = \sum_{i=1}^{n} E(X_i) = np,$$

$$D(X) = D\left(\sum_{i=1}^{n} X_i\right) = \sum_{i=1}^{n} D(X_i) = np(1-p).$$

利用定义也可以直接求得二项分布的数学期望和方差, 但过程较繁琐, 有兴趣的读者不妨一试.

(3) 泊松分布.

设 $X \sim P(\lambda)$, 由于 $P\{X = i\} = \dfrac{\lambda^i \mathrm{e}^{-\lambda}}{i!}, i = 0, 1, 2, \cdots$, 因此

$$E(X) = \sum_{i=0}^{\infty} i \frac{\lambda^i \mathrm{e}^{-\lambda}}{i!} = \sum_{i=1}^{\infty} i \frac{\lambda^i \mathrm{e}^{-\lambda}}{i!} = \lambda \, \mathrm{e}^{-\lambda} \sum_{i=1}^{\infty} \frac{\lambda^{i-1}}{(i-1)!} = \lambda \mathrm{e}^{-\lambda} \mathrm{e}^{\lambda} = \lambda;$$

$$E(X^2) = \sum_{i=0}^{\infty} i^2 \frac{\lambda^i \mathrm{e}^{-\lambda}}{i!} = \sum_{i=1}^{\infty} i^2 \frac{\lambda^i \mathrm{e}^{-\lambda}}{i!}$$

$$= \sum_{i=1}^{\infty} i \frac{\lambda^i \mathrm{e}^{-\lambda}}{(i-1)!} = \sum_{i=1}^{\infty} [(i-1)+1] \frac{\lambda^i \, \mathrm{e}^{-\lambda}}{(i-1)!}$$

$$= \sum_{i=1}^{\infty} (i-1) \frac{\lambda^i \mathrm{e}^{-\lambda}}{(i-1)!} + \sum_{i=1}^{\infty} \frac{\lambda^i \mathrm{e}^{-\lambda}}{(i-1)!} = \sum_{i=1}^{\infty} \frac{\lambda^i \mathrm{e}^{-\lambda}}{(i-2)!} + \sum_{i=1}^{\infty} \frac{\lambda^i \mathrm{e}^{-\lambda}}{(i-1)!} = \lambda^2 + \lambda,$$

$$D(X) = E(X^2) - (E(X))^2 = \lambda^2 + \lambda - \lambda^2 = \lambda.$$

(4) 均匀分布.

设 $X \sim U(a, b)$, 则由 (2.18) 式知

$$E(X) = \int_{-\infty}^{+\infty} xf(x)\mathrm{d}x = \int_a^b \frac{x}{b-a}\mathrm{d}x = \frac{a+b}{2},$$

$$E(X^2) = \int_{-\infty}^{+\infty} x^2 f(x)\mathrm{d}x = \int_a^b \frac{x^2}{b-a}\,\mathrm{d}x = \frac{1}{3}\left(a^2 + ab + b^2\right),$$

$$D(X) = E(X^2) - (E(X))^2 = \frac{1}{3}(a^2 + ab + b^2) - \left(\frac{a+b}{2}\right)^2 = \frac{1}{12}(b-a)^2.$$

(5) 指数分布.

设 $X \sim \mathrm{Exp}(\lambda)$, 则由 (2.20) 式知

$$E(X) = \int_{-\infty}^{+\infty} xf(x)\,\mathrm{d}x = \int_0^{+\infty} x\lambda \mathrm{e}^{-\lambda x}\mathrm{d}x \quad (\text{令 } u = \lambda x)$$

$$= \frac{1}{\lambda}\int_0^{+\infty} u\mathrm{e}^{-u}\mathrm{d}u = \frac{1}{\lambda};$$

$$E(X^2) = \int_{-\infty}^{+\infty} x^2 f(x)\,\mathrm{d}x = \int_0^{+\infty} x^2 \lambda\, \mathrm{e}^{-\lambda x}\mathrm{d}x = -\int_0^{+\infty} x^2 \mathrm{d}\mathrm{e}^{-\lambda x}$$

$$= \left[-x^2 \mathrm{e}^{-\lambda x}\right]_0^{+\infty} + \int_0^{+\infty} 2x\mathrm{e}^{-\lambda x}\mathrm{d}x = \frac{2}{\lambda^2},$$

$$D(X) = E(X^2) - (E(X))^2 = \frac{2}{\lambda^2} - \left(\frac{1}{\lambda}\right)^2 = \frac{1}{\lambda^2}.$$

(6) 正态分布.

设 $X \sim N(\mu, \sigma^2)$, 则其概率密度函数 $f(x) = \dfrac{1}{\sqrt{2\pi}\sigma}\mathrm{e}^{-\frac{(x-\mu)^2}{2\sigma^2}}$, $x \in \mathbf{R}$, 根据定义,

$$E(X) = \int_{-\infty}^{+\infty} x f(x) \mathrm{d}x = \frac{1}{\sqrt{2\pi}\sigma} \int_{-\infty}^{+\infty} x \mathrm{e}^{-\frac{(x-\mu)^2}{2\sigma^2}} \mathrm{d}x \quad \left(\diamondsuit \frac{x-\mu}{\sigma} = t\right)$$

$$= \frac{1}{\sqrt{2\pi}} \int_{-\infty}^{+\infty} (\mu + \sigma t) \, \mathrm{e}^{-\frac{t^2}{2}} \mathrm{d}t$$

$$= \mu \int_{-\infty}^{+\infty} \frac{1}{\sqrt{2\pi}} \, \mathrm{e}^{-\frac{t^2}{2}} \mathrm{d}t + \frac{\sigma}{\sqrt{2\pi}} \int_{-\infty}^{+\infty} t \mathrm{e}^{-\frac{t^2}{2}} \mathrm{d}t = \mu;$$

$$E(X^2) = \int_{-\infty}^{+\infty} x^2 f(x) \mathrm{d}x = \frac{1}{\sqrt{2\pi}\sigma} \int_{-\infty}^{+\infty} x^2 \mathrm{e}^{-\frac{(x-\mu)^2}{2\sigma^2}} \mathrm{d}x \quad \left(\diamondsuit \frac{x-\mu}{\sigma} = t\right)$$

$$= \frac{1}{\sqrt{2\pi}} \int_{-\infty}^{+\infty} (\mu + \sigma t)^2 \mathrm{e}^{-\frac{t^2}{2}} \mathrm{d}t = \frac{1}{\sqrt{2\pi}} \int_{-\infty}^{+\infty} (\mu^2 + 2\mu\sigma t + \sigma^2 t^2) \, \mathrm{e}^{-\frac{t^2}{2}} \mathrm{d}t$$

$$= \frac{1}{\sqrt{2\pi}} \int_{-\infty}^{+\infty} \mu^2 \mathrm{e}^{-\frac{t^2}{2}} \mathrm{d}t + \frac{2\mu\sigma}{\sqrt{2\pi}} \int_{-\infty}^{+\infty} t \mathrm{e}^{-\frac{t^2}{2}} \mathrm{d}t + \frac{\sigma^2}{\sqrt{2\pi}} \int_{-\infty}^{+\infty} t^2 \mathrm{e}^{-\frac{t^2}{2}} \mathrm{d}t$$

$$= \mu^2 + 0 + \sigma^2 = \mu^2 + \sigma^2,$$

$$D(X) = E(X^2) - (E(X))^2 = \mu^2 + \sigma^2 - \mu^2 = \sigma^2.$$

另外, $D(X)$ 也可由定义直接求出.

$$D(X) = E[(X) - E(X)]^2 = E(X - \mu)^2$$

$$= \int_{-\infty}^{+\infty} (x - \mu)^2 \frac{1}{\sqrt{2\pi}\sigma} \mathrm{e}^{-\frac{(x-\mu)^2}{2\sigma^2}} \mathrm{d}x \quad \left(\diamondsuit \frac{x-\mu}{\sigma} = t\right)$$

$$= \frac{\sigma^2}{\sqrt{2\pi}} \int_{-\infty}^{+\infty} t^2 \mathrm{e}^{-\frac{t^2}{2}} \mathrm{d}t = \frac{\sigma^2}{\sqrt{2\pi}} \left[-t \mathrm{e}^{-\frac{t^2}{2}} \Big|_{-\infty}^{+\infty} + \int_{-\infty}^{+\infty} \mathrm{e}^{-\frac{t^2}{2}} \mathrm{d}t \right]$$

$$= \sigma^2 \int_{-\infty}^{+\infty} \frac{1}{\sqrt{2\pi}} \mathrm{e}^{-\frac{t^2}{2}} \mathrm{d}t = \sigma^2.$$

特别地, 当 $X \sim N(0,1)$ 时, $E(X) = 0, D(X) = 1$. 进一步地, 还有以下结论:

$$E(X^k) = \begin{cases} 0, & k \text{ 为奇数}, \\ (k-1)!!, & k \text{ 为偶数}, \end{cases} \tag{4.15}$$

其中 $X \sim N(0,1)$, $(k-1)!! \equiv (k-1)(k-3) \cdots 3 \cdot 1$ 表示双阶乘 (证明从略).

本节思考题

1. 若随机变量 X 的方差为 0, 该随机变量的取值一定是常数吗?
2. 如果 $X \sim P(2)$, $Y \sim \mathrm{Exp}(2)$, 那么, $X + Y$ 的数学期望和方差可计算吗?

本节测试题

1. 设 X 表示 10 次独立重复射击命中目标的次数, 且每次射击命中目标的概率为 0.3, 求 $E(X^2)$.
2. 设随机变量 X 与 Y 相互独立, $X \sim U(1,4)$, $Y \sim N(1,2)$, 求 $D(2X - Y + 1)$.
3. 设 X 为随机变量, 求 a 使得 $E(X - a)^2$ 达到最小值.
4. 设随机变量 X 服从参数为 p 的几何分布 $G(p)$(见 (2.14) 式), 求 $E(X)$ 和 $D(X)$.

4.3　协方差、相关系数和矩

1. 协方差和相关系数的概念

对于二维随机变量 $(X,\ Y)$, 除了关心它的各个分量的数学期望和方差外, 还需要知道这两个分量之间的相互关系, 这种关系无法从各个分量的期望和方差来说明, 这就需要引入描述这两个分量之间相互关系的数字特征——协方差及相关系数, 但如何来刻画这种关系呢?

若 X 与 Y 独立, 则 $E[(X-E(X))(Y-E(Y))] = 0$. 因此, 若 $E[(X - E(X)) \cdot (Y - E(Y))] \neq 0$, 则说明 X 与 Y 一定不独立, 它们之间存在一定关系. 据此, 有下列定义.

定义 4.4　设 (X, Y) 是二维随机变量, 则称 $E[(X - E(X))(Y - E(Y))]$ 为 X 与 Y 的**协方差** (covariance), 记为 $\mathrm{Cov}(X,Y)$ 或 σ_{XY}, 即

$$\mathrm{Cov}(X,Y) \equiv \sigma_{XY} \equiv E[(X - E(X))(Y - E(Y))]. \tag{4.16}$$

若 $\sigma_X = \sqrt{D(X)} \neq 0$ 且 $\sigma_Y = \sqrt{D(Y)} \neq 0$, 则称

$$\rho_{XY} \equiv \frac{\sigma_{XY}}{\sigma_X \sigma_Y} = \frac{\mathrm{Cov}(X,Y)}{\sqrt{D(X)} \cdot \sqrt{D(Y)}} \tag{4.17}$$

为 X 与 Y 的**相关系数** (correlation coefficient). $\mathrm{Cov}(X,Y)$ 是有量纲的量, 而 ρ_{XY} 则无量纲.

协方差常用以下公式计算

$$\mathrm{Cov}(X,\ Y) = E(XY) - E(X) \cdot E(Y). \tag{4.18}$$

事实上,

$$
\begin{aligned}
\mathrm{Cov}\,(X,\,Y) &= E\left[(X-E(X))\,(Y-E(Y))\right]\\
&= E\left[XY - X\cdot E(Y) - Y\cdot E(X) + E(X)\cdot E(Y)\right]\\
&= E(XY) - E(X)\cdot E(Y) - E(Y)\cdot E(X) + E(X)\cdot E(Y)\\
&= E(XY) - E(X)\cdot E(Y).
\end{aligned}
$$

2. 协方差和相关系数的性质

性质 1 $\mathrm{Cov}\,(X,\,Y) = \mathrm{Cov}\,(Y,\,X)$.

性质 2 $\mathrm{Cov}\,(X,\,X) = D(X)$.

性质 3 $\mathrm{Cov}\,(aX,\,bY) = ab\cdot\mathrm{Cov}\,(X,\,Y)$, $a,\,b$ 是常数.

性质 4 $\mathrm{Cov}\,(X_1 + X_2,\,Y) = \mathrm{Cov}\,(X_1,\,Y) + \mathrm{Cov}\,(X_2,\,Y)$.

性质 5 $D(X\pm Y) = D(X) + D(Y) \pm 2\mathrm{Cov}\,(X,\,Y)$.

以上性质的证明在此从略, 读者可自行完成.

定理 4.1(柯西–施瓦茨 (Cauchy-Schwarz) 不等式) 设 $(X,\,Y)$ 为二维随机变量, 若 $E\left(X^2\right)$ 和 $E\left(Y^2\right)$ 存在, 则

$$
\left[E(XY)\right]^2 \leqslant E(X^2)\cdot E(Y^2). \tag{4.19}
$$

证明 因为 $|XY| \leqslant \dfrac{1}{2}\left(X^2 + Y^2\right)$, 所以, $E(XY)$ 存在. 另外, 对任意 $\lambda\in\mathbf{R}$,

$$
E\left(\lambda X + Y\right)^2 = \lambda^2 E(X^2) + 2\lambda E(XY) + E(Y^2) \geqslant 0, \tag{4.20}
$$

这个关于 λ 的二次三项式不可能有两个不同的零点, 因而判别式

$$
\Delta = 4\left[E(XY)\right]^2 - 4E(X^2)\cdot E(Y^2) \leqslant 0,
$$

即有 (4.19) 式.

定理 4.2 设 $(X,\,Y)$ 是二维随机变量, 若 X 与 Y 的相关系数 ρ_{XY} 存在, 则

(1) $|\rho_{XY}| \leqslant 1$;

(2) $|\rho_{XY}| = 1$ 的充要条件是存在常数 $a\,(\neq 0)$, b, 使 $P\{Y = aX + b\} = 1$.

证明 (1) 由定理 4.1 知

$$
\begin{aligned}
\left[\mathrm{Cov}\,(X,Y)\right]^2 &= \left\{E\left[(X-E(X))\,(Y-E(Y))\right]\right\}^2\\
&\leqslant E\left[X-EX\right]^2\cdot E\left[Y-EY\right]^2 = D(X)\cdot D(Y),
\end{aligned}
$$

因此 $\left(\dfrac{\mathrm{Cov}(X,Y)}{\sqrt{D(X)}\cdot\sqrt{D(Y)}}\right)^2 \leqslant 1$, 即 $(\rho_{XY})^2 \leqslant 1$, 所以 $|\rho_{XY}| \leqslant 1$.

(2) 我们略去结论 (2) 的充分性证明, 这里只给出必要性的证明.

将二次三项式 (4.20) 中的 X 和 Y 分别换为 $(X-E(X))$ 和 $(Y-E(Y))$, 则对任意 $\lambda \in \mathbf{R}$, 有

$$E\left[\lambda(X-E(X))+(Y-E(Y))\right]^2 = \lambda^2 D(X) + 2\lambda\mathrm{Cov}(X,Y) + D(Y),$$

即

$$D(\lambda X + Y) = \lambda^2 \sigma_X^2 + 2\lambda\rho_{XY}\sigma_X\sigma_Y + \sigma_Y^2 \geqslant 0.$$

特别地, 当 λ 等于二次三项式的最小值点 $\lambda_0 \equiv -\dfrac{\rho_{XY}\sigma_Y}{\sigma_X}$ 时, 上式变为

$$D(\lambda_0 X + Y) = (1-\rho_{XY}^2)\,\sigma_Y^2 \geqslant 0. \tag{4.21}$$

由于 $|\rho_{XY}|=1$, 故 $D(\lambda_0 X + Y)=0$. 根据方差性质 4, 有 $P\{\lambda_0 X + Y = E(\lambda_0 X + Y)\}=1$, 即 $P\{Y=(-\lambda_0)X+E(\lambda_0 X+Y)\}=1$, 于是, 存在常数 $a=-\lambda_0$ 和 $b=E(\lambda_0 X+Y)$ 使 $P\{Y=aX+b\}=1$.

显然, 利用公式 (4.21) 亦可证 $|\rho_{XY}|\leqslant 1$ 成立. 不过, 给出公式 (4.21) 的主要目的还在于证明结论 (2) 的必要性.

定理 4.2 表明: X 与 Y 的相关系数是衡量 X 与 Y 之间线性相关程度的量. 当 $|\rho_{XY}|=1$ 时, X 与 Y 依概率 1 线性相关; 特别当 $\rho_{XY}=1$ 时, Y 随 X 的增大而线性增大, 此时称 X 与 Y **完全正相关** (positive correlation); 当 $\rho_{XY}=-1$ 时, Y 随 X 的增大而线性地减小, 此时称 X 与 Y **完全负相关** (negative correlation); 当 $|\rho_{XY}|$ 变小时, X 与 Y 的线性相关程度就变弱; 如果 $\rho_{XY}=0$, 那么 X 与 Y 之间就不存在线性关系, 此时称 X 与 Y **不相关** (uncorrelated); 若 $\rho_{XY}>0$ (或 <0), 则称 X 与 Y **正相关** (或**负相关**).

需要指出的是, 这里的不相关, 指的是从线性关系上看没有关联, 并非 X 与 Y 之间没有任何关系, 也许此时还存在别的关系. (例如, 对 $Y=X^2$, X 与 Y 之间虽没有线性关系, 但具有非线性的二次函数关系.)

独立与不相关都是随机变量之间相互联系程度的一种反映. 例如, X 与 Y 独立 (见 (3.22) 式) 指二者在概率意义上互不影响, 没有关联, 而 X 与 Y 不相关则指二者没有线性关系. 一个重要事实是, 若 X 与 Y 独立, 则 X 与 Y 一定不相关 (这可用数学期望的性质和 (4.18) 式进行验证); 但反过来, 若 X 与 Y 不相关, 则 X 与 Y 却未必独立.

然而, 对于二维正态随机变量 (X, Y) 而言, X 与 Y 的独立性与不相关性却是等价的, 我们有如下结果.

定理 4.3 设 $(X, Y) \sim N\left(\mu_1, \mu_2, \sigma_1^2, \sigma_2^2, \rho\right)$, 则

$$\rho_{XY} = \rho. \tag{4.22}$$

证明 显然, 我们有 $E(X) = \mu_1, D(X) = \sigma_1^2, E(Y) = \mu_2, D(Y) = \sigma_2^2$, 而

$$\mathrm{Cov}(X, Y) = \int_{-\infty}^{+\infty} \int_{-\infty}^{+\infty} (x - \mu_1)(y - \mu_2) f(x, y) \mathrm{d}x \mathrm{d}y$$

$$= \frac{1}{2\pi\sigma_1\sigma_2\sqrt{1-\rho^2}} \int_{-\infty}^{+\infty} \int_{-\infty}^{+\infty} (x - \mu_1)(y - \mu_2)$$

$$\cdot \exp\left\{ -\frac{1}{2(1-\rho^2)} \left[\left(\frac{y - \mu_2}{\sigma_2} - \rho \frac{x - \mu_1}{\sigma_1} \right)^2 - \frac{(x - \mu_1)^2}{2\sigma_1^2} \right] \right\} \mathrm{d}y\mathrm{d}x.$$

令 $t = \dfrac{1}{\sqrt{1-\rho^2}} \left(\dfrac{y - \mu_2}{\sigma_2} - \rho \dfrac{x - \mu_1}{\sigma_1} \right)$, $s = \dfrac{x - \mu_1}{\sigma_1}$, 则

$$\mathrm{Cov}(X, Y) = \frac{1}{2\pi} \int_{-\infty}^{+\infty} \int_{-\infty}^{+\infty} (\sigma_1\sigma_2\sqrt{1-\rho^2}ts + \rho\sigma_1\sigma_2 s^2) \mathrm{e}^{-\frac{t^2+s^2}{2}} \mathrm{d}t\mathrm{d}s$$

$$= \frac{\rho\sigma_1\sigma_2}{2\pi} \left(\int_{-\infty}^{+\infty} s^2 \mathrm{e}^{-\frac{s^2}{2}} \mathrm{d}s \right) \left(\int_{-\infty}^{+\infty} \mathrm{e}^{-\frac{t^2}{2}} \mathrm{d}t \right)$$

$$+ \frac{\sigma_1\sigma_2\sqrt{1-\rho^2}}{2\pi} \left(\int_{-\infty}^{+\infty} s \mathrm{e}^{-\frac{s^2}{2}} \mathrm{d}s \right) \left(\int_{-\infty}^{+\infty} t \mathrm{e}^{-\frac{t^2}{2}} \mathrm{d}t \right)$$

$$= \frac{\rho\sigma_1\sigma_2}{2\pi} \cdot \sqrt{2\pi} \cdot \sqrt{2\pi} = \rho\sigma_1\sigma_2.$$

因此

$$\rho_{XY} = \frac{\mathrm{Cov}(X, Y)}{\sqrt{D(X)} \cdot \sqrt{D(Y)}} = \rho.$$

推论 4.1 若 $(X, Y) \sim N\left(\mu_1, \mu_2, \sigma_1^2, \sigma_2^2, \rho\right)$, 则 X 与 Y 相互独立的充要条件是 X 与 Y 不相关.

证明 由定理 3.3 知, 若 $(X, Y) \sim N\left(\mu_1, \mu_2, \sigma_1^2, \sigma_2^2, \rho\right)$, 则 X 与 Y 相互独立的充要条件是 $\rho = 0$, 由定理 4.3 知, $\rho_{XY} = \rho$. 因此, X 与 Y 相互独立的充要条件是 X 与 Y 不相关.

根据上面的讨论, 二维正态随机变量 (X, Y) 的概率密度中的参数 ρ 就是 X 和 Y 的相关系数, 因而二维正态随机变量 (X, Y) 的分布就完全可由 X 和 Y 的数学期望、方差以及它们的相关系数所确定.

例 4.14　设二维离散型随机变量 (X, Y) 的联合分布律如表 4.12 所示. 试判断 X 与 Y 的相关性和独立性.

表 4.12

X \ Y	1	4
-2	0	$\frac{1}{4}$
-1	$\frac{1}{4}$	0
1	$\frac{1}{4}$	0
2	0	$\frac{1}{4}$

解　X 和 Y 的边缘分布分别为表 4.13 和表 4.14.

表 4.13

X	-2	-1	1	2
P	$\frac{1}{4}$	$\frac{1}{4}$	$\frac{1}{4}$	$\frac{1}{4}$

表 4.14

Y	1	4
P	$\frac{1}{2}$	$\frac{1}{2}$

易得 $E(X) = 0$, $E(Y) = \dfrac{5}{2}$, $E(XY) = 0$, 于是 $\rho_{XY} = 0$, 所以 X 与 Y 不相关. 显然有

$$P\{X = -2, Y = 1\} = 0, \quad P\{X = -2\} \cdot P\{Y = 1\} = \frac{1}{4} \times \frac{1}{2} = \frac{1}{8},$$

$$P\{X = -2, Y = 1\} \neq P\{X = -2\} \cdot P\{Y = 1\},$$

因此 X 与 Y 不独立.

这表明 X 与 Y 之间有某种关系. 事实上, X 和 Y 之间具有关系 $Y = X^2$.

随机变量除了前面介绍的数学期望、方差、协方差以及它们的相关系数等数字特征外, 还有许多其他的数字特征, 下面介绍另外几种常见的数字特征.

3. 矩的概念

1) k 阶原点矩

定义 4.5 设 X 是随机变量, 若 $E(X^k)(k=1,\,2,\,\cdots)$ 存在, 则称它为 X 的 k **阶原点矩**, 简称 k 阶矩, 记为 μ_k, 即

$$\mu_k = E(X^k), \qquad k = 1,\,2,\,\cdots. \tag{4.23}$$

显然, X 的数学期望 $E(X)$ 是 X 的一阶原点矩, 即 $E(X) = \mu_1$.

2) k 阶中心矩

定义 4.6 设 X 是随机变量, 若 $E[X-E(X)]^k(k=1,\,2,\,\cdots)$ 存在, 则称它为 X 的 k **阶中心矩**, 记为 v_k, 即

$$v_k = E[X - E(X)]^k, \quad k = 1,\,2,\,\cdots. \tag{4.24}$$

显然, X 的方差是 X 的二阶中心矩, 即 $D(X) = v_2$.

3) $(k+l)$ 阶混合原点矩

定义 4.7 设 $(X,\,Y)$ 是二维随机变量, 若 $E(X^k Y^l)(k,\,l=1,\,2,\,\cdots)$ 存在, 则称它为 X 与 Y 的 $(k+l)$ 阶**混合原点矩**, 简称 $(k+l)$ 阶混合矩, 记为 $\omega_{k,\,l}$, 即

$$\omega_{k,\,l} = E(X^k Y^l). \tag{4.25}$$

由 $\mathrm{Cov}(X,\,Y) = E(XY) - E(X)\cdot E(Y)$ 可知, 协方差可用 $(X,\,Y)$ 的 $(1+1)$ 阶混合原点矩与 X 和 Y 的一阶原点矩表示.

4) $(k+l)$ 阶混合中心矩

定义 4.8 设 $(X,\,Y)$ 是二维随机变量, 若 $E[(X-E(X))^k(Y-E(Y))^l](k,\,l=1,\,2,\,\cdots)$ 存在, 则称它为 X 与 Y 的 $(k+l)$ 阶**混合中心矩**, 记为 $r_{k,\,l}$, 即

$$r_{k,l} = E[(X - E(X))^k (Y - E(Y))^l], \quad k,\,l = 1,\,2,\,\cdots. \tag{4.26}$$

显然, X 与 Y 的协方差是 X 与 Y 的 $(1+1)$ 阶混合中心矩, 即 $r_{1,\,1} = \mathrm{Cov}(X,\,Y)$.

由上可以看到, 前面介绍的一些数字特征 (如数学期望、方差和协方差等) 均可用矩来表示, 实际上, 矩是概率论与数理统计中应用最广泛的一种数字特征.

本节思考题

1. 两个不相关的随机变量一定独立吗? 一定没有任何关系吗? 反之呢?

2. 随机变量 X 与其函数 $g(X)$ 是否必定相关? 可否举例说明?

本节测试题

1. 若随机变量 X 与 Y 的协方差 $\mathrm{Cov}(X, Y) = 0$, 则下列哪个选项一定成立 (　　).

A. $D(X + Y) = D(X) \cdot D(Y)$;　　　　　B. $D(X + Y) = D(X) + D(Y)$;

C. X 与 Y 独立;　　　　　　　　　　D. X 与 Y 不独立.

2. 设随机变量 X, Y 相互独立同分布于 $N(\mu, \sigma^2)$, 求 $\mathrm{Cov}(aX + bY, aX - bY)$, 其中 a, b 为常数.

3. 设 $X \sim N(1, 3^2), Y \sim N(0, 4^2), Z = \dfrac{1}{3}X + \dfrac{1}{2}Y$, 且相关系数 $\rho_{XY} = -0.5$. (1) 求 $E(Z), D(Z)$; (2) 求 X 与 Z 的相关系数 ρ_{XZ}; (3) 判断 X 与 Z 是否独立, 为什么?

本章主要知识概括

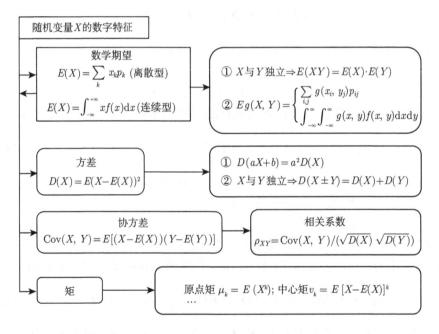

本章附录 A

1. 随机向量的数学期望和协方差矩阵

定义 A.1　设 $\boldsymbol{X} = (X_1, X_2, \cdots, X_n)^{\mathrm{T}}$ 是 n 维随机向量, 则称

$$E(\boldsymbol{X}) \equiv (E(X_1), E(X_2), \cdots, E(X_n))^{\mathrm{T}} \tag{A.1}$$

为 $\boldsymbol{X}$ 的**数学期望**.

一般地, 对随机变量 $X_{ij}(i=1,2,\cdots,n;j=1,2,\cdots,m)$ 组成的矩阵 $\boldsymbol{X}=(X_{ij})_{n\times m}$ 可定义

$$E(\boldsymbol{X}) \equiv (E(X_{ij}))_{n\times m}. \tag{A.2}$$

定义 A.2 设 $\boldsymbol{X}=(X_1,\ X_2,\ \cdots,X_n)^{\mathrm{T}}$ 是 n 维随机向量, $\boldsymbol{Y}=(Y_1,\ Y_2,\cdots,Y_m)^{\mathrm{T}}$ 是 m 维随机向量, 记 X_i 与 Y_j 的协方差为 σ_{ij}, 且若 σ_{ij} 均存在, $i=1,2,\cdots,n;j=1,2,\cdots,m$, 则称矩阵

$$\boldsymbol{\Sigma} \equiv (\sigma_{ij})_{n\times m} = \begin{pmatrix} \sigma_{11} & \sigma_{12} & \cdots & \sigma_{1m} \\ \sigma_{21} & \sigma_{22} & \cdots & \sigma_{2m} \\ \vdots & \vdots & & \vdots \\ \sigma_{n1} & \sigma_{n2} & \cdots & \sigma_{nm} \end{pmatrix} \tag{A.3}$$

为 $\boldsymbol{X}$ 与 $\boldsymbol{Y}$ 的**协方差矩阵** (covariance matrix), 记为 $\mathbf{Cov}(\boldsymbol{X},\boldsymbol{Y})$, 即 $\boldsymbol{\Sigma}=\mathbf{Cov}(\boldsymbol{X},\boldsymbol{Y})$, 而称 $\mathbf{Cov}(\boldsymbol{X},\boldsymbol{X})$ 为 $\boldsymbol{X}$ 的**协方差矩阵**, 记为 $\mathbf{Cov}(\boldsymbol{X})$.

协方差矩阵具有如下性质:

(1) $\mathbf{Cov}(\boldsymbol{X},\ \boldsymbol{Y}) = E\{[\boldsymbol{X}-E(\boldsymbol{X})][\boldsymbol{Y}-E(\boldsymbol{Y})]^{\mathrm{T}}\}$;

(2) $\mathbf{Cov}(\boldsymbol{X},\ \boldsymbol{Y}) = E(\boldsymbol{X}\boldsymbol{Y}^{\mathrm{T}}) - [E(\boldsymbol{X})][E(\boldsymbol{Y})]^{\mathrm{T}}$;

(3) $\mathbf{Cov}(\boldsymbol{X})$ 非负定, 即 $\mathbf{Cov}(\boldsymbol{X}) \geqslant \mathbf{0}$.

在定义 A.2 中, 若记 X_i 与 Y_j 的相关系数为 ρ_{ij}, $i=1,2,\cdots,n;j=1,2,\cdots,m$, 则称矩阵

$$\boldsymbol{\rho} \equiv (\rho_{ij})_{n\times m} \tag{A.4}$$

为 $\boldsymbol{X}$ 与 $\boldsymbol{Y}$ 的**相关系数矩阵** (correlation coefficient matrix).

一般地, n 维随机向量的分布难以获得, 即使可以获得通常也比较复杂, 以致在数学上不易处理, 因此, 在实际中协方差矩阵和相关系数矩阵就显得尤为重要.

2. 多维正态分布

为后续应用方便, 下面用矩阵给出多维正态分布的概念和性质.

1) 二维正态概率密度函数的矩阵形式

设 $(X,\ Y) \sim N(\mu_1,\ \mu_2,\sigma_1^2,\ \sigma_2^2,\ \rho)$, 利用矩阵的运算, 我们可以将其概率密度函数 $f(x,y)$(见 (3.12) 式) 写成如下的矩阵形式

$$f(x,\ y) = \frac{1}{(2\pi)^{\frac{2}{2}}|\boldsymbol{\Sigma}|^{\frac{1}{2}}} \exp\left\{-\frac{1}{2}(\boldsymbol{x}-\boldsymbol{\mu})^{\mathrm{T}}\boldsymbol{\Sigma}^{-1}(\boldsymbol{x}-\boldsymbol{\mu})\right\}, \tag{A.5}$$

其中 $\boldsymbol{x} = (x_1, x_2)^{\mathrm{T}}$, $\boldsymbol{\mu} = (\mu_1, \mu_2)^{\mathrm{T}}$, $\boldsymbol{\Sigma} = \begin{pmatrix} \sigma_{11} & \sigma_{12} \\ \sigma_{21} & \sigma_{22} \end{pmatrix} = \begin{pmatrix} \sigma_1^2 & \rho\sigma_1\sigma_2 \\ \rho\sigma_1\sigma_2 & \sigma_2^2 \end{pmatrix}$ 为 (X, Y) 的协方差矩阵, 其行列式 $|\boldsymbol{\Sigma}| = (1 - \rho^2)\,\sigma_1^2\,\sigma_2^2$, 其逆矩阵 $\boldsymbol{\Sigma}^{-1} = \dfrac{1}{|\boldsymbol{\Sigma}|} \begin{pmatrix} \sigma_2^2 & -\rho\sigma_1\sigma_2 \\ -\rho\sigma_1\sigma_2 & \sigma_1^2 \end{pmatrix}$.

若记 $\boldsymbol{X} = (X, Y)^{\mathrm{T}}$, 则 $(X, Y) \sim N(\mu_1, \mu_2, \sigma_1^2, \sigma_2^2, \rho)$ 就可简记为 $\boldsymbol{X} \sim N_2(\boldsymbol{\mu}, \boldsymbol{\Sigma})$.

2) n 维正态分布

(A.5) 式容易推广到 n 维的情形. 记 $\boldsymbol{x} = (x_1, x_2, \cdots, x_n)^{\mathrm{T}}$, 并设 $\boldsymbol{\mu} = (\mu_1, \mu_2, \cdots, \mu_n)^{\mathrm{T}}$ 为常数向量, $\boldsymbol{\Sigma}$ 为某一 n 阶正定矩阵, 若随机向量 $\boldsymbol{X} = (X_1, X_2, \cdots, X_n)^{\mathrm{T}}$ 的联合概率密度函数

$$f(x_1, x_2, \cdots, x_n) = \frac{1}{(2\pi)^{\frac{n}{2}} |\boldsymbol{\Sigma}|^{\frac{1}{2}}} \exp\left\{ -\frac{1}{2}(\boldsymbol{x} - \boldsymbol{\mu})^{\mathrm{T}} \boldsymbol{\Sigma}^{-1}(\boldsymbol{x} - \boldsymbol{\mu}) \right\}, \qquad \text{(A.6)}$$

则称 $\boldsymbol{X}$ 服从 n 维正态分布, 记为 $\boldsymbol{X} \sim N_n(\boldsymbol{\mu}, \boldsymbol{\Sigma})$.

n 维正态随机向量 $\boldsymbol{X}$ 具有以下重要性质:

若 $\boldsymbol{X} = (X_1, X_2, \cdots, X_n)^{\mathrm{T}} \sim N_n(\boldsymbol{\mu}, \boldsymbol{\Sigma})$, 则

(1) $\boldsymbol{\mu} = E(\boldsymbol{X})$, $\boldsymbol{\Sigma} = \mathrm{Cov}(\boldsymbol{X})$;

(2) $X_1, X_2, \cdots, X_n$ 相互独立的充要条件是它们两两不相关或协方差矩阵 $\boldsymbol{\Sigma}$ 为对角阵;

(3) 若每个 Y_j 都是 $X_1, X_2, \cdots, X_n$ 的线性函数, $j = 1, 2, \cdots, m$, 即存在常数矩阵 $\boldsymbol{A} \equiv (a_{ij})_{m \times n}$ 使 $\boldsymbol{Y} = (Y_1, Y_2, \cdots, Y_m)^{\mathrm{T}} = \boldsymbol{AX}$, 则 $\boldsymbol{Y} = \boldsymbol{AX} \sim N_m(\boldsymbol{A}\boldsymbol{\mu}, \boldsymbol{A}\boldsymbol{\Sigma}\boldsymbol{A}^{\mathrm{T}})$.

结论 (3) 表明, 正态 (随机) 向量的线性变换仍然是正态 (随机) 向量. 特别地, 正态向量的每个分量都是正态变量.

本章附录 B

1. Γ-函数的概念

定义 B.1　Γ-函数定义为

$$\Gamma(s) \equiv \int_0^{+\infty} x^{s-1}\mathrm{e}^{-x}\mathrm{d}x \quad (s > 0). \qquad \text{(B.1)}$$

2. Γ-函数的性质

(1) 递推公式 $\Gamma(s+1) = s \cdot \Gamma(s) \,(s > 0)$. (B.2)

证明 $\begin{aligned}
\Gamma(s+1) &= \int_0^{+\infty} x^s \mathrm{e}^{-x} \mathrm{d}x = \lim_{b \to +\infty} \lim_{\varepsilon \to +0} \int_\varepsilon^b x^s \mathrm{e}^{-x} \mathrm{d}x \\
&= \lim_{b \to +\infty} \lim_{\varepsilon \to +0} \left[(-x^s \mathrm{e}^{-x})_\varepsilon^b + s \int_\varepsilon^b x^{s-1} \mathrm{e}^{-x} \mathrm{d}x \right] \\
&= s \int_0^{+\infty} x^{s-1} \mathrm{e}^{-x} \mathrm{d}x \\
&= s\Gamma(s).
\end{aligned}$ $\square$

由 (B.1) 显然有

$$\Gamma(1) = \int_0^{+\infty} \mathrm{e}^{-x} \mathrm{d}x = 1. \tag{B.3}$$

一般地, 对任何正整数 n, 有

$$\Gamma(n+1) = n\,!. \tag{B.4}$$

(2) 当 $s \to +0$ 时, $\Gamma(s) \to +\infty$.

证明 因为 $\Gamma(s) = \dfrac{\Gamma(s+1)}{s}$, $\Gamma(1) = 1$, 所以当 $s \to +0$ 时, $\Gamma(s) \to +\infty$. $\square$

(3) 换元公式

$$\begin{aligned}
\Gamma(s) &= \int_0^{+\infty} x^{s-1} \mathrm{e}^{-x} \mathrm{d}x \quad (\text{令 } x = u^2) \\
&= 2 \int_0^{+\infty} u^{2s-1} \mathrm{e}^{-u^2} \mathrm{d}u.
\end{aligned} \tag{B.5}$$

若再令 $2s - 1 = t$, 便有

$$\int_0^{+\infty} u^t \mathrm{e}^{-u^2} \mathrm{d}u = \frac{1}{2} \Gamma\left(\frac{1+t}{2}\right) \quad (t > -1), \tag{B.6}$$

显然由 (B.6) 有: 当 $s = \dfrac{1}{2}$ 时,

$$2 \int_0^{+\infty} u^{2s-1} \mathrm{e}^{-u^2} \mathrm{d}u = 2 \int_0^{+\infty} \mathrm{e}^{-u^2} \mathrm{d}u = \Gamma\left(\frac{1}{2}\right) = \sqrt{\pi},$$

即

$$\int_0^{+\infty} \mathrm{e}^{-u^2} \mathrm{d}u = \frac{\sqrt{\pi}}{2}. \tag{B.7}$$

(4) 当 n 为正整数时,

$$\int_0^{+\infty} x^{2n+1}\mathrm{e}^{-x^2}\mathrm{d}x = \frac{1}{2}\Gamma(n+1);$$ (B.8)

$$\Gamma\left(n+\frac{1}{2}\right) = \frac{1\cdot 3\cdot 5\cdot\cdots\cdot(2n-1)}{2^n}\sqrt{\pi} = \frac{(2n-1)!!}{2^n}\sqrt{\pi}.$$ (B.9)

本章的 MATLAB 命令简介

为了便于计算服从不同分布的随机变量的数学期望和方差, MATLAB 在其统计工具箱中提供了一组 stat 函数, 它们的 MATLAB 命令语言概括在表 4.15 中. 当需要计算某种分布的数学期望和方差时, 可直接调用表中的函数命令进行处理.

表 4.15

数学期望与方差函数 (stat)		
输入—— 分布的参数 (可以是向量或矩阵). 一个函数的输入若为向量或矩阵, 则都应同阶, 此时输出 M 和 V 也分别是相应的同阶向量或矩阵 (对应相应分布). 输出—— 分布的特征: $M = E(X)$(数学期望), $V = D(X)$(方差)		
分布名称	函数命令	使用说明
二项分布 (bino): $X \sim B(n,p)$	[M,V]=binostat(n, p)	n 自然数, $p \in (0,1)$
泊松分布 (poiss): $X \sim P(\lambda)$	[M,V]=poisstat(λ)	$\lambda > 0$
几何分布 (geo): $X \sim G(p)$	[M,V]=geostat(p)	$p \in (0,1)$
均匀分布 (unif): $X \sim U(a,b)$	[M,V]=unifstat(a,b)	$a < b$
指数分布 (exp): $X \sim \mathrm{Exp}(\lambda)$	[M,V]= expstat(μ)	$\lambda = \frac{1}{\mu}$
正态分布 (norm): $X \sim N(\mu,\sigma^2)$	[M,V]=normstat(μ,σ)	$\sigma > 0$

实例示范:

1. 设 $X \sim B(500, 0.01)$, $n = 500$, $p = 0.01$, 求 $E(X), D(X)$.

这可以用函数命令 [M, V] =binostat(n, p) 实现:

>> [m, v] =binostat(500, 0.01)

m=5 (即 $E(X)$);

v=4.9500 (即 $D(X)$).

2. 求六个均匀分布 $U(a, b)$ 的数学期望和方差, 其中参数 $a = 1,2,3,4,5,6$, 而 b 分别是 a 的 2 倍.

这可以用函数命令 $[M, V] = \text{unifstat}(a, b)$ 实现:

$>> a = 1:6$;

$>> b = 2 * a;$

$>> [m, v] = \text{unifstat}(a, b)$

m=1.5000 3.0000 4.5000 6.0000 7.5000 9.0000

v =0.0833 0.3333 0.7500 1.3333 2.0833 3.0000.

习　题　4

1. 设 X 服从参数为 1 的指数分布, 求 $E\left(2X + e^{-2X}\right)$.

2. 设随机变量 X 的分布律为 $P\left\{X = (-1)^{j+1}\dfrac{3^j}{j}\right\} = \dfrac{2}{3^j}, j = 1, 2, \cdots,$ 证明 X 的数学期望不存在.

3. 设 $X \sim B(n, p)$, 已知 $E(X) = 12, D(X) = 4$, 求 n 和 p.

4. 设 $X \sim P(\lambda)$, 求 $E\left(\dfrac{1}{1 + X}\right)$.

5. 甲、乙两人各自独立地向同一目标射击一次, 命中率分别为 p_1 和 p_2, 以 X 表示命中目标的人数, 求 $E(X), D(X)$.

6. 设随机变量 $X \sim P(\lambda)$, 已知 $E[(X-1)(X-2)] = 1$, 求 λ.

7. 将 n 只球 (编号为 $1, 2, \cdots, n$) 随机地放进 n 只盒子 (编号为 $1, 2, \cdots, n$) 中去, 一只盒子装一只球, 若一只球装入与球同号的盒子中, 称为一个配对, 设 X 为总的配对数, 求 $E(X)$.

8. 随机变量 X 的概率密度为 $f(x) = \begin{cases} \dfrac{1}{2}\cos\dfrac{x}{2}, & 0 \leqslant x \leqslant \pi, \\ 0, & \text{其他}, \end{cases}$ 对 X 独立重复观察 4 次, 用 Y 表示观察值大于 $\dfrac{\pi}{3}$ 的次数, 求 $E(Y^2)$.

9. 设随机变量 X 的概率密度函数为 $f(x) = \begin{cases} \dfrac{1}{\theta} e^{-\frac{x}{\theta}}, & x > 0, \\ 0, & \text{其他}, \end{cases}$ 其中 $\theta > 0$, 求 $E(X)$ 和 $D(X)$.

10. 设 X 为随机变量, c 为常数, 证明 $D(X) \leqslant E(X - c)^2$.

11. 设随机变量 X 的期望存在, 概率密度函数为 $f(x)$, 若对任意 x, 有

$$f(a + x) = f(a - x),$$

证明 $E(X) = a$.

12. 设随机变量 X 的概率密度函数为 $f(x) = \begin{cases} 1 + x, & -1 \leqslant x \leqslant 0, \\ 1 - x, & 0 < x \leqslant 1, \\ 0, & \text{其他}, \end{cases}$ 求 $E(X)$ 和 $D(X)$.

13. 设随机变量 (X, Y) 的概率密度函数为 $f(x, y) = \begin{cases} \dfrac{3}{4}, & 0 < y \leqslant 1 - x^2, \\ 0, & \text{其他,} \end{cases}$　求 $E(X)$,

$E(Y)$, $E(XY)$ 和 ρ_{XY}.

14. 设 (X, Y) 服从二维正态分布, 且 $X \sim N(1, 3^2)$, $Y \sim N(0, 4^2)$, $\rho_{XY} = -\dfrac{1}{2}$, 设

$Z = \dfrac{X}{3} + \dfrac{Y}{2}$, 求 $E(Z), D(Z)$ 和 ρ_{XZ}.

15. 设 (X, Y) 服从圆: $x^2 + y^2 \leqslant 4$ 上的均匀分布. (1) 求 ρ_{XY}; (2) 判断 X 与 Y 独立吗?

16. 设一部机器在一天内发生故障的概率为 0.2, 机器发生故障时全天停止工作, 若一周 5 个工作日里无故障, 可获利润 10 万元; 发生一次故障仍可获利润 5 万元; 发生两次故障所获利润 0 元; 发生三次或三次以上故障就要亏损 2 万元, 问一周内期望利润是多少?

17. 设 (X, Y) 的联合密度函数为 $f(x, y) = \begin{cases} cy, & 0 \leqslant y \leqslant x \leqslant 1, \\ 0, & \text{其他,} \end{cases}$　求 c 及 ρ_{XY}.

18. 设 X 与 Y 相互独立同分布, 且 $X \sim N(0, \sigma^2)$, 令 $U = \alpha X + \beta Y, V = \alpha X - \beta Y$, α, β 为常数, 求 ρ_{UV}.

19. 一枚硬币重复掷 n 次, 以 X 和 Y 分别表示正面向上和反面向上的次数, 求 ρ_{XY}.

20. 设 X 与 Y 相互独立且均服从 $N(0, \sigma^2)$, 证明 $E[\max(X, Y)] = \dfrac{\sigma}{\sqrt{\pi}}$.

21. 某人有 n 把钥匙, 其中只有一把能打开门, 从中任取一把试开, 试就下列两种情况, 求试开次数 X 的期望和方差: (1) 不能打开的钥匙不放回; (2) 不能打开的钥匙仍放回.

22. 设 X 与 Y 相互独立, 且均服从 $N(0, 1)$, 求 $D(XY)$.

23. 设随机变量 X 的概率密度函数为 $f(x) = \begin{cases} \dfrac{x^m}{m!}\,\mathrm{e}^{-x}, & x \geqslant 0, \\ 0, & \text{其他,} \end{cases}$　求 $E(X)$ 和 $D(X)$.

24. 设 (X, Y) 的联合密度函数为 $f(x, y) = \begin{cases} \dfrac{3}{8}, & |y| \leqslant 1 - x^2, |x| \leqslant 1, \\ 0, & \text{其他,} \end{cases}$　试判断 X 与

Y 是否独立? 是否相关?

第 4 章测试题

第 5 章　大数定律和中心极限定理

大数定律和中心极限定理是概率论的重要基本理论, 它们揭示了随机现象的重要统计规律, 在概率论与数理统计的理论研究和实际应用中都具有重要的意义. 本章将介绍这方面的主要内容.

5.1　大　数　定　律

迄今为止, 人们已发现很多**大数定律** (law of large numbers). 所谓大数定律, 简单地说, 就是大量数目的随机变量所呈现出的规律, 这种规律一般用随机变量序列的某种收敛性来刻画. 本章仅介绍几个最基本的大数定律. 下面, 先介绍一个重要的不等式.

1. 切比雪夫 (P. L. Chebyshev, 1821—1894) 不等式

对于任一随机变量 X, 若 $E(X)$ 与 $D(X)$ 均存在, 则对任意 $\varepsilon > 0$, 恒有

$$P\{|X - E(X)| \geqslant \varepsilon\} \leqslant \frac{D(X)}{\varepsilon^2}. \tag{5.1}$$

证明　我们仅给出 X 为连续型随机变量情形下的证明. 设 $f(x)$ 为连续型随机变量 X 的密度函数, 则 (图 5.1)

$$P\{|X - E(X)| \geqslant \varepsilon\} = \int_{|x-E(X)|\geqslant\varepsilon} f(x)\mathrm{d}x \leqslant \int_{|x-E(X)|\geqslant\varepsilon} \frac{|x - E(X)|^2}{\varepsilon^2} f(x)\mathrm{d}x$$

$$\leqslant \int_{-\infty}^{+\infty} \frac{|x - E(X)|^2}{\varepsilon^2} f(x)\mathrm{d}x = \frac{1}{\varepsilon^2}D(X). \qquad \square$$

(5.1) 式的等价形式为

$$P\{|X - E(X)| < \varepsilon\} > 1 - \frac{D(X)}{\varepsilon^2}. \tag{5.2}$$

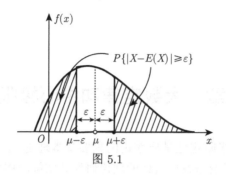

图 5.1

切比雪夫不等式说明, 随机变量 X 取值落在以均值 $\mu = E(X)$ 为中心、ε 为半径的开区间外的概率不超过 $D(X)/\varepsilon^2$ (图 5.1), 而落在上述开区间内的概率大于 $1 - D(X)/\varepsilon^2$ (显然, 当 $\varepsilon^2 < D(X)$ 时, 不等式就没什么作用了). $D(X)$ 越小, 则 $P\{|X - E(X)| \geqslant \varepsilon\}$ 越小, $P\{|X - E(X)| < \varepsilon\}$ 越大, 也就是说, 随机变量 X 取值基本上集中在 $E(X)$ 附近, 这进一步说明了方差的意义. 同时当 $E(X)$ 和 $D(X)$ 已知时, 切比雪夫不等式给出了概率 $P\{|X - E(X)| \geqslant \varepsilon\}$ 的一个上界, 该上界并不涉及随机变量 X 的具体概率分布, 而只与其方差 $D(X)$ 和 ε 有关, 因此, 切比雪夫不等式在理论和实际中都有相当广泛的应用.

需要指出的是, 虽然切比雪夫不等式应用广泛, 但在一个具体问题中, 由它给出的概率上界通常比较保守, 见下例.

例 5.1 设某电网有 10000 盏电灯, 夜间每盏灯亮的概率均为 0.7, 假定所有灯的工作状态相互独立, 试用切比雪夫不等式估计夜间亮着的灯数在 6800 盏到 7200 盏之间的概率.

解 令 X 表示在夜间亮着的电灯盏数, 则 $X \sim B(10000, 0.7)$, 并且

$$E(X) = np = 7000, \quad D(X) = np(1 - p) = 2100.$$

由切比雪夫不等式可得

$$
\begin{aligned}
P\{6800 < X < 7200\} &= P\{|X - 7000| < 200\} \\
&= P\{|X - E(X)| < 200\} \geqslant 1 - \frac{D(X)}{200^2} \\
&= 1 - \frac{2100}{200^2} \approx 0.95.
\end{aligned}
$$

例 5.1 说明, 夜间亮着的灯数在 6800 盏到 7200 盏之间的概率 $P\{6800 < X < 7200\}$ 不低于 95%, 但切比雪夫不等式却不能推出这个概率究竟有多大. 不

过, 利用二项分布的概率公式可更精确地求得

$$P\{6800 < X < 7200\} = \sum_{k=6801}^{7199} C_{10000}^{k}(0.7)^{k}(1-0.7)^{10000-k} \approx 0.99999.$$

可见, 切比雪夫不等式给出的概率下界确实有些保守.

2. 大数定律

在叙述大数定律之前, 首先介绍两个基本概念.

定义 5.1 设 $X_1, X_2, \cdots, X_n, \cdots$ 为一个随机变量序列, 记为 $\{X_n\}$, 若对任意 $n \geqslant 2$, 随机变量 $X_1, X_2, \cdots, X_n$ 都相互独立, 则称 $\{X_n\}$ 是**相互独立的随机变量序列**.

定义 5.2 设 $\{X_n\}$ 为随机变量序列, X 为一随机变量或常数, 若对任意 $\varepsilon > 0$, 都有

$$\lim_{n \to \infty} P\{|X_n - X| < \varepsilon\} = 1,$$

则称 $\{X_n\}$ **依概率收敛于** X, 记为 $X_n \xrightarrow{P} X$ 或 $X_n - X \xrightarrow{P} 0, n \to \infty$.

下面是一个带普遍性结果的大数定律.

定理 5.1(切比雪夫大数定律) 设 $\{X_n\}$ 是相互独立的随机变量序列, 并且 $E(X_i)$ 和 $D(X_i)$ 均存在, $i = 1, 2, \cdots$, 且存在常数 C, 使

$$D(X_i) \leqslant C, \quad i = 1, 2, \cdots,$$

则对任意的 $\varepsilon > 0$, 都有

$$\lim_{n \to \infty} P\left\{ \left| \frac{1}{n} \sum_{i=1}^{n} X_i - \frac{1}{n} \sum_{i=1}^{n} E(X_i) \right| < \varepsilon \right\} = 1, \tag{5.3}$$

即 $\dfrac{1}{n} \sum\limits_{i=1}^{n} X_i - \dfrac{1}{n} \sum\limits_{i=1}^{n} E(X_i) \xrightarrow{P} 0 \ (n \to \infty)$.

证明 因 $\{X_n\}$ 为独立随机变量序列, 故

$$D\left(\frac{1}{n} \sum_{i=1}^{n} X_i \right) = \frac{1}{n^2} \sum_{i=1}^{n} D(X_i) \leqslant \frac{C}{n}.$$

根据切比雪夫不等式可得

$$P\left\{\left|\frac{1}{n}\sum_{i=1}^{n}X_i - \frac{1}{n}\sum_{i=1}^{n}E(X_i)\right| < \varepsilon\right\} = P\left\{\left|\frac{1}{n}\sum_{i=1}^{n}X_i - E\left(\frac{1}{n}\sum_{i=1}^{n}X_i\right)\right| < \varepsilon\right\}$$

$$\geqslant 1 - \frac{D\left(\dfrac{1}{n}\sum\limits_{i=1}^{n}X_i\right)}{\varepsilon^2} \geqslant 1 - \frac{C}{n\varepsilon^2},$$

所以

$$1 - \frac{C}{n\varepsilon^2} \leqslant P\left\{\left|\frac{1}{n}\sum_{i=1}^{n}X_i - \frac{1}{n}\sum_{i=1}^{n}EX_i\right| < \varepsilon\right\} \leqslant 1.$$

利用计算极限的夹逼准则可知, (5.3) 式成立.   □

本结果由数学家切比雪夫于 1866 年证明, 是关于大数定律的普遍结果, 许多大数定律的古典结果都是它的特例.

推论 5.1 设 $\{X_n\}$ 是独立同分布的随机变量序列, 且

$$E(X_i) = \mu, \quad D(X_i) = \sigma^2, \quad i = 1, 2, \cdots,$$

则对任意 $\varepsilon > 0$, 都有

$$\lim_{n\to\infty} P\left\{\left|\frac{1}{n}\sum_{i=1}^{n}X_i - \mu\right| < \varepsilon\right\} = 1. \tag{5.4}$$

证明 只需将 $\dfrac{1}{n}\sum\limits_{i=1}^{n}E(X_i) = \dfrac{1}{n}\sum\limits_{i=1}^{n}\mu = \mu$ 代入 (5.3) 式即证 (5.4) 式成立.

推论 5.1 说明, 随着 n 的增大, 独立同分布的随机变量的平均值落在总体均值 μ 附近的概率变大; 当 n 足够大时, 此概率趋近于 1 (图 5.2). 这就是算术平均值法则的理论依据. 如我们要测量某段距离, 在相同条件下重复进行 n 次, 得到 n 个测量值 $X_1, X_2, \cdots, X_n$, 它们可以看成 n 个相互独立的随机变量, 具有相同的分布、相同的数学期望 μ 和方差 σ^2, 由推论 5.1 知, 只要 n 充分大, 则以接近于 1 的概率保证 $\dfrac{1}{n}\sum\limits_{i=1}^{n}X_i \approx \mu$. 这便是大量随机变量平均后所呈现出来的客观规律, 故称为大数定律.

比推论 5.1 条件更宽的一个大数定律是**辛钦** (A. Y. Khinchin, 1894—1959) **大数定律**, 它不需要推论 5.1 条件中 "方差 $D(X_i)$ 存在" 的限制, 而在其他条件不变的情况下, 仍有 (5.4) 式的结论.

推论 5.2 (伯努利大数定律) 设事件 A 发生的概率为 p, 在 n 重伯努利试验中 A 发生的频率为 f_n, 则对任意的 $\varepsilon > 0$, 有

$$\lim_{n\to\infty} P\{|f_n - p| < \varepsilon\} = 1, \tag{5.5}$$

即 $f_n \xrightarrow{P} p,\ n \to \infty$.

证明 首先引入一随机变量序列 $\{X_n\}$, 对每个 X_i 取值如下:

$$X_i = \begin{cases} 0, & \text{第 } i \text{ 次试验中} A \text{ 不发生}, \\ 1, & \text{第 } i \text{ 次试验中} A \text{ 发生}, \end{cases} \quad i = 1, 2, \cdots, n,$$

则 $X_i \sim B(1, p),\ i = 1, 2, \cdots, n$. 从而, $E(X_i) = p,\ D(X_i) = p(1-p),\ i = 1, 2, \cdots, n$. 将 $\dfrac{1}{n}\sum\limits_{i=1}^{n} X_i = f_n$ 一并代入 (5.4) 式便得 (5.5) 式. $\quad\square$

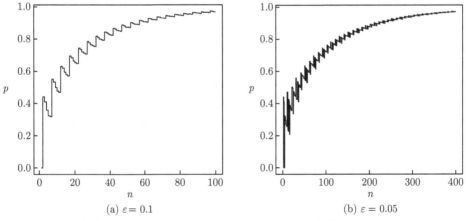

(a) $\varepsilon = 0.1$ (b) $\varepsilon = 0.05$

图 5.2 当独立随机变量 $X_i \sim B(1, 0.7)$ 时, (5.4) 式左端概率随 n 的变化情况

这是历史上最早的大数定律, 是伯努利在 1713 年建立的. 概率论的研究到现在有 300 多年的历史, 作为这门学科的基础, "概率" 定义的合理性一直是悬而未决的根本性问题, 正是这个大数定律从理论上解决了这个问题, 建立了概率的统计定义, 为概率论的公理化体系奠定了理论基础. 大数定律之所以被称为 "定律", 是这一规律表述了一种全人类多年的集体经验, 因此, 对其后的类似定理统称为大数定律.

根据大数定律, 对充分大的 n, 有 $P\left\{\left|\dfrac{1}{n}\sum\limits_{i=1}^{n} X_i - \dfrac{1}{n}\sum\limits_{i=1}^{n} E(X_i)\right| < \varepsilon\right\} \approx 1$ 和

$P\left\{\left|\dfrac{1}{n}\sum_{i=1}^{n}X_i-\dfrac{1}{n}\sum_{i=1}^{n}E(X_i)\right|\geqslant\varepsilon\right\}\approx 0$, 根据实际推断原理, 概率论中把概率接近于 1 和 0 的这两类特别的随机事件实际上当作非随机事件来处理, 也就不能引起人们的重视. 但伯努利正是通过对这种所谓 "非随机事件" 的研究, 以严谨的极限形式, 揭示了这两类事件的规律, 由此解决了概率论与数理统计的一系列问题.

本节思考题

1. 切比雪夫不等式很经典, 但也有些保守, 目前, 有没有进一步的改进结果?
2. 伯努利大数定律的理论意义是什么? 与第 1 章有什么联系?

本节测试题

1. 随机地掷 6 颗骰子, 利用切比雪夫不等式估计 6 颗骰子出现点数之和在 15 点到 27 点之间的概率.

2. 若随机变量 X 服从参数为 $\dfrac{1}{2}$ 的指数分布, 用切比雪夫不等式估计 $P\{|X-2|\geqslant 2\}$ 的范围.

3. 若随机变量 X 与 Y 满足 $E(X)=2E(Y),D(X)=\dfrac{1}{9}D(Y)$, 且相关系数 $\rho=\dfrac{3}{8}$. 试利用切比雪夫不等式估计概率 $P\{|X-\dfrac{1}{2}Y|\geqslant\sqrt{D(Y)}\}$ 的上界.

5.2　中心极限定理

人们已经知道, 在自然界和生产实践中遇到的大量随机变量都服从或近似服从正态分布, 正因如此, 正态分布占有特别重要的地位. 那么, 如何判断一个随机变量服从正态分布显得尤为重要. 经过长期的观测, 人们已经知道, 很多工程测量中产生的误差 X 都是服从正态分布的随机变量. 分析起来, 造成误差的原因有仪器偏差 X_1、大气折射偏差 X_2、温度变化偏差 X_3、估读误差造成的偏差 X_4 等等, 这些偏差 X_i 对总误差 X 的影响都很微小, 没有一个起到特别突出的影响. 类似的情况通常是: 虽然 X_i 的分布并不知道, 但 $X=\sum X_i$ 却近似服从正态分布.

一般地, 设随机变量序列为 $\{X_n\}$, $S_n=\sum_{i=1}^{n}X_i$, "部分和" 序列 $\{S_n\}$ 的标准化随机变量

$$Y_n=\frac{S_n-E(S_n)}{\sqrt{D(S_n)}}. \tag{5.6}$$

在什么条件下, $\lim\limits_{n\to\infty}P\{Y_n\leqslant x\}=\varPhi(x)$? 这是 18 世纪以来概率论研究的中心课题. 因而, 从 20 世纪 20 年代开始, 人们习惯上把研究随机变量之和 S_n 的

分布收敛到正态分布的这类定理称为**中心极限定理** (central limit theorem, CLT). 这里仅介绍独立同分布场合下的中心极限定理.

定理 5.2 (林德伯格–莱维 (Lindeberg-Lévy) 中心极限定理) 设 $\{X_n\}$ 是相互独立同分布的随机变量序列,

$$E(X_i) = \mu, \quad D(X_i) = \sigma^2, \quad 0 < \sigma^2 < +\infty, \quad i = 1, 2, \cdots,$$

则对任意的实数 x, 总有

$$\lim_{n \to \infty} P\left\{ \frac{\sum\limits_{i=1}^{n} X_i - E\left(\sum\limits_{i=1}^{n} X_i\right)}{\sqrt{D\left(\sum\limits_{i=1}^{n} X_i\right)}} \leqslant x \right\} = \lim_{n \to \infty}\left\{ \frac{\sum\limits_{i=1}^{n} X_i - n\mu}{\sqrt{n}\sigma} \leqslant x \right\} = \Phi(x). \quad (5.7)$$

本定理说明, 无论 X_n 服从什么分布, 只要 $\{X_n\}$ 独立同分布, 那么当 n 足够大时, 其和 $S_n = \sum\limits_{i=1}^{n} X_i$ 都近似服从正态分布 (如图 5.3 以均匀分布和指数分布为例). 本定理的证明在 20 世纪 20 年代由林德伯格和莱维给出, 因证明较复杂, 在此从略.

由定理 5.2 可知, 当 n 充分大时,

$$\frac{\sum\limits_{i=1}^{n} X_i - n\mu}{\sqrt{n}\sigma} \overset{\text{近似}}{\sim} N(0, 1), \quad (5.8)$$

从而

$$\sum_{i=1}^{n} X_i \overset{\text{近似}}{\sim} N(n\mu, n\sigma^2)$$

或

$$\frac{1}{n}\sum_{i=1}^{n} X_i \overset{\text{近似}}{\sim} N\left(\mu, \frac{\sigma^2}{n}\right). \quad (5.9)$$

另外, 对于任意的实数 $a, b\,(a < b)$ 和较大的 n, 由 (5.8) 式可知

$$P\left\{ a < \frac{\sum\limits_{i=1}^{n} X_i - n\mu}{\sqrt{n}\sigma} \leqslant b \right\} \approx \Phi(b) - \Phi(a). \quad (5.10)$$

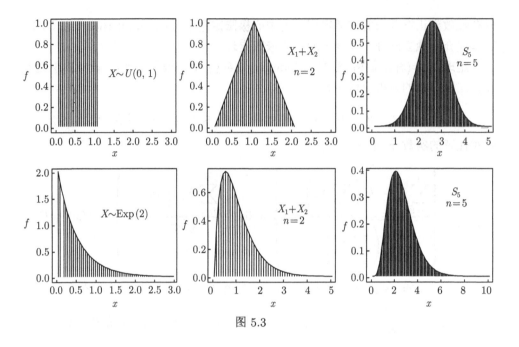

图 5.3

定理 5.2 在概率论中占有特别重要的地位, 由于它对 $\{X_n\}$ 的分布形式没有要求, 因而得到广泛使用. 对于应用者来讲, 只要能把问题抽象为独立同分布的随机变量之和, 且这些随机变量的均值和方差均存在, 便可用 (5.9) 式近似计算概率.

例 5.2　独立地多次测量一个物理量, 每次测量产生的随机误差都服从 $U(-1,1)$.

(1) 若取 n 次测量的算术平均值作为测量结果, 求它与真值差的绝对值小于正数 ε 的概率;

(2) 计算当 $n=36, \varepsilon=\dfrac{1}{6}$ 时上述概率的近似值.

解　(1) 设 X_i 和 Y_i 分别表示第 i 次测量的测量值和测量误差, μ 表示所测物理量的真值, 则

$$X_i = \mu + Y_i, \quad Y_i \sim U(-1,1), \quad i=1,2,\cdots,n,$$

于是

$$E(X_i) = \mu + E(Y_i) = \mu,$$
$$D(X_i) = D(Y_i) = \frac{1}{3}, \quad i=1,2,\cdots,n.$$

由题设条件知 $X_1, X_2, \cdots, X_n$ 是独立同分布的, 当 n 较大时, 由定理 5.2 可得

$$\frac{\frac{1}{n}\sum_{i=1}^{n}X_i - E\left(\frac{1}{n}\sum_{i=1}^{n}X_i\right)}{\sqrt{D\left(\frac{1}{n}\sum_{i=1}^{n}X_i\right)}} = \frac{\frac{1}{n}\sum_{i=1}^{n}X_i - \mu}{\sqrt{\frac{1}{3n}}} \overset{\text{近似}}{\sim} N(0,\ 1),$$

于是, 所求概率为

$$P\left\{\left|\frac{1}{n}\sum_{i=1}^{n}X_i - \mu\right| < \varepsilon\right\} = P\left\{\left|\frac{\frac{1}{n}\sum_{i=1}^{n}X_i - \mu}{\sqrt{\frac{1}{3n}}}\right| < \varepsilon\sqrt{3n}\right\}$$

$$\approx 2\Phi(\varepsilon\sqrt{3n}) - 1.$$

(2) 当 $n = 36$, $\varepsilon = \dfrac{1}{6}$ 时, 所求概率

$$P\left\{\left|\frac{1}{36}\sum_{i=1}^{36}X_i - \mu\right| < \frac{1}{6}\right\} \approx 2\Phi\left(\frac{1}{6}\sqrt{3\times 36}\right) - 1 = 0.9164.$$

推论 5.3(棣莫弗–拉普拉斯 (De Moivre-Laplace) 定理) 设 $\{X_n\}$ 为相互独立的随机变量序列, 且 $X_i \sim B(1,p)$, $0 < p < 1$, $i = 1,2,\cdots,n$, 则对任意实数 x, 有

$$\lim_{n\to\infty} P\left\{\frac{\sum_{i=1}^{n}X_i - np}{\sqrt{np(1-p)}} \leqslant x\right\} = \Phi(x). \tag{5.11}$$

证明 只需将 $E(X_i) = p$, $D(X_i) = p(1-p)$, $i = 1,2,\cdots,n$ 代入 (5.7) 式便得 (5.11) 式.

这是历史上最早的中心极限定理, 棣莫弗在 1716 年证明了 $p = \dfrac{1}{2}$ 的情形, 后来拉普拉斯将结果推广到一般情形. 如图 5.4 所示, $p = 0.7$, 当 n 足够大时, 二项分布近似正态分布.

对较大的 n, 由 (5.11) 式或 (5.8) 式可知

$$\sum_{i=1}^{n}X_i \overset{\text{近似}}{\sim} N(np,\ np(1-p)). \tag{5.12}$$

令 $S_n = \sum\limits_{i=1}^{n} X_i$, 则由二项分布的可加性知 $S_n \sim B(n, p)$. 于是, 对于任意的实数 $a, b\,(a < b)$ 和较大的 n, 有

$$P\{a < S_n \leqslant b\} = P\left\{\frac{a - np}{\sqrt{np(1-p)}} < \frac{S_n - np}{\sqrt{np(1-p)}} \leqslant \frac{b - np}{\sqrt{np(1-p)}}\right\}$$

$$\approx \Phi(b_1) - \Phi(a_1), \tag{5.13}$$

其中

$$a_1 = \frac{a - np}{\sqrt{np(1-p)}}, \quad b_1 = \frac{b - np}{\sqrt{np(1-p)}}.$$

因为对较大的 n, $P\{S_n = a\}$ 和 $P\{S_n = b\}$ 的值很小, 可忽略不计, 所以还有

$$P\{a \leqslant S_n \leqslant b\} \approx \Phi(b_1) - \Phi(a_1),$$

$$P\{a \leqslant S_n < b\} \approx \Phi(b_1) - \Phi(a_1),$$

$$P\{a < S_n < b\} \approx \Phi(b_1) - \Phi(a_1).$$

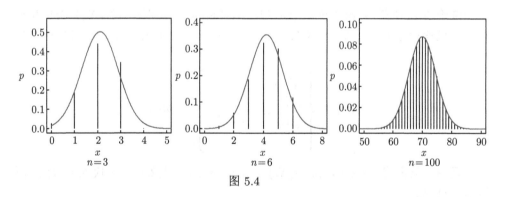

图 5.4

关于这些近似公式的使用, 现作如下说明:

(1) 注意到 $S_n \sim B(n, p)$, 则 (5.13) 式表明, 对固定的 p 和较大的 n, 二项分布可用正态分布逼近.

(2) "较大的 n" 是一个较为模糊的概念, 究竟多大才是 "较大" 要依据实际问题来定. 一般地, 如果 $n \geqslant 50$ (有时亦可放宽到 $n \geqslant 30$), 就可认为是较大的 n.

(3) 第 2 章泊松定理表明, 当 p 很小 (可设想成 p 随 n 的变化趋于 0)、n 较大且 np 不太大时, 二项分布可用泊松分布逼近. 在实际中, 当 $p \leqslant 0.1$, n 较大且

$np \leqslant 5$ 时, 常用泊松分布 (见附表 1) 逼近二项分布; 当 n 较大且 $np > 5$ 时, 常用正态分布作二项分布的近似计算.

例 5.3 现有一大批种子, 其中良种占 $\dfrac{1}{6}$, 今从其中任意选 6000 粒, 试问在这些种子中, 良种所占的比例与 $\dfrac{1}{6}$ 之差的绝对值小于 1% 的概率是多少?

解 选一粒良种可看成一次随机试验, 故选 6000 粒种子可看成 6000 重伯努利试验. 令 X 表示 6000 粒种子中的良种数, 则

$$X \sim B\left(6000, \frac{1}{6}\right), \quad E(X) = 6000 \times \frac{1}{6}, \quad D(X) = 6000 \times \frac{1}{6} \times \frac{5}{6}.$$

由推论 5.3, 可得

$$P\left\{\left|\frac{X}{6000} - \frac{1}{6}\right| < 0.01\right\} = P\left\{\left|\frac{X - 6000 \times \frac{1}{6}}{6000}\right| < 0.01\right\}$$

$$= P\left\{\left|\frac{X - 6000 \times \frac{1}{6}}{\sqrt{6000 \times \frac{1}{6} \times \frac{5}{6}}}\right| \leqslant \frac{0.01 \times \sqrt{6000}}{\sqrt{\frac{1}{6} \times \frac{5}{6}}}\right\}$$

$$\approx 2\Phi(2.078) - 1 = 0.9624.$$

最后, 我们指出大数定律与中心极限定理的区别.

设 $\{X_n\}$ 为独立同分布随机变量序列, 且 $E(X_i) = \mu$, $D(X_i) = \sigma^2 > 0$, 则由定理 5.1 的推论 1, 对于任意的 $\varepsilon > 0$, 有

$$\lim_{n \to \infty} P\left\{\left|\frac{1}{n}\sum_{i=1}^{n} X_i - \mu\right| < \varepsilon\right\} = 1.$$

大数定律并未给出 $P\left\{\left|\dfrac{1}{n}\displaystyle\sum_{i=1}^{n} X_i - \mu\right| < \varepsilon\right\}$ 的表达式, 但保证了其极限是 1.

而在以上条件下, 中心极限 (定理 5.2) 亦成立, 这时, 对于任意的 $\varepsilon > 0$ 及某固定的 n, 有

$$P\left\{\left|\frac{1}{n}\sum_{i=1}^{n} X_i - \mu\right| < \varepsilon\right\} = P\left\{\left|\frac{\sum_{i=1}^{n} X_i - n\mu}{\sqrt{n}\sigma}\right| < \frac{\sqrt{n}\varepsilon}{\sigma}\right\} \approx 2\Phi\left(\frac{\sqrt{n}\varepsilon}{\sigma}\right) - 1.$$

由于 $2\Phi\left(\dfrac{\sqrt{n}\varepsilon}{\sigma}\right) - 1 \xrightarrow{n\to\infty} 1$, 因此, 在所给条件下, 中心极限定理不仅给出了概率的近似表达式, 而且也能保证其极限是 1, 可见, 中心极限定理的结论更强.

本节思考题

1. 中心极限定理的 "中心" 指的是什么? 怎么理解呢?
2. 中心极限定理的理论意义是什么? 都有哪些应用?

本节测试题

1. 已知在某十字路口, 一周事故发生次数的数学期望为 2.2, 标准差为 1.4.

(1) 以 $\overline{X}$ 表示一年 (以 52 周计) 此十字路口事故发生次数的算术平均, 试用中心极限定理求 $\overline{X}$ 的近似分布, 并求 $P(\overline{X} < 2)$;

(2) 求一年事故发生次数小于 100 的概率.

2. 将一颗均匀的骰子重复投掷 n 次, 试讨论当 $n \to \infty$ 时, n 次投掷得到的点数的算术平均值是否依概率收敛? 若收敛, 求其收敛的结果.

3. 设随机变量序列 $\{X_n\}$ 独立同分布, 且服从参数为 2 的指数分布, $\overline{X}$ 是随机变量序列前 200 项的算术平均值, 试求 $P\{\overline{X} \leqslant 2.196\}$.

本章主要知识概括

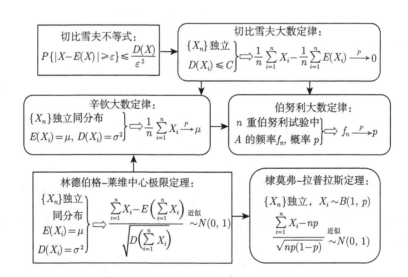

习 题 5

1. 随机地掷六颗骰子, 试利用切比雪夫不等式估计: 六颗骰子出现的点数总和不小于 9 点且不超过 33 点的概率.

2. 设随机变量 X 服从参数为 λ 的泊松分布, 试用切比雪夫不等式证明
$$P\{0 < X < 2\lambda\} \geqslant \frac{\lambda - 1}{\lambda}.$$

3. 设 $\{X_n\}$ 是独立同分布的随机变量序列, 记 $\overline{X} = \frac{1}{n}\sum_{i=1}^{n} X_i$, 在下列情况下, 当 $n \to \infty$ 时, 问 $\overline{X}$ 依概率收敛到什么值?

(1) $X_i \sim P(5)$, $i = 1, 2, \cdots$.

(2) $X_i \sim U[0, \theta]$, $i = 1, 2, \cdots$; 其中 $\theta > 0$.

(3) $X_i \sim N(\mu, \sigma^2)$, $i = 1, 2, \cdots$.

4. 设随机变量 $X_1, X_2, \cdots, X_{100}$ 相互独立, 且均服从相同的指数分布 $\mathrm{Exp}\left(\frac{1}{2}\right)$, 利用中心极限定理求出概率 $P\left\{\sum_{i=1}^{100} X_i < 240\right\}$.

5. 设供电站供应某地区 10000 户居民用电, 各用户情况相互独立, 已知每户用电量 (单位: kW·h) 服从 $U(0, 20)$, 求:

(1) 这 10000 户居民每日总用电量超过 101000kW·h 的概率;

(2) 当以 0.99 的概率保证该地区居民用电量的需要, 问供电站每天至少需向该地区供应多少 kW·h 电?

6. 某种小汽车氧化氮的排放量的数学期望为 0.9g/km, 标准差为 1.9g/km, 某汽车公司有这种小汽车 100 辆, 以 $\overline{X}$ 表示这些车辆氧化氮排放量的算术平均值, 问当 L 为何值时 $\overline{X} > L$ 的概率不超过 0.01.

7. 某药厂断言, 该厂生产的某种药品对于医治一种疑难血液病的治愈率为 0.8, 医院任意抽查 100 个服用此药品的病人, 若其中多于 75 人治愈, 就接受此断言, 否则就拒绝此断言.

(1) 若实际上此药品对这种疾病的治愈率为 0.8, 问接受这一断言的概率是多少?

(2) 若实际上此药品对这种疾病的治愈率为 0.7, 问接受这一断言的概率是多少?

8. 一个复杂系统由 10000 个相互独立的部件组成, 在系统运动期间, 每个部件损坏的概率为 0.1, 又知为使系统正常运行, 至少有 89% 的部件在工作.

(1) 求系统的可靠度 (系统正常运行概率);

(2) 上述系统由 n 个相互独立的部件组成, 而且要求至少有 87% 的部件工作, 才能使系统正常运行. 问 n 至少为多大时, 才能保证系统的可靠度达到 97.72%.

第 5 章测试题

第 6 章　数理统计基本知识

前五章我们主要介绍了事件的概率、随机变量的概率分布以及数字特征等相关知识, 这些内容属于概率论的范畴, 是认识和研究随机现象的重要基础. 从本章起, 我们将陆续介绍数理统计的一些基本概念、基本思想和基本方法.

什么是数理统计？数理统计就是这样一门学科: 它研究如何有效地收集、整理和分析带随机性的数据, 并在设定的模型下, 研究怎样根据这些数据对所涉及的问题作出尽可能合理的统计推断. 因此, 和概率论一样, 数理统计的研究对象也是随机现象, 自然二者有密切的联系. 通常的看法是, 概率论是数理统计的数学基础之一, 数理统计在一定意义上是概率论的重要应用. 不过, 数理统计也只是在 "一定程度上" 是概率论的应用, 并非完全没有自己的特点. 实际上, 数理统计与概率论还是有不少差异的, 主要表现在以下三方面:

(1) 研究的出发点不同. 概率论的出发点是样本空间上的随机事件和随机变量, 而数理统计的出发点是对随机事件或变量进行观测所得到的样本数据, 几乎所有的统计推断都是以样本数据为基础的, 数理统计的目的在一定程度上就是如何 "让数据说话", 如何通过总体的部分观测数据来推断总体的真实特征.

(2) 推理的原理不同. 概率论采用的是演绎推理, 虽然随机事件或随机变量都含有随机性, 但反映这种随机性的概率或概率分布本身都是确定的, 并且在此基础上建立的概率推理结果也是确定的. 数理统计使用的是不完全归纳推理原理, 也就是说, 在一定假设下从部分到整体、从特殊到一般的推理. 因为它依据的是总体的一部分数据, 而要推断的却是整个总体的情况, 所以统计推断是归纳推理. 这样, 对同一问题, 依据的不同数据或采用不同的归纳方法就可导致不同的推断结果. 于是, 数理统计需要研究如何 "作出尽可能合理的统计推断". 从这一点上看, 也有人把数理统计称为收集和分析数据的艺术和科学.

(3) 结果的正确性不同. 概率论所得结果的正确性总是肯定的, 数理统计得出的结果并不是百分之百正确, 总是有出错的可能性. 由于数据是随机的, 因此各种情况都可能发生, 当然也就可能碰巧遇到 "例外" 进而产生错误的推断结果. 好在数理统计对这种情况大都可通过附加一个概率用来刻画结果的不确定性 (见第 7 章的置信区间和第 8 章的假设检验).

注意到上述这些特点, 对学习数理统计是特别有益的. 本章是数理统计的一些基本知识.

6.1 总体与样本

1. 总体

一般我们把研究对象的全体称为总体 (或母体, population), 而把每一个研究对象称为个体 (unit). 例如, 在研究某灯泡厂生产的灯泡质量时, 该厂生产的灯泡全体构成的一个总体, 其中每个灯泡都是个体; 研究某班高等数学课程的成绩时, 该班每个同学都是个体, 全体同学构成一个总体.

在实际问题中, 人们主要关心的是研究对象的某个 (或某些) 数量指标及其在总体中的分布情况, 如研究灯泡的质量时, 关注的是灯泡的使用寿命这一指标; 在研究大学生的体质时, 则主要关心的是大学生的身高、体重、视力等指标. 由于每个个体都有一个 (或多个) 数量指标值, 那么, 所有个体的这些指标值就形成一个集合, 该集合包含了研究指标在总体中的所有可能取值, 或者说, 该集合就由研究指标的所有可能取值构成. 比如, 某厂灯泡的寿命指标, 其所有可能的取值就是所有具体灯泡寿命值; 某班的高等数学成绩这一指标的取值就是该班所有同学的高等数学成绩. 在数理统计中, 我们关心的并不是每个个体的具体指标特征, 而关心的正是总体的指标特征. 要研究总体的指标, 就要进行试验或观测. 由于预先不知道观测到的是哪个个体, 因而观测到的相应指标值也就不能预先确定, 完全是随机的. 这样, 总体的指标就是一个随机变量, 其分布完全描述了指标在总体中的分布状况. 于是, 在数理统计中就把**总体**定义为服从某一分布的随机变量 X (数量指标), 称其概率分布为**总体的分布**, 而每个**个体**对应随机变量 X 的一个具体观测值. 前述所有个体的指标值集合就是总体 X 的所有可能取值的集合.

2. 样本

我们知道, 研究总体离不开研究它的个体. 但在许多实际问题中, 不可能对每个个体逐一进行研究, 而只能从总体中抽取一部分个体进行观测 (或试验), 根据对这部分个体的观测结果来推断总体的分布情况.

一般地, 如果从总体中按一定规则抽取 n 个个体进行观测 (或试验), 则称这 n 个个体为总体的一个**样本** (sample), 样本中所含个体的数目 n 称为**样本容量** (sample size), 抽取一个样本的过程称为**抽样** (sampling). 我们这里所涉及的抽样均指随机抽样, 即在具体的抽样之前, 哪个个体被抽取, 不能预先确定. 如果用 X_i 表示样本中的第 i 个个体的数量指标 $(i = 1, 2, \cdots, n)$, 那么一个容量为 n 的样本就可以表示为 $(X_1, X_2, \cdots, X_n)$, 这是一个 n 维随机向量. 如果用 x_i 表示 X_i 的观测值 $(i = 1, 2, \cdots, n)$, 那么, $(x_1, x_2, \cdots, x_n)$ 便是样本 $(X_1, X_2, \cdots, X_n)$ 的一个观测值, 称为**样本观测值**或**样本值**. 它是一组具体的数据. 今后, 为了方便, 记号 $(X_1, X_2, \cdots, X_n)$ 有时也表示样本值, 这可以从上下文的联系来区分: 如果在一次具体抽样之前, 那么, $(X_1, X_2, \cdots, X_n)$ 表示样本, 它是一个 n 维随机向量 (这种情形多出现在理论研究或推导中); 如果在一次具体抽样之后, 则 $(X_1, X_2, \cdots, X_n)$ 表示样本值, 它是一组具体的数据 (在实际应用中就是这种情形).

要想由样本推断总体, 就应当使样本既能够反映出总体的特点, 又便于数学上的处理. 为此, 我们要求样本具有以下两个特性:

(1) **同分布性**, 即样本 $(X_1, X_2, \cdots, X_n)$ 的各分量与总体 X 有相同的分布;

(2) **独立性**, 即 $(X_1, X_2, \cdots, X_n)$ 相互独立.

我们把满足以上两个特性的样本称为**简单随机样本**, 把获得简单随机样本的过程, 称为**简单随机抽样**. 由于简单随机样本 $(X_1, X_2, \cdots, X_n)$ 实际上是由一组独立同分布的随机变量构成的, 因此, 简单随机抽样就是独立地、重复地对总体 X 作抽样试验. 就具体的方法而言, 有放回抽样与不放回抽样之分. 对于有限总体 (即总体中个体的数量有限), 我们通常采用放回抽样, 这样随机抽取的样本便是一个简单随机样本; 对于无限总体 (即总体中个体的数量无限), 放回抽样与不放回抽样几乎没什么差别, 因此, 通常采用不放回抽样. 在实用上, 即使对有限总体, 只要抽取的个体数目 n 与总体中个体的总数目 N 之比 $\dfrac{n}{N}$ 很小 (通常要小于 0.1), 仍可用不放回抽样, 这样得到的样本可近似地看成一个简单随机样本.

今后, 如不特别说明, 我们所说的样本均指简单随机样本.

由于样本 $(X_1, X_2, \cdots, X_n)$ 的各分量独立且每个分量的分布都与总体 X 的分布相同, 所以, 对于密度函数为 $f(x)$ 的连续型总体 X 而言, 样本 $(X_1, X_2, \cdots, X_n)$ 的联合密度函数

$$f(x_1, x_2, \cdots, x_n) = \prod_{i=1}^{n} f(x_i). \tag{6.1}$$

而当总体 X 是离散型的且其概率函数 $P\{X = x\} = p(x) \, (x = a_1, a_2, \cdots)$ 时, 样本 $(X_1, X_2, \cdots, X_n)$ 的联合概率函数 (或分布律) 为

$$P(X_1 = x_1, X_2 = x_2, \cdots, X_n = x_n) = \prod_{i=1}^{n} P\{X_i = x_i\} = \prod_{i=1}^{n} p(x_i). \tag{6.2}$$

不论是联合密度函数, 还是联合概率函数, 它们都是对样本信息最全面的概括, 在第 7 章的参数估计中非常有用. 但这种概括有时也不便应用, 这时就需要用更专门的特征刻画了.

3. 统计量与样本数字特征

1) 统计量

完全由样本决定的量就称为**统计量** (statistic), 它只依赖于样本, 而不依赖任何未知参数. 统计量可以看作是对样本的一种 "加工", 是对样本中所含有用信息的一种 "提炼" 和 "集中". 比如对正态总体 $N\left(\mu, \sigma^2\right)$ 中抽取的样本 $(X_1, X_2, \cdots, X_n)$ 来说, 每个 X_i 都含有 μ 的信息, 而统计量 $\overline{X}$ 就是对这种信息的一个集中. 在做统计推断时, 我们主要利用的是这种集中信息的统计量, 而不直接利用样本本身. 因此, 可以说统计量是我们进行统计推断所需的一个基本量.

例 6.1 设总体 $X \sim N\left(\mu, \sigma^2\right)$, 其中 μ 已知, σ^2 未知, 又设 $(X_1, X_2, \cdots, X_n)$ 是总体 X 的一个样本, 指出下面哪些是统计量? 哪些不是统计量?

(1) $\displaystyle\sum_{i=1}^{n}\left(X_i - \mu\right)$; (2) $\displaystyle\frac{1}{\sigma^2}\sum_{i=1}^{n}X_i^2$;

(3) $\min\left(X_1, X_2, \cdots, X_n\right)$; (4) $2X_i^2 - \sigma^2$;

(5) $X_1 - X_2 + \mu$.

解 由定义知, $\displaystyle\sum_{i=1}^{n}\left(X_i - \mu\right)$, $\min(X_1, X_2, \cdots, X_n)$ 和 $X_1 - X_2 + \mu$ 都是统计量, 因为它们不含未知参数, 完全由样本决定, 而 $\displaystyle\frac{1}{\sigma^2}\sum_{i=1}^{n}X_i^2$ 和 $2X_i^2 - \sigma^2$ 却不是统计量, 因为它们都含有未知参数 σ^2.

2) 样本的数字特征

设 $(X_1, X_2, \cdots, X_n)$ 是来自总体 X 的容量为 n 的样本, 为提炼样本所反映的总体信息, 简单的方法就是引进刻画样本特征的数量指标, 即样本的数字特征, 这是最常用的统计量.

(1) **样本均值** (sample mean)

$$\overline{X} \equiv \frac{1}{n}\sum_{i=1}^{n}X_i, \tag{6.3}$$

它反映了样本各分量取值的平均状态, 是对样本位置特征的一个刻画, 可作为总体均值 $E(X)$ 的一个近似值. 并且 $E(\overline{X}) = E(X)$, $D(\overline{X}) \equiv \dfrac{1}{n}D(X)$(见例 4.12).

(2) **样本方差** (sample variance)

$$S^2 \equiv \frac{1}{n-1}\sum_{i=1}^{n}\left(X_i - \overline{X}\right)^2, \tag{6.4}$$

以及**样本标准差** (sample standard deviation)(或**样本均方差**)

$$S \equiv \sqrt{\frac{1}{n-1} \sum_{i=1}^{n} (X_i - \overline{X})^2}.$$

样本方差反映了样本中各分量取值的离散程度, 可用来作为总体方差 $D(X)$ 的一个近似值. 在具体计算时, 通常选用其简化公式

$$S^2 = \frac{1}{n-1} \sum_{i=1}^{n} (X_i - \overline{X})^2 = \frac{1}{n-1} \sum_{i=1}^{n} (X_i^2 - 2X_i\overline{X} + \overline{X}^2)$$

$$= \frac{1}{n-1} \left(\sum_{i=1}^{n} X_i^2 - 2\overline{X} \sum_{i=1}^{n} X_i + n\overline{X}^2 \right) = \frac{1}{n-1} \left(\sum_{i=1}^{n} X_i^2 - n\overline{X}^2 \right).$$

于是,

$$E(S^2) = \frac{1}{n-1} \sum_{i=1}^{n} (E(X_i^2) - nE(\overline{X}^2))$$

$$= \frac{1}{n-1} \left\{ nE(X^2) - n \left[D(\overline{X}) + (E(\overline{X}))^2 \right] \right\} = D(X). \qquad (6.5)$$

另外, 将数据整体平移后, S^2 具有不变性

$$S^2 = \frac{1}{n-1} \left(\sum_{i=1}^{n} (X_i - a)^2 - n(\overline{X} - a)^2 \right),$$

其中 a 为任意常数.

(3) 样本的 k 阶**原点矩** (sample origin moment)

$$A_k \equiv \frac{1}{n} \sum_{i=1}^{n} X_i^k, \quad k = 1, 2, \cdots,$$

显然, 样本均值 $\overline{X}$ 就是样本的一阶原点矩 A_1.

(4) 样本的 k 阶**中心矩** (sample central moment)

$$B_k \equiv \frac{1}{n} \sum_{i=1}^{n} (X_i - \overline{X})^k, \quad k = 2, 3, \cdots,$$

可见, 样本方差 S^2 与样本的二阶中心矩 B_2 只相差一个常数因子: $S^2 = \dfrac{n}{n-1}B_2$. 为说明这种联系与区别, 样本的二阶中心矩 B_2 还可用以下记号来表示

$$S_n^2 \equiv \frac{1}{n}\sum_{i=1}^{n}(X_i - \overline{X})^2 = \frac{n-1}{n}S^2. \tag{6.6}$$

例 6.2 设从总体 X 中抽取一个容量为 10 的样本 (3, 4, 3, 5, 4, 4, 3, 4, 3, 5), 求样本均值 $\overline{X}$、样本方差 S^2 和样本的二阶中心矩 S_{10}^2.

解 由定义, 立即可得 $\overline{X} = \dfrac{1}{10}\sum_{i=1}^{10}x_i = 3.8,$

$$S^2 = \frac{1}{9}\left(\sum_{i=1}^{10}x_i^2 - 10\overline{x}^2\right) \approx 0.6222, \quad S_{10}^2 = \frac{1}{10}\left(\sum_{i=1}^{10}x_i^2 - 10\overline{x}^2\right) = 0.56.$$

显然, 样本均值 $\overline{X}$、样本方差 S^2 和样本矩都是统计量. 下面, 再介绍几个常见的统计量.

(5) 样本的顺序统计量、极差和中位数.

将 $(X_1, X_2, \cdots, X_n)$ 中的 X_i 按由小到大的顺序排成

$$X_{(1)} \leqslant X_{(2)} \leqslant \cdots \leqslant X_{(n)},$$

则称 $X_{(1)}, X_{(2)}, \cdots, X_{(n)}$ 为**顺序统计量** (order statistic), 称 $R = X_{(n)} - X_{(1)}$ 为**极差** (range), 称

$$\text{med}\,\{X_i, 1 \leqslant i \leqslant n\} = \begin{cases} X_{(\frac{n+1}{2})}, & n \text{ 为奇数}, \\ \dfrac{1}{2}(X_{(\frac{n}{2})} + X_{(\frac{n}{2}+1)}), & n \text{ 为偶数} \end{cases} \tag{6.7}$$

为**样本中位数** (sample median). 和样本均值一样, 样本中位数也是刻画样本位置特征的统计量, 但是它能消除样本中的异常值 (或噪声) 的干扰, 具有极强的稳健性, 而样本均值却没有这种性质 (见下例).

例 6.3 设 (3, 2, 1, 1, 0, 4, 5) 是来自总体 X 的样本值.

(1) 求其顺序统计量、极差和样本中位数;

(2) 若其中的数值 5 被改写为 500, 试比较样本中位数和样本均值的变化情况.

解 (1) 将 3, 2, 1, 1, 0, 4, 5 按由小到大的顺序可排成

$$0, 1, 1, 2, 3, 4, 5,$$

于是, $x_{(1)} = 0$, $x_{(2)} = 1$, $x_{(3)} = 1$, $x_{(4)} = 2$, $x_{(5)} = 3$, $x_{(6)} = 4$, $x_{(7)} = 5$, 故极差和样本中位数分别为

$$r = x_{(7)} - x_{(1)} = 5, \quad \mathrm{med}\{x_i, 1 \leqslant i \leqslant 7\} = x_{(4)} = 2.$$

此时, 样本均值 $\bar{x} = \dfrac{16}{7} \approx 2.2857$.

(2) 若其中的数值 5 被改写为 500, 则样本均值变化非常大, 由原先的 $\dfrac{16}{7}$ 变为 $\dfrac{511}{7} \approx 73$, 后者是前者的近 32 倍. 显然, 此时的样本均值 $\dfrac{511}{7}$ 已不能反映样本整体的位置特征. 相比之下, 样本中位数却能排除干扰、保持不变, 仍能反映样本整体的位置特征.

这个例子说明, 同样是对样本的加工、同样是刻画样本的位置特征, 样本均值和样本中位数这两个统计量在抗干扰性方面却有不同的表现. 因此, 关于一个统计量统计性质的研究是十分必要的. 不过, 这方面的深入讨论已超出本书范围, 此处不能详述.

本节思考题

1. 是不是只要是总体的一部分就叫样本? 样本和样本值是不是一回事?
2. 若从总体观测到 100 个数据, 则这 100 个数据是叫 100 个样本还是叫一个样本?

本节测试题

1. 设从总体 X 得到一个容量为 10 的样本值: 2, 2, 4, 3, 3, 4, 6, 6, 4, 8, 求样本均值、样本方差和中位数.
2. 设总体 X 服从泊松分布 $P(\lambda)$, 其中 λ 未知, $(X_1, X_2, \cdots, X_n)$ 是来自 X 的简单随机样本.

(1) 写出 $(X_1, X_2, \cdots, X_n)$ 的联合概率分布;

(2) 指出 $X_1 + X_2$, $\max\limits_{1 \leqslant i \leqslant n} X_i$, $X_n + \lambda$, $X_n - X_1$ 之中哪些是统计量, 哪些不是统计量, 为什么?

6.2　三大统计分布

本节介绍数理统计中的三个著名分布, 它们在参数估计和假设检验等统计推断问题中有广泛应用.

1. χ^2 分布

定义 6.1 设随机变量 $X_1, X_2, \cdots, X_n$ 独立且服从相同分布 $N(0, 1)$, 则称

$$Y_n \equiv \sum_{i=1}^{n} X_i^2 = X_1^2 + X_2^2 + \cdots + X_n^2 \tag{6.8}$$

所服从的分布是**自由度为 n 的 χ^2 分布**, 记为 $Y_n \sim \chi^2(n)$, 称 Y_n 为 $\chi^2(n)$ **变量**. 为纪念著名统计学家皮尔逊 (K. Pearson, 1857—1936), χ^2 分布也称为皮尔逊 χ^2 分布. 这是数理统计中一个十分重要的概率分布.

根据独立随机变量和的密度公式 (3.27) 与数学归纳法, 可以证明: $\chi^2(n)$ 分布的概率密度函数为

$$f_n(x) = \begin{cases} \dfrac{1}{2^{\frac{n}{2}} \Gamma\left(\dfrac{n}{2}\right)} x^{\frac{n}{2}-1} \mathrm{e}^{-\frac{x}{2}}, & x > 0, \\ 0, & x \leqslant 0, \end{cases} \tag{6.9}$$

其中 $\Gamma(x)$ 是 Γ 函数, 定义见第 4 章附录 B. 图 6.1 是 $\chi^2(n)$ 的概率密度函数 (6.9) 在几种不同参数下的图像.

特别地, 当 $n = 2$ 时, $\chi^2(2)$ 就是指数分布 $\mathrm{Exp}\left(\dfrac{1}{2}\right)$. 此外, χ^2 分布具有以下性质.

(1) 数字特征. 若 $Y_n \sim \chi^2(n)$, 则

$$E(Y_n) = n, \quad D(Y_n) = 2n.$$

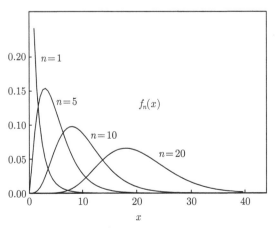

图 6.1 χ^2 分布的概率密度函数

证明　根据标准正态分布的矩性质, 若 $X_i \sim N(0, 1)$, 则 $E(X_i^2) = 1$, $D(X_i^2) = 2$ (读者试证之或直接用公式 (4.15) 的结论). 于是由 (6.8) 式和 (4.14) 式, 就有

$$E(Y_n) = E\left(\sum_{i=1}^n X_i^2\right) = E(X_1^2) + E(X_2^2) + \cdots + E(X_n^2) = n,$$

$$D(Y_n) = D\left(\sum_{i=1}^n X_i^2\right) = D(X_1^2) + D(X_2^2) + \cdots + D(X_n^2) = 2n.$$

(2) 可加性. 若 $X_1 \sim \chi^2(n_1)$, $X_2 \sim \chi^2(n_2)$, 且 X_1 与 X_2 独立, 则

$$X_1 + X_2 \sim \chi^2(n_1 + n_2). \tag{6.10}$$

证明　由已知及定义 6.1, 存在独立同分布于 $N(0,1)$ 的随机变量 $Y_1, Y_2, \cdots,$ $Y_{n_1+n_2}$ 使得 $X_1 = \sum_{i=1}^{n_1} Y_i^2$, $X_2 = \sum_{i=1}^{n_2} Y_{n_1+i}^2$, 从而

$$X_1 + X_2 = \sum_{i=1}^{n_1} Y_i^2 + \sum_{i=1}^{n_2} Y_{n_1+i}^2 = \sum_{i=1}^{n_1+n_2} Y_i^2 \sim \chi^2(n_1 + n_2). \qquad \square$$

在性质 (1) 和 (2) 的证明中, 我们都采用了十分简洁的证明方法, 而常规的方法通常是用密度函数 (6.9) 来计算数字特征, 用独立和的密度公式 (3.27) 来计算 $X_1 + X_2$ 的密度函数, 并说明该密度具有 (6.9) 的形式.

例 6.4　若随机变量 $X_1, X_2, \cdots, X_n$ 独立且服从相同分布 $N(\mu, \sigma^2)$, 求证:

$$\frac{1}{\sigma^2} \sum_{i=1}^n (X_i - \mu)^2 \sim \chi^2(n).$$

证明　因为 $X_i \sim N(\mu, \sigma^2)$, $i = 1, 2, \cdots, n$, 所以 $Y_i = \dfrac{X_i - \mu}{\sigma} \sim N(0, 1)$. 另外, 由已知, $Y_1, Y_2, \cdots, Y_n$ 也独立, 故

$$\frac{1}{\sigma^2} \sum_{i=1}^n (X_i - \mu)^2 = \sum_{i=1}^n \left(\frac{X_i - \mu}{\sigma}\right)^2 = \sum_{i=1}^n Y_i^2 \sim \chi^2(n).$$

在定义 6.1 中, 由于 $X_1^2, X_2^2, \cdots, X_n^2$ 还是独立同分布的, 因此, 根据中心极限定理 (定理 5.2), 可得

$$\lim_{n \to \infty} P\left\{\frac{Y_n - E(Y_n)}{\sqrt{D(Y_n)}} \leqslant x\right\} = \lim_{n \to \infty} P\left\{\frac{Y_n - n}{\sqrt{2n}} \leqslant x\right\} = \Phi(x).$$

这样, 当 n 充分大时, 就有

$$P\{Y_n \leqslant n + \sqrt{2n}\,x\} = P\left\{\frac{Y_n - n}{\sqrt{2n}} \leqslant x\right\} \approx \Phi(x),$$

$$P\{Y_n \leqslant x\} = P\left\{\frac{Y_n - n}{\sqrt{2n}} \leqslant \frac{x - n}{\sqrt{2n}}\right\} \approx \Phi\left(\frac{x - n}{\sqrt{2n}}\right). \tag{6.11}$$

为便于今后的应用, 现在我们引入**上侧分位数**的概念. 所谓一个分布的 α 上侧分位数就是指这样一个数, 它使相应分布的随机变量不小于该数的概率为 α. 比如, 若记 $\chi^2(n)$ 变量 Y_n 的 α 上侧分位数为 $\chi_\alpha^2(n)$, 则 $\chi_\alpha^2(n)$ 满足 $P\{Y_n \geqslant \chi_\alpha^2(n)\} = \alpha$ (图 6.2). 对不太大的 n, 如 $n \leqslant 60$, 可用附表 3 查 $\chi_\alpha^2(n)$ 的值, 而对较大的 n, 则可用 (6.11) 近似计算

$$\chi_\alpha^2(n) \approx n + \sqrt{2n}\,U_\alpha, \tag{6.12}$$

其中 U_α 是标准正态分布 $N(0,\ 1)$ 的 α 上侧分位数, 可通过附表 2 查出.

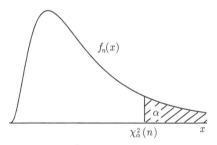

图 6.2 χ^2 分布的 α 上侧分位数

例 6.5 求 $\chi_{0.99}^2(10)$, $\chi_{0.05}^2(20)$ 和 $\chi_{0.05}^2(200)$.

解 直接查附表 3, 可得

$$\chi_{0.99}^2(10) = 2.5582, \quad \chi_{0.05}^2(20) = 31.4104,$$

又 $U_{0.05} = 1.6449$, 由 (6.12) 式, 可得

$$\chi_{0.05}^2(200) \approx 200 + \sqrt{400}\,U_{0.05} \approx 232.898.$$

2. t 分布

定义 6.2 设 $X \sim N(0,\ 1), Y_n \sim \chi^2(n)$, X 与 Y_n 独立, 则称

$$T_n \equiv \frac{X}{\sqrt{Y_n/n}} \tag{6.13}$$

所服从的分布是**自由度为 n 的 t 分布**, 记作 $T_n \sim t(n)$. t 分布也称为**学生分布**, 是统计学家戈塞特 (W. S. Gosset, 1876—1937) 在 1908 年以 "Student" 的笔名首次发表的. 这个分布在数理统计中也占有重要的地位.

根据独立随机变量商的密度公式 (3.32), 可以证明 (过程从略), (6.13) 式中 T_n 的概率密度函数为

$$f_n(x) = \frac{\Gamma\left(\dfrac{n+1}{2}\right)}{\sqrt{n\pi}\,\Gamma\left(\dfrac{n}{2}\right)}\left(1 + \frac{x^2}{n}\right)^{-\frac{n+1}{2}}, \quad -\infty < x < +\infty. \tag{6.14}$$

另外, t 分布具有以下性质:

(1) (近似标准正态) 当 $n \to \infty$ 时, $f_n(x) \to \phi(x) = \dfrac{1}{\sqrt{2\pi}}\mathrm{e}^{-\frac{x^2}{2}}$.

这就是说, 当 n 充分大时, t 分布 $t(n)$ 近似于标准正态分布 $N(0,1)$, 但如果 n 较小, 这两个分布的差别还是比较大的, 见图 6.3, 其中粗虚线是 $N(0,1)$ 的密度函数 $\phi(x)$. 我们看到, 所有的 t 分布密度函数值在 $x = 0$ 附近均未超过 $\phi(x)$ 的值, 而在两边的尾部均超过了 $\phi(x)$ 的值. 这就是统计学中所谓的 "重尾"(heavy-tailed) 现象.

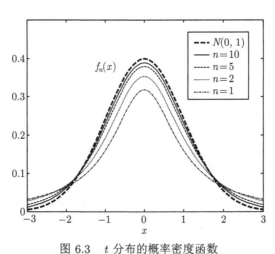

图 6.3　t 分布的概率密度函数

(2) (数字特征) 若 $T_n \sim t(n)$, $n > 2$, 则

$$E(T_n) = 0, \quad D(T_n) = \frac{n}{n-2}.$$

顺便指出, 自由度为 1 的 t 分布也称为**柯西 (Cauchy) 分布**, 它以其数学期望和方差均不存在而著名 (见例 4.3).

记 t 分布 $t(n)$ 的 α 上侧分位数为 $t_\alpha(n)$, 附表 4 给出了不同 n 和 α 所对应的 $t_\alpha(n)$. 例如, $t_{0.25}(10) = 0.6998$, $t_{0.10}(15) = 1.3406$, $t_{0.05}(20) = 1.7247$. 另外, 由性质 (1) 知, 对较大的 n (比如 $n > 60$), 可用下式近似

$$t_\alpha(n) \approx U_\alpha. \tag{6.15}$$

例 6.6 求证: $t_{1-\alpha}(n) = -t_\alpha(n)$.

证明 因为 $t(n)$ 分布的概率密度函数 $f_n(x)$ 是偶函数, 所以对服从 $t(n)$ 分布的随机变量 T_n, 有 $P\{T_n \geqslant -t_\alpha(n)\} = P\{T_n \leqslant t_\alpha(n)\}$. 又

$$P\{T_n \leqslant t_\alpha(n)\} = 1 - P\{T_n > t_\alpha(n)\} = 1 - \alpha,$$

故 $P\{T_n \geqslant -t_\alpha(n)\} = 1 - \alpha$. 由 $t_{1-\alpha}(n)$ 的定义, 即知 $t_{1-\alpha}(n) = -t_\alpha(n)$. $\quad\square$

另外, 借助于 t 分布密度函数图像关于 $x = 0$ 的对称性, 也容易验证例 6.6 的结论.

3. F 分布

定义 6.3 设 $X \sim \chi^2(n_1)$, $Y \sim \chi^2(n_2)$, 且 X 与 Y 独立, 则称

$$Z \equiv \frac{X/n_1}{Y/n_2} \tag{6.16}$$

所服从的分布是**自由度为** (n_1, n_2) **的 F 分布**, 记作 $Z \sim F(n_1, n_2)$, 这是为纪念著名统计学家费希尔 (R. A. Fisher, 1890—1962) 而命名的, 也是数理统计的一个重要分布.

注意到 (6.16) 的商式结构, 则根据随机变量商的密度计算公式 (3.32) 可求得 F 分布 $F(n_1, n_2)$ 的概率密度函数为 (过程从略, 详见文献 (陈希孺, 1992; 魏宗舒等, 2020))

$$f_{n_1,n_2}(x) = \begin{cases} \dfrac{\Gamma\left(\dfrac{n_1+n_2}{2}\right)}{\Gamma\left(\dfrac{n_1}{2}\right)\Gamma\left(\dfrac{n_2}{2}\right)} \left(\dfrac{n_1}{n_2}\right) \left(\dfrac{n_1}{n_2}x\right)^{\frac{n_1}{2}-1} \left(1 + \dfrac{n_1}{n_2}x\right)^{-\frac{n_1+n_2}{2}}, & x > 0, \\ 0, & x \leqslant 0, \end{cases} \tag{6.17}$$

图 6.4 是四组不同参数下该密度函数的图像.

另外, 由定义 6.3, 立即有以下结论.

若 $Z \sim F(n_1, n_2)$, 则 $\dfrac{1}{Z} \sim F(n_2, n_1)$.

这个结论可用于计算分布 $F(n_1, n_2)$ 的 α 上侧分位数 $F_\alpha(n_1, n_2)$. 具体地说, 我们有

$$F_\alpha(n_1, n_2) = \frac{1}{F_{1-\alpha}(n_2, n_1)}. \tag{6.18}$$

事实上, 由 $Z \sim F(n_1, n_2)$, $\frac{1}{Z} \sim F(n_2, n_1)$ 以及上侧分位数的定义可推出

$$P\left\{ Z \geqslant \frac{1}{F_{1-\alpha}(n_2, n_1)} \right\} = P\left\{ \frac{1}{Z} \leqslant F_{1-\alpha}(n_2, n_1) \right\}$$

$$= 1 - P\left\{ \frac{1}{Z} > F_{1-\alpha}(n_2, n_1) \right\}$$

$$= 1 - (1 - \alpha) = \alpha,$$

故 (6.18) 式成立.

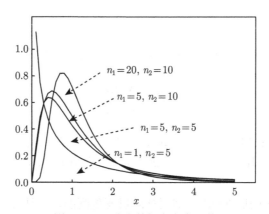

图 6.4 F 分布的概率密度函数

对较小的 α (如 0.1, 0.05, 0.025 等), $F_\alpha(n_1, n_2)$ 的数值可由附表 5 查得. 例如, $F_{0.10}(2, 9) = 3.0065$, $F_{0.10}(9, 2) = 9.3805$, $F_{0.05}(10, 4) = 5.9644$. 但附表 5 并未给出 α 较大时 $F_\alpha(n_1, n_2)$ 的数值, 此时, 可用公式 (6.18) 求出 $F_\alpha(n_1, n_2)$, 如

$$F_{0.95}(4, 10) = \frac{1}{F_{0.05}(10, 4)} = \frac{1}{5.9644} \approx 0.16766,$$

$$F_{0.90}(7, 8) = \frac{1}{F_{0.10}(8, 7)} = \frac{1}{2.7516} \approx 0.36342,$$

$$F_{0.975}(12, 20) = \frac{1}{F_{0.025}(20, 12)} = \frac{1}{3.0728} \approx 0.32544.$$

本节思考题

1. 两个 χ^2 变量之和仍然是 χ^2 变量吗? 它们的差呢?
2. 如果随机变量 $X \sim N(0, 1)$ 或 $X \sim t(n)$, 那么, 可否知道 X^2 服从什么分布?

本节测试题

1. 设样本 $(X_1, X_2, \cdots, X_n)$ 来自 $\chi^2(n)$ 分布, 求 $E(\overline{X})$ 和 $D(\overline{X})$.
2. 若样本 $(X_1, X_2, \cdots, X_{20})$ 取自正态总体 $X \sim N(\mu, \sigma^2)$, 试计算概率

$$P\left\{ 10\sigma^2 \leqslant \sum_{i=1}^{20} (X_i - \mu)^2 \leqslant 30\sigma^2 \right\}.$$

6.3 抽 样 分 布

由于统计量是由样本 $(X_1, X_2, \cdots, X_n)$ 决定的, 而在一次具体的抽样之前, 样本中的每一个分量 X_i 都是随机变量, 所以, 在一次具体的抽样之前, 统计量也是随机变量, 也有自己的分布. 我们称统计量的分布为**抽样分布**. 下面, 先介绍样本的频数分布.

1. 样本的频数分布

将样本值 $(x_1, x_2, \cdots, x_n)$ 中所有不同的数值由小到大排成 $x_1^* < x_2^* < \cdots < x_k^*$, 样本值中取这些值的频数分别记为 $m_1, m_2, \cdots, m_k$ $(m_1 + m_2 + \cdots + m_k = n)$, 这样就可得到样本的**频数分布**

样本	x_1^*	x_2^*	$\cdots$	x_k^*
频数	m_1	m_2	$\cdots$	m_k

当样本容量较大时, 可将样本值的范围划分成若干个长度相等的间隔, 然后计算样本值落在这些间隔中的频数, 再按上表列出频数分布. 频数分布通常用样本**直方图** (histogram) 表示, 其中每个直方条的底位于对应的间隔上, 而高就是相应间隔上的频数, 如图 6.5(a) 所示. 如果需要画出不等间隔上的频数直方图, 可通过指定间隔 "中心点"(如 x_i^*, $i = 1, 2, \cdots, k$) 的办法来解决. 具体做法是, 先将这些所谓 "中心点" 画在横轴上, 然后取相邻两点的中点作为间隔的分界点, 而两端的间隔以两端的 "中心点" 为中点. 图 6.5(b) 中的黑点就是间隔的 "中心点", 不过, 需要注意它们未必是中间那些间隔的中点.

除频数直方图外, 有时还需考虑概率直方图, 它要求每个直方条的面积需等于相应间隔上的样本频率, 这样直方条的高度就不再是频数了, 并且所有直方条面积之和等于 1. 可见, 概率直方图类似于概率密度函数的图像.

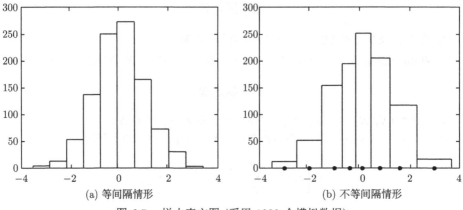

图 6.5   样本直方图 (采用 1000 个模拟数据)

2. 经验分布函数

对任意实数 $x \in \mathbf{R}$, 定义

$$F_n(x) = \frac{\text{样本}(X_1, X_2, \cdots, X_n)\text{中满足 } X_i \leqslant x \text{ 的 } X_i \text{ 的个数}}{n}, \tag{6.19}$$

则称其为样本 $(X_1, X_2, \cdots, X_n)$ 的**经验分布函数** (empirical distribution function). $F_n(x)$ 是对总体 X 的分布函数 $F(x)$ 的一个经验模拟并且可以验证它还具有分布函数的基本性质: 单调不减, 右连续, $F_n(-\infty) = 0$, $F_n(+\infty) = 1$.

应当注意, 当给定样本值 $(x_1, x_2, \cdots, x_n)$ 之后, $F_n(x)$ 是具有分布函数性质的普通阶梯形函数 (图 6.6), 而在抽样之前, 对每个给定的 x, $F_n(x)$ 值实际上就是在该次抽样中事件 $\{X \leqslant x\}$ 发生的频率 (见 (6.19) 式), 它完全由样本决定, 而样本是随机的, 所以, $F_n(x)$ 是随机变量. $F_n(x)$ 的这种双重性恰好反映了抽样前后不同的统计观点, 请注意领会. 进一步地, 根据定义 $F(x) = P\{X \leqslant x\}$, $F(x)$ 是事件 $\{X \leqslant x\}$ 发生的概率, 又 $nF_n(x)$ 恰是在 n 次 "试验" (抽样) 中事件 $\{X \leqslant x\}$ 发生的次数, 这样, 还有以下结论:

(1) $n \cdot F_n(x) \sim B(n, F(x))$;

(2) 对任意给定的 x 和任意的 $\varepsilon > 0$, 有

$$\lim_{n \to \infty} P\{|F_n(x) - F(x)| < \varepsilon\} = 1, \tag{6.20}$$

即 $F_n(x) \xrightarrow{P} F(x)$, $n \to \infty$ (见推论 5.2). 可见, 当样本容量 n 足够大时, 事件 $\{|F_n(x) - F(x)| < \varepsilon\}$ 在一次抽样中几乎是必然发生的, 根据实际推断原理, 从而抽样后得到的 $F_n(x)$ 一般就可以近似 $F(x)$. 这也是 $F_n(x)$ 的一个重要应用. 关于 $F_n(x)$ 更深入的讨论见文献 (魏宗舒等, 2020).

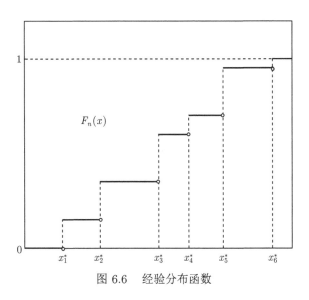

图 6.6 经验分布函数

另外, 根据第 3 章讨论的随机变量最大值和最小值的分布, 还可获得最大顺序统计量 $X_{(n)}$ 和最小顺序统计量 $X_{(1)}$ 的抽样分布 (见习题 6 的第 13 题).

3. 正态总体的抽样分布定理

一般地, 要确定一个统计量的分布, 即抽样分布, 并不是一件容易的事情. 不过, 当总体是正态总体 (即总体 X 服从正态分布) 时, 一些常用统计量的分布却不难求出. 下面的两个抽样分布定理在数理统计中占有极为重要的地位, 必须牢固掌握.

定理 6.1(单个正态总体的抽样分布定理) 设 $(X_1, X_2, \cdots, X_n)$ 是取自正态总体 $N(\mu, \sigma^2)$ 的一个样本, $\overline{X}$ 和 S^2 分别为样本均值和样本方差, 则

$$(1) \qquad \frac{\overline{X} - \mu}{\sigma}\sqrt{n} \sim N(0, 1); \qquad (6.21)$$

$$(2) \qquad \frac{(n-1)S^2}{\sigma^2} \sim \chi^2(n-1); \qquad (6.22)$$

$$(3) \qquad \overline{X} \text{ 与 } S^2 \text{ 相互独立}; \qquad (6.23)$$

$$(4) \qquad \frac{\overline{X} - \mu}{S}\sqrt{n} \sim t(n-1). \qquad (6.24)$$

证明 (1) 由正态变量的可加性知, $\displaystyle\sum_{i=1}^{n} X_i \sim N(n\mu, n\sigma^2)$, 从而 $\overline{X} \sim N\left(\mu, \dfrac{1}{n}\sigma^2\right)$. 再标准化后, 即知结论 (1) 成立.

(2) 和 (3) 的证明见本章附录.

(4) 由结论 (1) 可知, $U \equiv \dfrac{\overline{X} - \mu}{\sigma}\sqrt{n} \sim N(0,1)$, 再根据结论 (2) 和 (3) 以及定义 6.2, 即知

$$\frac{\overline{X} - \mu}{S}\sqrt{n} = \frac{U}{\sqrt{\dfrac{(n-1)S^2}{\sigma^2}/(n-1)}} \sim t(n-1),$$

故结论 (4) 得证. □

定理中的结论 (1) 和 (4) 可通过对比来记忆. 结论 (2) 涉及样本方差与总体方差之比, 亦不难熟记. 不过, 还需强调的是, 本定理只适用于正态总体, 对其他总体无效.

例 6.7 设总体 $X \sim N(1, 0.04)$, $(X_1, X_2, \cdots, X_{16})$ 是取自 X 的一个样本, 试求:

(1) $\overline{X}$ 的分布; (2) $P\left\{\sum\limits_{i=1}^{16} X_i \leqslant 17.92\right\}$; (3) $P\{S^2 > 0.0123\}$.

解 (1) 由定理 6.1 的结论 (1) 知, $\overline{X} \sim N\left(1, \dfrac{0.04}{16}\right)$, 即 $\overline{X} \sim N(1, 0.05^2)$.

(2) 由 (1) 立即可得

$$P\left\{\sum_{i=1}^{16} X_i \leqslant 17.92\right\} = P\left\{\overline{X} \leqslant \frac{17.92}{16}\right\} = P\{\overline{X} \leqslant 1.12\}$$

$$= \Phi\left(\frac{1.12 - 1}{0.05}\right) = \Phi(2.4) \approx 0.9918.$$

(3) 由定理 6.1 的结论 (2) 得 $\dfrac{16-1}{0.04}S^2 \sim \chi^2(15)$, 从而

$$P\{S^2 > 0.0123\} = P\left\{\frac{16-1}{0.04}S^2 > \frac{16-1}{0.04} \times 0.0123\right\} = P\{\chi_{15}^2 > 4.6125\}.$$

查附表 3 知, $P\{\chi_{15}^2 \geqslant 4.6125\} \approx 0.995$. 故 $P\{S^2 > 0.0123\} \approx 0.995$.

定理 6.2(两个正态总体的抽样分布定理) 设 $(X_1, X_2, \cdots, X_{n_1})$ 是取自总体 $X \sim N(\mu_1, \sigma_1^2)$ 的样本, $(Y_1, Y_2, \cdots, Y_{n_2})$ 是取自总体 $Y \sim N(\mu_2, \sigma_2^2)$ 的样本, 且这两个样本相互独立, 则

(1)

$$\frac{(\overline{X} - \overline{Y}) - (\mu_1 - \mu_2)}{\sqrt{\dfrac{\sigma_1^2}{n_1} + \dfrac{\sigma_2^2}{n_2}}} \sim N(0,1); \tag{6.25}$$

(2) 当 $\sigma_1^2 = \sigma_2^2 = \sigma^2$ 时,

$$\frac{(\overline{X} - \overline{Y}) - (\mu_1 - \mu_2)}{S_w}\sqrt{\frac{n_1 n_2}{n_1 + n_2}} \sim t(n_1 + n_2 - 2); \qquad (6.26)$$

(3)

$$\frac{S_1^2/\sigma_1^2}{S_2^2/\sigma_2^2} \sim F(n_1 - 1, n_2 - 1), \qquad (6.27)$$

其中 $\overline{X}$ 与 S_1^2, $\overline{Y}$ 与 S_2^2 分别为两个样本的样本均值与样本方差, S_w 是 "合样本"$(X_1, X_2, \cdots, X_{n_1}, Y_1, Y_2, \cdots, Y_{n_2})$ 的标准差, 定义为

$$S_w \equiv \sqrt{\frac{(n_1 - 1)S_1^2 + (n_2 - 1)S_2^2}{n_1 + n_2 - 2}}. \qquad (6.28)$$

证明 (1) 由定理 6.1 的结论 (1), $\overline{X} \sim N\left(\mu_1, \frac{\sigma_1^2}{n_1}\right)$, $\overline{Y} \sim N\left(\mu_2, \frac{\sigma_2^2}{n_2}\right)$. 又 $\overline{X}$ 与 $\overline{Y}$ 独立, 于是, 根据正态变量的可加性, $\overline{X} - \overline{Y} \sim N\left(\mu_1 - \mu_2, \frac{\sigma_1^2}{n_1} + \frac{\sigma_2^2}{n_2}\right)$, 标准化后, 即证结论成立.

(2) 当 $\sigma_1^2 = \sigma_2^2 = \sigma^2$ 时, 结论 (1) 变为

$$U \equiv \frac{(\overline{X} - \overline{Y}) - (\mu_1 - \mu_2)}{\sigma}\sqrt{\frac{n_1 n_2}{n_1 + n_2}} \sim N(0, 1).$$

由定理 6.1 的结论 (2), 还有

$$\frac{(n_1 - 1)S_1^2}{\sigma^2} \sim \chi^2(n_1 - 1), \quad \frac{(n_2 - 1)S_2^2}{\sigma^2} \sim \chi^2(n_2 - 1).$$

现由本定理条件可知, S_1^2 和 S_2^2 仍独立, 故可用 χ^2 变量的可加性推出

$$Z \equiv \frac{(n_1 - 1)S_1^2}{\sigma^2} + \frac{(n_2 - 1)S_2^2}{\sigma^2} = \frac{(n_1 + n_2 - 2)S_w^2}{\sigma^2} \sim \chi^2(n_1 + n_2 - 2).$$

注意到 U 由 $\overline{X}$ 和 $\overline{Y}$ 构成, Z 由 S_1^2 和 S_2^2 构成, 则从定理 6.1 的结论 (3) 和本定理的条件又可推出 U 和 Z 是相互独立的. 最后, 由定义 6.2, 即知

$$\frac{(\overline{X} - \overline{Y}) - (\mu_1 - \mu_2)}{S_w}\sqrt{\frac{n_1 n_2}{n_1 + n_2}} = \frac{U}{\sqrt{Z/(n_1 + n_2 - 2)}} \sim t(n_1 + n_2 - 2).$$

(3) 根据以上推导和定义 6.3, 结论即证. □

本节思考题

1. 判断样本的经验分布函数是不是随机变量？统计量的分布是不是不含有未知参数？

2. 正态总体的抽样分布定理 6.1 中，$\overline{X}$ 与 S^2 相互独立的结论很特别. 从 (6.4) 式看，S^2 与 $\overline{X}$ 有关，但本质上却是独立的. 是不是只有正态总体的样本均值和样本方差才独立？别的分布有没有这种性质？

本节测试题

1. 从总体 X 中抽取容量为 60 的样本，其频数分布为

X	1	2	4	6
频数	8	20	30	2

试求它的频率分布及经验分布函数.

2. 从总体 $N(10,4)$ 中随机抽取容量为 25 的样本，试求 $E(\overline{X})$，$5(\overline{X}-10)/S$ 的分布和概率 $P\{10.4 < \overline{X} < 11.2\}$.

3. 从总体 $N(100,4)$ 中抽取容量分别为 15 和 20 的两个独立样本，样本均值分别为 $\overline{X}$ 和 $\overline{Y}$，试求 $P\{|\overline{X}-\overline{Y}| > 0.2\}$.

本章主要知识概括

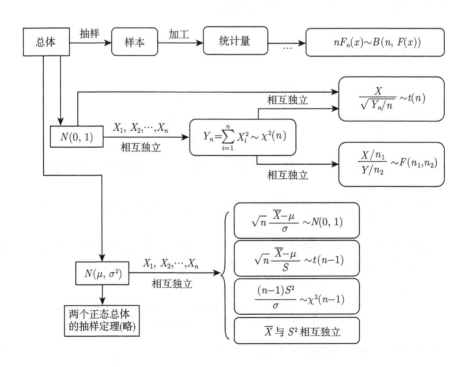

本 章 附 录

定理 6.1 结论 (2) 和 (3) 的证明 将样本作成 n 维随机列向量 $\boldsymbol{X} = (X_1, X_2, \cdots, X_n)^{\mathrm{T}}$, 则由条件可知, $\boldsymbol{X}$ 服从多元正态分布, $\boldsymbol{X} \sim N_n(\mu \boldsymbol{1}_n, \sigma^2 \boldsymbol{I}_n)$, 其中 $\boldsymbol{1}_n = (1, 1, \cdots, 1)^{\mathrm{T}}$ 是由 1 组成的 n 维列向量, $\boldsymbol{I}_n$ 是 n 阶单位阵. 作正交变换

$$
\boldsymbol{Y} = \begin{pmatrix} Y_1 \\ Y_2 \\ \vdots \\ Y_n \end{pmatrix} = \begin{pmatrix} a_{11} & a_{12} & \cdots & a_{1n} \\ \vdots & \vdots & & \vdots \\ a_{n-1,1} & a_{n-1,2} & \cdots & a_{n-1,n} \\ \dfrac{1}{\sqrt{n}} & \dfrac{1}{\sqrt{n}} & \cdots & \dfrac{1}{\sqrt{n}} \end{pmatrix} \begin{pmatrix} X_1 \\ X_2 \\ \vdots \\ X_n \end{pmatrix}
$$

$$
= \begin{pmatrix} \boldsymbol{a}_1^{\mathrm{T}} \\ \vdots \\ \boldsymbol{a}_{n-1}^{\mathrm{T}} \\ \dfrac{1}{\sqrt{n}} \boldsymbol{1}_n^{\mathrm{T}} \end{pmatrix} \boldsymbol{X} = \boldsymbol{A} \boldsymbol{X},
$$

其中 $\boldsymbol{A}$ 是由行向量 $\boldsymbol{a}_1^{\mathrm{T}}, \cdots, \boldsymbol{a}_{n-1}^{\mathrm{T}}, \dfrac{1}{\sqrt{n}} \boldsymbol{1}_n^{\mathrm{T}}$ 组成的 n 阶正交阵, 满足 $\boldsymbol{A}\boldsymbol{A}^{\mathrm{T}} = \boldsymbol{I}_n$, $\boldsymbol{a}_i^{\mathrm{T}} \boldsymbol{1}_n = 0$ (列正交), $i = 1, 2, \cdots, n-1$. 由于正态向量的线性变换仍是正态向量 (见第 4 章附录 A), 所以

$$
\boldsymbol{Y} = \boldsymbol{A} \boldsymbol{X} \sim N_n(\boldsymbol{A}(\mu \boldsymbol{1}_n), \boldsymbol{A}(\sigma^2 \boldsymbol{I}_n) \boldsymbol{A}^{\mathrm{T}}).
$$

又 $\mathrm{Cov}(\boldsymbol{Y}) = \boldsymbol{A}(\sigma^2 \boldsymbol{I}_n) \boldsymbol{A}^{\mathrm{T}} = \sigma^2 \boldsymbol{I}_n$ 是对角阵, 故正态随机向量 $\boldsymbol{Y}$ 的分量 $Y_1, Y_2, \cdots, Y_n$ 是不相关的, 从而它们是相互独立的.

注意到

$$
\sum_{i=1}^n Y_i^2 = \boldsymbol{Y}^{\mathrm{T}} \boldsymbol{Y} = \boldsymbol{X}^{\mathrm{T}} \boldsymbol{A}^{\mathrm{T}} \boldsymbol{A} \boldsymbol{X} = \boldsymbol{X}^{\mathrm{T}} \boldsymbol{X} = \sum_{i=1}^n X_i^2,
$$

$$
Y_n = \frac{1}{\sqrt{n}} \boldsymbol{1}_n^{\mathrm{T}} \boldsymbol{X} = \frac{1}{\sqrt{n}} \sum_{i=1}^n X_i = \sqrt{n}\, \overline{X},
$$

于是

$$(n-1)S^2 = \sum_{i=1}^{n} (X_i - \overline{X})^2 = \sum_{i=1}^{n} (X_i^2 - 2X_i\overline{X} + \overline{X}^2)$$

$$= \sum_{i=1}^{n} X_i^2 - 2\sum_{i=1}^{n} X_i\overline{X} + n\overline{X}^2$$

$$= \sum_{i=1}^{n} X_i^2 - (\sqrt{n}\,\overline{X})^2 = \sum_{i=1}^{n} Y_i^2 - Y_n^2 = \sum_{i=1}^{n-1} Y_i^2,$$

$$\overline{X} = \frac{1}{\sqrt{n}} Y_n,$$

故 $\dfrac{(n-1)S^2}{\sigma^2}$ 与 $\overline{X}$ 独立, 结论 (3) 成立. 再根据 $\mathrm{Cov}(\boldsymbol{Y}) = \sigma^2 \boldsymbol{I}_n$ 和

$$E(\boldsymbol{Y}) = \boldsymbol{A}\,(\mu\boldsymbol{1}_n) = \mu\boldsymbol{A}\boldsymbol{1}_n = \mu(\boldsymbol{a}_1^{\mathrm{T}}\boldsymbol{1}_n, \cdots, \boldsymbol{a}_{n-1}^{\mathrm{T}}\boldsymbol{1}_n, \frac{1}{\sqrt{n}}\boldsymbol{1}_n^{\mathrm{T}}\boldsymbol{1}_n)^{\mathrm{T}}$$

$$= \mu(0, \cdots, 0, \sqrt{n})^{\mathrm{T}},$$

即知 $E(Y_i) = 0$, 且 $Y_i \sim N(0, \sigma^2)$ 或 $\dfrac{Y_i}{\sigma} \sim N(0,1)$, $i = 1, 2, \cdots, n-1$. 这样, 就

有 $\dfrac{(n-1)S^2}{\sigma^2} = \sum_{i=1}^{n-1} \left(\dfrac{Y_i}{\sigma}\right)^2 \sim \chi^2(n-1)$, 结论 (2) 得证. □

本章的 MATLAB 命令简介

本章内容涉及的 MATLAB 命令语言概括在表 6.1 中, 其中输入 x 是样本数据组成的向量或矩阵, 输出 y 是所要求的数或向量.

本章的很多统计分析或计算都可用上述命令实现, 请读者实践体会. 比如, 图 6.5 所示的直方图就是用如下命令实现的:

\>\> x=normrnd(0,1,1000,1);

\>\> c=[-3,-2,-1,-0.4,0.1,0.8,1.6,3];

\>\> hist(s) (图 6.5(a))

\>\> hist(x,c) (图 6.5(b))

表 6.1

样本统计量

MATLAB 函数命令	输入、输出说明	对应的统计函数
$y= \mathrm{mean}(x)$	x 向量 $\to y$ 数 x 矩阵 $\to y$ 行向量	$y = \bar{x}$,样本均值
$y = \mathrm{std}(x)$ 同 $\mathrm{std}(x, 0)$	同上	$y = s$,样本标准差
$y = \mathrm{std}(x, 1)$	同上	$y = s_n$,样本二阶 中心矩开方 (见 (6.6) 式)
$y= \mathrm{var}(x)$ 同 $\mathrm{var}(x, 0)$	同上	$y = s^2$,样本方差
$y = \mathrm{var}(x, 1)$	同上	$y = s_n^2$,样本二阶中心矩
$y = \mathrm{median}(x)$	同上	$y = \mathrm{med}\{x_i, 1 \leqslant i \leqslant n\}$, 样本中位数
$y= \mathrm{moment}(x, k)$	同上	$y = B_k$,样本的k阶中心矩
频数与直方图		
$y=\mathrm{hist}(x)$ 或 $y=\mathrm{hist}(x, k)$	若 x 为向量, 则 y 为行向量, 由 x 在 10 (或 k) 个等间隔上的频数组成, $y = (m_1, m_2, \cdots, m_k)$; 若 x 为矩阵, 则 y 为矩阵, 其每列为 x 相应列在 10 (或 k) 个等间隔上的频数向量
$y=\mathrm{hist}(x, c)$	类似上面的情况, 只是直方图间隔 "中心点" 由 c 向量各元素给定
$\mathrm{hist}(x)$ 或 $\mathrm{hist}(x, k)$	若 x 为向量, 则画出 10 (或 k) 个等间隔的直方图; 若 x 为矩阵, 则按列画出混合直方图
$\mathrm{hist}(x, c)$	画出以 c 向量的各元素为间隔 "中心点" 的直方图
三大统计分布的密度函数		
$y=\mathrm{chi2pdf}(x,n)$	y 是自由度为 n 的 χ^2 分布在 x 处密度函数 (6.9) 的值
$y= \mathrm{tpdf}(x, n)$	y 是自由度为 n 的 t 分布在 x 处密度函数 (6.14) 的值
$y= \mathrm{fpdf}(x, n_1, n_2)$	y 是自由度为 (n_1, n_2) 的 F 分布在 x 处密度函数 (6.17) 的值

习　题　6

1. 在对每个硅片进行漂洗之前需要确定硅片上污染颗粒的数量, 现从总体中抽取容量为 100 的硅片, 硅片上污染颗粒的数量对应的频数分布如下:

X	0	1	2	3	4	5	6	7	8	9	10	11	12	13	14
频数	1	2	3	12	11	15	18	10	12	4	5	3	1	2	1

试求它的频率分布及经验分布函数.

2. 26 名海上石油工人参加了模拟逃生演习, 获得了完成逃生所需的时间 (秒) 数据如下:

389, 356, 359, 363, 375, 424, 325, 394, 402, 373, 373, 370, 364,

366, 364, 325, 339, 393, 392, 369, 374, 359, 356, 403, 334, 397.

试求其样本均值、样本方差和样本中位数.

3. 设 $(X_1, X_2, \cdots, X_n)$ 是从总体 X 抽得的一个样本, C 为常数, 证明:

$$\sum_{i=1}^{n}(X_i - C)^2 = \sum_{i=1}^{n}(X_i - \overline{X})^2 + n(\overline{X} - C)^2.$$

4. 设 $\overline{X}$ 和 S_X^2 分别是 $(X_1, X_2, \cdots, X_n)$ 的样本均值和样本方差, 作数据变换

$$Y_i = (X_i - a)/c, \quad i = 1, 2, \cdots, n.$$

记 $(Y_1, Y_2, \cdots, Y_n)$ 的样本均值和样本方差分别为 $\overline{Y}$ 和 S_Y^2, 证明:

(1) $\overline{X} = a + c\overline{Y}$; (2) $S_X^2 = c^2 S_Y^2$.

5. 设 $(X_1, X_2, \cdots, X_n)$ 是来自总体 $U(0, C)$ 的样本, 求样本的联合概率密度函数.

6. 设总体 X 服从两点分布 $B(1, p)$, 即 $P\{X = 1\} = p, P\{X = 0\} = 1 - p$, 其中 p 未知, $(X_1, X_2, \cdots, X_n)$ 是来自 X 的简单随机样本.

(1) 写出 $(X_1, X_2, \cdots, X_n)$ 的联合概率分布;

(2) 指出 $X_1 + X_2, \max\limits_{1 \leqslant i \leqslant n} X_i, X_n + p, (X_n - X_1)^2$ 之中哪些是统计量, 哪些不是统计量, 为什么?

7. 某一类型蛋的重量 (g) 服从均值为 53, 标准差为 0.3 的正态分布. 设 $X_1, X_2, \cdots, X_{12}$ 为 12 个随机选取的蛋的重量. $\overline{X}$ 为样本均值, 试求 $P\{52.7 < \overline{X} < 53.6\}$.

8. 在正态总体 $N(20, 3)$ 中分别抽取容量为 10, 15 的两个独立样本, 样本均值分别为 $\overline{X}$ 和 $\overline{Y}$, 试求 $P\{|\overline{X} - \overline{Y}| > 0.3\}$.

9. 在正态总体 $X \sim N(\mu, \sigma^2)$ 中抽取容量为 $n = 20$ 的样本 $(X_1, X_2, \cdots, X_{20})$, 试求

$$P\left\{0.62\sigma^2 \leqslant \frac{1}{n}\sum_{i=1}^{n}(X_i - \mu)^2 \leqslant 2\sigma^2\right\}.$$

10. 设 $(X_1, X_2, \cdots, X_n)$ 是来自 $\chi^2(n)$ 分布的样本, 试求 $E(\overline{X})$ 和 $D(\overline{X})$.

11. 设总体 X, Y 都服从正态分布 $N(0, 3^2)$, $(X_1, X_2, \cdots, X_9)$ 与 $(Y_1, Y_2, \cdots, Y_9)$ 分别是来自 X 和 Y 的样本, 且两个样本独立, 试求 $T = \dfrac{X_1 + X_2 + \cdots + X_9}{\sqrt{Y_1^2 + Y_2^2 + \cdots + Y_9^2}}$ 的抽样分布.

12. 设 $(X_1, X_2, \cdots, X_n)$ 是来自正态总体 $N(\mu, \sigma^2)$ 的样本, $\overline{X}$ 和 S_n^2 是样本均值和样本方差, 又设 X_{n+1} 服从 $N(\mu, \sigma^2)$ 分布且与 $X_1, X_2, \cdots, X_n$ 相互独立, 试求统计量 $T = \dfrac{X_{n+1} - \overline{X}}{S_n}\sqrt{\dfrac{n-1}{n+1}}$ 的概率分布.

13. 设总体 X 的分布函数为 $F(x)$, 概率密度函数为 $f(x)$, $(X_1, X_2, \cdots, X_n)$ 是来自总体 X 的一个样本, $X_{(1)}$ 和 $X_{(n)}$ 分别为最小顺序统计量和最大顺序统计量, 试分别求 $X_{(1)}$ 和 $X_{(n)}$ 的分布函数与概率密度函数.

14. 设总体 X 的分布密度为 $f(x) = \begin{cases} 2x, & 0 < x < 1, \\ 0, & 其他, \end{cases}$ $(X_1, X_2, \cdots, X_n)$ 为来自总体 X 的一个样本, 试求 $X_{(1)}$ 和 $X_{(n)}$ 的概率密度函数.

15. 设电子元件寿命时间 X(单位: h) 服从参数 $\lambda = 0.0015$ 的指数分布, 今独立测试 $n = 6$ 个元件, 并记录它们的失效时间, 求:

(1) 没有元件在 800h 之前失效的概率;

(2) 没有元件最后超过 3000h 的概率.

16. 设 $(X_1, X_2, \cdots, X_6)$ 是来自正态总体 $N(0,1)$ 的样本, 又设 $X = (X_1 + X_2 + X_3)^2 + (X_4 + X_5 + X_6)^2$, 试求常数 C, 使 CX 服从 χ^2 分布.

17. 设 (X_1, X_2, X_3, X_4) 是来自 $N(0,1)$ 的样本, 设 $X = a(X_1 - 2X_2)^2 + b(3X_3 - 4X_4)^2$, 问当 a, b 为何值时, X 服从 χ^2 分布? 其自由度为多少?

18. 设 $(X_1, X_2, \cdots, X_n, X_{n+1}, \cdots, X_{n+m})$ 是来自正态总体 $N(0, \sigma^2)$, 容量为 $n + m$ 的样本, 求下列统计量的抽样分布:

(1) $Y = \dfrac{1}{\sigma^2} \sum\limits_{i=1}^{n+m} X_i^2$;

(2) $Z_1 = \dfrac{\sqrt{m} \sum\limits_{i=1}^{n} X_i}{\sqrt{n} \sqrt{\sum\limits_{i=n+1}^{n+m} X_i^2}}$;

(3) $Z_2 = \dfrac{m \sum\limits_{i=1}^{n} X_i^2}{n \sum\limits_{i=n+1}^{n+m} X_i^2}$.

19. 设随机变量 X 服从自由度为 k 的 t 分布, 求随机变量 X^2 的分布.

20. 从正态总体 $N(\mu, 0.5^2)$ 中抽取样本 $(X_1, X_2, \cdots, X_{10})$.

(1) 已知 $\mu = 0$, 求 $P\left\{ \sum\limits_{i=1}^{10} X_i^2 \geqslant 4 \right\}$;

(2) 若 μ 未知, 求 $P\left\{ \sum\limits_{i=1}^{10} (X_i - \overline{X})^2 \geqslant 2.85 \right\}$.

21. 某厂生产的灯泡使用寿命 $X \sim N(2250, 250^2)$(单位: h), 现进行质量检查, 方法如下: 任意挑选若干个灯泡, 如果这些灯泡的平均寿命超过 2200h, 就认为该厂的灯泡质量合格, 问应至少检查多少个灯泡才能使该厂灯泡质量合格的概率超过 0.997?

第 6 章测试题

第 7 章 参数估计

数理统计的基本问题之一是根据样本所提供的信息, 对总体的分布以及分布的数字特征作出统计推断. 统计推断的主要内容分为两大类: 一类是参数估计问题; 另一类是假设检验问题. 本章主要讨论参数估计问题. 这里的参数可以是总体分布中的未知参数, 也可以是总体的某个数字特征. 若总体分布形式已知, 但它的一个或多个参数未知或总体的某个数字特征未知时, 就需借助于总体 X 的样本来估计未知参数. 以下主要讨论总体参数的点估计和区间估计.

7.1 点 估 计

参数的**点估计** (point estimation), 就是利用样本的信息对总体分布中的未知参数作定值估计. 设总体 X 的分布函数形式为已知, 但它的一个或多个参数为未知, 我们的目的是构造一个相应的统计量 $\hat{\theta} = \hat{\theta}(X_1, X_2, \cdots, X_n)$ 去估计该未知参数, 即借助于总体 X 的一个样本来估计总体的未知参数, 这种估计称为参数的点估计. 下面给出两种点估计量的求法.

1. 矩估计

矩估计 (moment estimation) 又称数字特征法估计, 由著名统计学家皮尔逊在 1900 年提出. 它的基本思想是用样本矩估计总体的相应矩, 用样本的数字特征估计总体相应的数字特征. 比如, 若总体 X 中包含 k 个未知参数 $\theta_1, \theta_2, \cdots, \theta_k$, 记总体的 i 阶原点矩 $\mu_i = \mu_i(\theta_1, \theta_2, \cdots, \theta_k)$, 则由样本原点矩 A_i 可建立如下 k 个方程的方程组.

$$\begin{cases} A_1 = \mu_1(\theta_1, \theta_2, \cdots, \theta_k), \\ A_2 = \mu_2(\theta_1, \theta_2, \cdots, \theta_k), \\ \qquad \cdots\cdots \\ A_k = \mu_k(\theta_1, \theta_2, \cdots, \theta_k). \end{cases}$$

即

$$\begin{cases} \dfrac{1}{n}\sum_{i=1}^{n} X_i = E(X), \\ \dfrac{1}{n}\sum_{i=1}^{n} X_i^2 = E(X^2), \\ \quad\quad \cdots\cdots \\ \dfrac{1}{n}\sum_{i=1}^{n} X_i^k = E(X^k). \end{cases} \tag{7.1}$$

注 上述方程的右端实际上包含未知参数 $\theta_1, \theta_2, \cdots, \theta_k$, 因此 (7.1) 是 k 个未知量、k 个方程的一个方程组. 一般来说, 我们可以从中解得

$$\begin{cases} \hat{\theta}_1 = \hat{\theta}_1(X_1, X_2, \cdots, X_n), \\ \hat{\theta}_2 = \hat{\theta}_2(X_1, X_2, \cdots, X_n), \\ \quad\quad \cdots\cdots \\ \hat{\theta}_k = \hat{\theta}_k(X_1, X_2, \cdots, X_n), \end{cases}$$

它们就是未知参数 $\theta_1, \theta_2, \cdots, \theta_k$ 的一组矩估计量. 另外, (7.1) 中也可用相应的中心矩代替. 至于究竟用何种矩为宜, 常以方便求解为据. 这种求估计量的方法称为**矩法**, 其本质就是用样本矩估计总体矩, 即用 A_i 估计 $\mu_i = \mu_i(\theta_1, \theta_2, \cdots, \theta_k)$, 进而得到参数的估计.

例 7.1 交通工程中, 当车流比较拥挤时, 常用二项分布来描述车流的分布. 假设某交叉路口的左转车辆数 $X \sim B(N, p)$, 其中 N 为已知数, p 为未知参数, 求参数 p 的矩估计量.

解 设 $(X_1, X_2, \cdots, X_n)$ 是来自总体 X 的样本, 因为 $E(X) = Np$, 所以, 有 $Np = \overline{X}$, 由此解出的 $\hat{p} = \dfrac{\overline{X}}{N}$ 即为参数 p 的矩估计.

例 7.2 设总体 $X \sim U(a, b)$, 其中 a, b 都是未知参数, 且 $a < b$, 求 a 和 b 的矩估计量.

解 设 $(X_1, X_2, \cdots, X_n)$ 是来自总体 X 的样本, 由已知 $E(X) = (a+b)/2$, 二阶中心矩 $D(X) = (b-a)^2/12$, 按矩法应有

$$\frac{a+b}{2} = \overline{X}, \quad \frac{(b-a)^2}{12} = S_n^2.$$

由此解得 a, b 的矩估计量分别为 $\hat{a} = \overline{X} - \sqrt{3}S_n, \hat{b} = \overline{X} + \sqrt{3}S_n$.

例 7.3 交通流中常用前后车辆的车头时距 (指连续两辆车的同一参考点通过道路某定点的时间间隔) 来描述车流的统计规律, 设某研究路段的车头时距为

总体 X, 其概率密度为

$$f(x) = \begin{cases} \lambda e^{-\lambda(x-\theta)}, & x > \theta, \\ 0, & x \leqslant \theta, \end{cases}$$

其中 $\lambda\,(\lambda > 0)$ 和 θ 都是未知参数, $(X_1, X_2, \cdots, X_n)$ 是来自总体 X 的样本, 求 λ 和 θ 的矩估计量.

解 设 $Y = X - \theta$, $Y_i = X_i - \theta$, $i = 1, 2, \cdots, n$, 则易知 (或用 (2.31) 式) Y 的概率密度函数

$$f_Y(y) = f(y + \theta) = \begin{cases} \lambda e^{-\lambda y}, & y > 0, \\ 0, & y \leqslant 0, \end{cases}$$

即 $Y \sim \mathrm{Exp}(\lambda)$ 且 $(Y_1, Y_2, \cdots, Y_n)$ 是取自总体 Y 的样本. 由于

$$E(Y) = E(X) - \theta = \frac{1}{\lambda}, \quad D(Y) = D(X) = \frac{1}{\lambda^2},$$

并且 $(Y_1, Y_2, \cdots, Y_n)$ 的样本均值 $\overline{Y} = \overline{X} - \theta$, 二阶中心矩 $\tilde{S}_n^2 = S_n^2$. 依矩法应有

$$\begin{cases} \dfrac{1}{\lambda} = \overline{X} - \theta, \\ \dfrac{1}{\lambda^2} = S_n^2. \end{cases}$$

由此解得 θ 和 λ 的矩估计分别为 $\hat{\theta} = \overline{X} - S_n$ 和 $\hat{\lambda} = \dfrac{1}{S_n}$.

例 7.4 设总体 X 服从水文气象中常用的皮尔逊 III 分布, 其密度函数为

$$f(x) = \begin{cases} \dfrac{\beta^\alpha}{\Gamma(\alpha)}(x - \delta)^{\alpha-1} e^{-\beta(x-\delta)}, & x > \delta, \\ 0, & x \leqslant \delta, \end{cases}$$

其中 δ 为位置参数, 当 $\delta = 0$ 时就是 Γ 分布, $\alpha > 0, \beta > 0$ 是未知参数, 求当 $\delta = 0$ 时 α 和 β 的矩估计量

解 设 $(X_1, X_2, \cdots, X_n)$ 是来自总体 X 的一个样本, 可以求得总体中心矩

$$
\begin{aligned}
E(X) &= \int_0^{+\infty} x f(x) \mathrm{d}x = \int_0^{+\infty} \frac{\beta^\alpha}{\Gamma(\alpha)} x^{\alpha-1} \mathrm{e}^{-\beta x} \mathrm{d}x \\
&= \frac{\beta^\alpha}{\Gamma(\alpha)} \int_0^{+\infty} x^\alpha \mathrm{e}^{-\beta x} \mathrm{d}x = \frac{\beta^\alpha}{\Gamma(\alpha)} \beta^{-\alpha-1} \int_0^{+\infty} (\beta x)^\alpha \mathrm{e}^{-\beta x} \mathrm{d}(\beta x) \\
&= \frac{\beta^\alpha}{\Gamma(\alpha)} \beta^{-\alpha-1} \int_0^{+\infty} t^\alpha \mathrm{e}^{-t} \mathrm{d}t = \frac{\beta^\alpha}{\Gamma(\alpha)} \beta^{-\alpha-1} \Gamma(\alpha+1) \\
&= \frac{\beta^{-1}}{\Gamma(\alpha)} \alpha \Gamma(\alpha) = \frac{\alpha}{\beta}.
\end{aligned}
$$

同理, 利用 Γ 函数可求得

$$
E(X^2) = \frac{\alpha(\alpha+1)}{\beta^2}.
$$

依矩法应有

$$
\frac{\alpha}{\beta} = \overline{X}, \quad \frac{\alpha(\alpha+1)}{\beta^2} = \frac{1}{n} \sum_{i=1}^n X_i^2,
$$

即

$$
\frac{\alpha}{\beta} = \overline{X}, \quad \frac{\alpha}{\beta^2} = \frac{1}{n} \sum_{i=1}^n X_i^2 - \overline{X}^2 = S_n^2.
$$

解得 α 和 β 的矩估计量分别为

$$
\hat{\alpha} = \frac{(\overline{X})^2}{S_n^2}, \quad \hat{\beta} = \frac{\overline{X}}{S_n^2}.
$$

例 7.5 设总体 X 的均值 μ 和方差 σ^2 都存在, 且 $\sigma^2 > 0$, 但 μ 和 σ^2 未知, $(X_1, X_2, \cdots, X_n)$ 是来自 X 的样本, 求 μ 和 σ^2 的矩估计.

解 由于

$$
\begin{cases}
E(X) = \mu, \\
E(X^2) = D(X) + [E(X)]^2 = \sigma^2 + \mu^2,
\end{cases}
$$

所以

$$
\begin{cases}
\hat{\mu} = \overline{X}, \\
\hat{\sigma}^2 + \hat{\mu}^2 = \dfrac{1}{n} \sum_{i=1}^n X_i^2.
\end{cases}
$$

从中解得 μ 和 σ^2 的矩估计量分别为

$$\hat{\mu} = \overline{X}, \quad \hat{\sigma}^2 = \frac{1}{n}\sum_{i=1}^{n} X_i^2 - \overline{X}^2 = \frac{1}{n}\sum_{i=1}^{n}(X_i - \overline{X})^2 = S_n^2.$$

可以看出, 无论总体 X 服从什么分布, 只要 $E(X) = \mu, D(X) = \sigma^2$ 存在, 它们的矩估计总是

$$\hat{\mu} = \overline{X}, \quad \hat{\sigma}^2 = S_n^2.$$

矩估计既直观又简便, 特别是在估计总体的均值、方差等数字特征时, 不必知道总体的概率分布模型, 只要总体存在所需的矩即可, 这是矩估计的优点. 矩估计的不足之处在于总体概率分布模型已知的情形下, 矩估计并未充分利用总体分布所提供的信息, 其精度可能比别的估计低.

2. 最大似然估计

为充分利用总体的概率分布模型所蕴含的有用信息, 下面给出一个更有效的点估计——**最大似然估计** (maximum likelihood estimation).

(1) 最大似然估计法的基本思想.

在随机抽样中, 记样本 $(X_1, X_2, \cdots, X_n)$ 的取值为 $(x_1, x_2, \cdots, x_n)$, 由于 $(X_1, X_2, \cdots, X_n)$ 是随机的, 在一次抽样中居然取到 $(x_1, x_2, \cdots, x_n)$, 则我们有理由认为该随机样本取到 $(x_1, x_2, \cdots, x_n)$ 的概率最大. 从而可选取适当的参数, 使取到该样本值的概率达到最大, 这就是最大似然估计的基本思想. 先看一个例子, 然后分别讨论离散情形和连续情形.

例 7.6 设有一大批产品, 其废品率是 $p(0 < p < 1)$, 今从中随意取出 n 个, 其中共有 m 个废品, 试估计参数 p 的值.

解 用 0 表示正品, 1 表示废品, 则总体 X 的分布为 $P\{X = 0\} = 1 - p$, $P\{X = 1\} = p$ 或写成

$$P\{X = x\} = p^x(1-p)^{1-x}, \quad x = 0, 1.$$

取得的样本值记为 $(x_1, x_2, \cdots, x_n)$, 诸 x_i 中有 m 个 1, $n - m$ 个 0, 此样本值出现的概率是

$$P\{X_1 = x_1, X_2 = x_2, \cdots, X_n = x_n\}$$

$$= \prod_{i=1}^{n} P\{X_i = x_i\} = \prod_{i=1}^{n} p^{x_i}(1-p)^{1-x_i}$$

$$= p^{\sum_{i=1}^{n} x_i}(1-p)^{n-\sum_{i=1}^{n} x_i} = p^m(1-p)^{n-m}.$$

记此概率为 $L(p)$, 则有 $L(p) = p^m(1-p)^{n-m}$, 其值随着 p 值的不同而不同, 按最大似然法的基本思想, 应选择使 $L(p)$ 达到最大的 p 值作为参数 p 的估计值.

由

$$L'(p) = mp^{m-1}(1-p)^{n-m} - p^m(n-m)(1-p)^{n-m-1}$$

$$= p^{m-1}(1-p)^{n-m-1}(m-np) = 0,$$

解得 $\hat{p} = \dfrac{m}{n}$. 当 $p < \hat{p}$ 时, $L'(p) > 0$; 当 $p > \hat{p}$ 时, $L'(p) < 0$. 所以 $p = \hat{p}$ 是 $L(p)$ 的最大值点, 此值满足条件

$$L(\hat{p}) = \max_{0<p<1} L(p).$$

可用 $\hat{p} = \dfrac{m}{n}$ 作为 p 的估计值.

(2) 最大似然估计的基本步骤.

(i) 总体分布为离散的情形.

设总体 X 的概率分布为 $P\{X = x\} = p(x; \theta_1, \theta_2, \cdots, \theta_k)$, $x = a_1, a_2, \cdots, a_n, \cdots$, 其中 $\theta_1, \theta_2, \cdots, \theta_k$ 是总体分布中的未知参数, 这时样本值 $(x_1, x_2, \cdots, x_n)$ 出现的概率是

$$P\{X_1 = x_1, X_2 = x_2, \cdots, X_n = x_n\} = \prod_{i=1}^{n} P\{X_i = x_i\}$$

$$= \prod_{i=1}^{n} p(x_i; \theta_1, \theta_2, \cdots, \theta_k). \tag{7.2}$$

记此概率为 $L(\theta_1, \theta_2, \cdots, \theta_k)$, 即

$$L(\theta_1, \theta_2, \cdots, \theta_k) = \prod_{i=1}^{n} p(x_i; \theta_1, \theta_2, \cdots, \theta_k). \tag{7.3}$$

它是参数为 $\theta_1, \theta_2, \cdots, \theta_k$ 的函数, 选择参数值 $\hat{\theta}_1, \hat{\theta}_2, \cdots, \hat{\theta}_k$ 使得

$$L(\hat{\theta}_1, \hat{\theta}_2, \cdots, \hat{\theta}_k) = \max L(\theta_1, \theta_2, \cdots, \theta_k), \tag{7.4}$$

并用 $\hat{\theta}_i$ 作为 $\theta_i\,(i = 1, 2, \cdots, k)$ 的估计值, 这种求估计值的方法称为**最大似然估计法**. 用这种方法求得的估计值 $\hat{\theta}_i$ 叫做 θ_i 的最大似然估计值. 而称 $L(\theta_1, \theta_2, \cdots, \theta_k)$ 为参数 $\theta_i\,(i = 1, 2, \cdots, k)$ 的**似然函数** (likelihood function).

如果似然函数 $L(\theta_1, \theta_2, \cdots, \theta_k)$ 对 θ_i 的导数或偏导数存在, 那么根据多元函数极值理论应有

$$\frac{\partial L(\theta_i, x_i)}{\partial \theta_i} = 0. \tag{7.5}$$

由此确定的最大值点 θ_i 即为最大似然估计值 $\hat{\theta}_i (i = 1, 2, \cdots, k)$. 若似然函数 $L(\theta_1, \theta_2, \cdots, \theta_k)$ 对 θ_i 的导数或偏导数存在但没有驻点, 或似然函数 $L(\theta_1, \theta_2, \cdots, \theta_k)$ 对 θ_i 的导数或偏导数不存在, 则需用其他方法求 $L(\theta_1, \theta_2, \cdots, \theta_k)$ 的最大值点.

由于对数函数 $\ln L$ 是单调增加的, 所以 L 和 $\ln L$ 有相同的最大值点. 利用这一事实, 可将最大化 L 的问题转化为最大化 $\ln L$, 这样往往可简化最大似然估计法. 通常将 $\ln L$ 称为**对数似然函数**.

例 7.7 设总体 X 表示某交通路口一个周期内到达的车辆数, 并服从泊松分布 $P(\lambda)$, 其中 $\lambda > 0$ 为未知参数, 求 λ 的最大似然估计.

解 设 $(X_1, X_2, \cdots, X_n)$ 是来自总体 X 的一个样本, 由题知, X 的概率分布为 $P\{X = x\} = \dfrac{\lambda^x}{x!} \mathrm{e}^{-\lambda},\ x = 0, 1, 2, \cdots.$ 对于样本值 $(x_1, x_2, \cdots, x_n)$, λ 的似然函数为

$$L(\lambda) = \prod_{i=1}^{n} P\{X_i = x_i\} = \prod_{i=1}^{n} \frac{\lambda^{x_i}}{x_i!} \mathrm{e}^{-\lambda} = \frac{\lambda^{\sum\limits_{i=1}^{n} x_i}}{\prod\limits_{i=1}^{n} (x_i!)} \mathrm{e}^{-n\lambda}.$$

两边取对数, 得

$$\ln L = \sum_{i=1}^{n} x_i \cdot \ln \lambda - n\lambda - \ln \left[\prod_{i=1}^{n} (x_i!) \right].$$

关于参数 λ 求导并令其导数值为零, 则有

$$\frac{\mathrm{d} \ln L}{\mathrm{d} \lambda} = \frac{1}{\lambda} \sum_{i=1}^{n} x_i - n = 0,$$

解得 $\hat{\lambda} = \dfrac{1}{n} \sum\limits_{i=1}^{n} x_i = \overline{x}$ 为唯一的驻点, 又由于

$$\frac{\mathrm{d}^2 \ln L}{\mathrm{d} \lambda^2} \bigg|_{\hat{\lambda}} = -\frac{1}{\hat{\lambda}^2} \sum_{i=1}^{n} x_i < 0,$$

故 $\overline{x}$ 满足条件

$$L(\overline{x}) = \max_{0 < \lambda < +\infty} L(\lambda).$$

因此, λ 的最大似然估计是 $\hat{\lambda} = \overline{X}$.

例 7.8 (池中鱼的数目估计问题) 为了估计池中鱼的数目 N, 自池中任意捕捞 M 条鱼做上记号放回池中, 然后再从池中捞出 n 条, 结果发现其中 k 条鱼有记号, 这里 N 是待估数, n 和 k 是已知数, 试估计池中鱼的数目 N.

解 由题设, 池中共有 N 条鱼 (待估参数), 其中 M 条带有记号, 现从中随机捞一条鱼, 令

$$X = \begin{cases} 1, & \text{捞出的鱼带有记号}, \\ 0, & \text{捞出的鱼没带记号}, \end{cases}$$

则 $X \sim B(1, p)$, $P\{X = 1\} = M/N = p$, $P\{X = 0\} = 1 - p = 1 - M/N$. 在池中任捞 n 条鱼, 即从 X 中抽取了一个样本 $(X_1, X_2, \cdots, X_n)$, 例 7.6 已求得 p 的最大似然估计 $\hat{p} = k/n$, 其中 k 表示 n 条鱼中带有记号鱼的条数, 而 $p = M/N$, 所以 $k/n = M/N$, 取整数可得池中鱼数目的最大似然估计值 $\hat{N} = [nM/k]$.

(ii) 总体分布为连续的情形.

设总体 X 的概率密度是 $f(x; \theta_1, \theta_2, \cdots, \theta_k)$, 其中 $\theta_1, \theta_2, \cdots, \theta_k$ 为未知参数. 考察样本 $(X_1, X_2, \cdots, X_n)$ 落在 $(x_1, x_2, \cdots, x_n)$ 的指定邻域内的概率

$$P\{x_1 - \Delta x_1 \leqslant X_1 \leqslant x_1 + \Delta x_1, x_2 - \Delta x_2 \leqslant X_2 \leqslant x_2 + \Delta x_2,$$

$$\cdots, x_n - \Delta x_n \leqslant X_n \leqslant x_n + \Delta x_n\}$$

$$= \prod_{i=1}^{n} P\{x_i - \Delta x_i \leqslant X_i \leqslant x_i + \Delta x_i\} = \prod_{i=1}^{n} \int_{x_i - \Delta x_i}^{x_i + \Delta x_i} f(x; \theta_1, \theta_2, \cdots, \theta_k) \mathrm{d}x$$

$$\approx \prod_{i=1}^{n} [f(x_i; \theta_1, \theta_2, \cdots, \theta_k) \cdot 2\Delta x_i]$$

$$= \left[\prod_{i=1}^{n} f(x_i, \theta_1, \theta_2, \cdots, \theta_k) \right] \cdot 2^n \Delta x_1 \Delta x_2 \cdots \Delta x_n,$$

其中 $\Delta x_i (i = 1, 2, \cdots, n)$ 都是充分小的常量. 令

$$L(\theta_1, \theta_2, \cdots, \theta_k) = \prod_{i=1}^{n} f(x_i; \theta_1, \theta_2, \cdots, \theta_k). \tag{7.6}$$

由于 $2^n \Delta x_1 \Delta x_2 \cdots \Delta x_n$ 是常数, 所以上述概率达到最大当且仅当 $L(\theta_1, \theta_2, \cdots, \theta_k)$ 达到最大. 这里的 $L(\theta_1, \theta_2, \cdots, \theta_k)$ 称为**似然函数**, 满足 $L(\hat{\theta}_1, \hat{\theta}_2, \cdots, \hat{\theta}_k) = \max L(\theta_1, \theta_2, \cdots, \theta_k)$ 的 $\hat{\theta}_i (i = 1, 2, \cdots, k)$ 称为 θ_i 的**最大似然估计**. 这种求估计值的方法同样称为**最大似然法**. 具体做法与情形 (i) 相同.

例 7.9　设总体 X 表示交通流中的车头时距, 且服从指数分布 $\mathrm{Exp}(\lambda)$, 其中 $\lambda > 0$ 为未知参数, 求 λ 的最大似然估计.

解　设 $(X_1, X_2, \cdots, X_n)$ 是取自总体 X 的一个样本, 由题知, X 的密度函数

$$f(x) = \begin{cases} 0, & x \leqslant 0, \\ \lambda \mathrm{e}^{-\lambda}, & x > 0. \end{cases}$$

因为 X 不会取负值, 所以样本值 $(x_1, x_2, \cdots, x_n)$ 的各分量 $x_i(i = 1, 2, \cdots, n)$ 非负, 从而 λ 的似然函数是

$$L(\lambda) = \prod_{i=1}^{n} f(x_i) = \prod_{i=1}^{n} (\lambda \mathrm{e}^{-\lambda x_i}) = \lambda^n \mathrm{e}^{-\lambda \sum\limits_{i=1}^{n} x_i}.$$

上式取对数并令关于 λ 的导数为零, 则有

$$\frac{\mathrm{d}\ln L(\lambda)}{\mathrm{d}\lambda} = \frac{n}{\lambda} - \sum_{i=1}^{n} x_i = 0,$$

解得 $\hat{\lambda} = 1/\overline{x}$. 由于 $\left. \dfrac{\mathrm{d}^2 \ln L(\lambda)}{\mathrm{d}\lambda^2} \right|_{\hat{\lambda}} = -\dfrac{n}{\hat{\lambda}^2} < 0$, 所以

$$L(\hat{\lambda}) = \max_{0 < \lambda < +\infty} L(\lambda),$$

从而 λ 的最大似然估计是 $\hat{\lambda} = 1/\overline{X}$.

例 7.10　设总体 X 服从均匀分布 $U(a, b)$, 其中 a, b 为未知参数, 且 $a < b$, 求 a, b 的最大似然估计.

解　设 $(X_1, X_2, \cdots, X_n)$ 是取自总体 X 的一个样本, 因为 X 不会取 (a, b) 以外的值, 所以样本值 $(x_1, x_2, \cdots, x_n)$ 中的各分量, $x_i \in (a, b)(i = 1, 2, \cdots, n)$. 从而 a, b 的似然函数

$$L(a, b) = \prod_{i=1}^{n} f(x_i) = \prod_{i=1}^{n} \frac{1}{b-a} = \frac{1}{(b-a)^n}, \quad x_i \in (a, b),\ i = 1, 2, \cdots, n.$$

为使 L 最大, 应使 $b - a$ 最小, 因此 a 应取其最大允许值, b 应取其最小允许值. 又

$$a \leqslant \min_{1 \leqslant i \leqslant n} x_i \leqslant \max_{1 \leqslant i \leqslant n} x_i \leqslant b,$$

所以

$$L(x_{(1)}, x_{(n)}) = \max_{a < b} L(a, b).$$

故 a, b 的最大似然估计 $\hat{a} = \min\limits_{1 \leqslant i \leqslant n} X_i = X_{(1)}, \hat{b} = \max\limits_{1 \leqslant i \leqslant n} X_i = X_{(n)}$.

例 7.11 设总体 $X \sim N(\mu, \sigma^2)$, 其中 μ 和 σ^2 是未知参数. 求 μ 和 σ^2 的最大似然估计.

解 设 $(X_1, X_2, \cdots, X_n)$ 是取自总体 X 的一个样本, X 的概率密度函数为

$$f(x) = \frac{1}{\sqrt{2\pi}\sigma} e^{-\frac{(x-\mu)^2}{2\sigma^2}}, \quad -\infty < x < +\infty,$$

则 μ, σ^2 的似然函数

$$L(\mu, \sigma^2) = \prod_{i=1}^{n} f(x_i) = \prod_{i=1}^{n} \frac{1}{\sqrt{2\pi}\sigma} e^{-\frac{(x_i-\mu)^2}{2\sigma^2}}$$

$$= (2\pi)^{-\frac{n}{2}} (\sigma^2)^{-\frac{n}{2}} e^{-\frac{1}{2\sigma^2} \sum\limits_{i=1}^{n} (x_i-\mu)^2}.$$

取对数得

$$\ln L(\mu, \sigma^2) = -\frac{n}{2} \ln 2\pi - \frac{n}{2} \ln \sigma^2 - \frac{1}{2\sigma^2} \sum_{i=1}^{n} (x_i - \mu)^2.$$

分别关于 μ, σ^2 求偏导, 并令偏导为零, 得

$$\frac{\partial \ln L(\mu, \sigma^2)}{\partial \mu} = \frac{1}{\sigma^2} \sum_{i=1}^{n} (x_i - \mu) = \frac{1}{\sigma^2} (n\overline{x} - n\mu) = 0,$$

$$\frac{\partial \ln L(\mu, \sigma^2)}{\partial (\sigma^2)} = -\frac{n}{2\sigma^2} + \frac{1}{2(\sigma^2)^2} \sum_{i=1}^{n} (x_i - \mu)^2 = 0.$$

应用多元函数极值理论可知 $L(\overline{x}, s_n^2) = \max L(\mu, \sigma^2)$, 故 μ 和 σ^2 的最大似然估计分别为

$$\hat{\mu} = \overline{X}, \quad \hat{\sigma}^2 = S_n^2.$$

例 7.12 设总体 X 服从帕累托 (Pareto) 分布, 其分布函数为

$$F(x; \beta) = \begin{cases} 1 - x^{-\beta}, & x > 1, \\ 0, & x \leqslant 1, \end{cases}$$

其中 $\beta > 1$ 为未知参数, 求 β 的最大似然估计.

解 可求得总体 X 的概率密度函数

$$f(x; \beta) = \begin{cases} \dfrac{\beta}{x^{\beta+1}}, & x > 1, \\ 0, & x \leqslant 1. \end{cases}$$

对于样本值 $(x_1, x_2, \cdots, x_n)$, 有 $x_i > 1$, 于是似然函数为

$$L(\beta) = \prod_{i=1}^{n} f(x_i; \beta) = \prod_{i=1}^{n} \frac{\beta}{x_i^{\beta+1}} = \frac{\beta^n}{\left(\prod_{i=1}^{n} x_i\right)^{\beta+1}}.$$

取对数得

$$\ln L(\beta) = n \ln \beta - (\beta + 1) \sum_{i=1}^{n} \ln x_i.$$

关于 β 求导并令其为零, 则有

$$\frac{\mathrm{d} \ln L(\beta)}{\mathrm{d}\beta} = \frac{n}{\beta} - \sum_{i=1}^{n} \ln x_i = 0,$$

可解得 $\hat{\beta} = \dfrac{n}{\displaystyle\sum_{i=1}^{n} \ln x_i}$. 由于 $\dfrac{\mathrm{d}^2 \ln L(\beta)}{\mathrm{d}\beta^2}\bigg|_{\hat{\beta}} = -\dfrac{n}{\hat{\beta}^2} < 0$, 所以 β 的最大似然估计为

$$\hat{\beta} = \frac{n}{\displaystyle\sum_{i=1}^{n} \ln x_i}.$$

需要说明的是, 尽管在有些场合一个参数的最大似然估计和矩估计相同, 如正态分布参数, 但最大似然法和矩法毕竟是不同的方法. 在一般情况下, 用它们求得的估计量未必相同, 如均匀分布 $U(a,b)$ 中参数的矩估计和最大似然估计就不相同.

本节思考题

1. 求矩估计时, 由于可选的矩很多, 所以一个参数通常可以得到很多矩估计, 那么一般该如何选择适当的矩呢?

2. 什么是似然函数? 最大似然估计是似然函数的最大值点吗? 它是否唯一? 是否一定是驻点?

本节测试题

1. 已知总体 X 的分布律为 $P\{X=1\} = \theta$, $P\{X=2\} = \theta/2$, $P\{X=3\} = 1 - 3\theta/2$, 现得到样本观测值为 2, 3, 2, 1, 3, 求 θ 的矩估计和最大似然估计.

2. 已知总体 X 的分布函数为 $F(x;\theta) = \begin{cases} 1 - x^{-\theta}, & x > 1, \\ 0, & \text{其他,} \end{cases}$ 其中未知参数 $\theta > 1$, 设 $(X_1, X_2, \cdots, X_n)$ 为 X 的一个样本, 试求 θ 的矩估计和最大似然估计.

7.2 估计量的评价标准

在 7.1 节我们看到, 对于总体 X 的同一个未知参数, 由于采用的估计方法不同, 可能会产生多个不同的估计量. 这就提出一个问题, 当总体的一个参数存在不同的估计量时, 究竟采用哪一个好呢? 或者说怎样评价一个估计量的统计性能呢? 下面给出几个常用的评价准则.

1. 无偏性

对于待估参数, 不同的样本值就会得到不同的估计值. 这样, 要确定一个估计量的好坏, 就不能仅仅依据某次抽样的结果来衡量, 而必须由大量抽样的结果来判断. 对此, 一个自然而基本的衡量标准是要求估计量无系统偏差. 尽管在一次抽样中得到的估计值不一定恰好等于待估参数的真值, 但在大量重复抽样时, 所得到的估计值平均起来应与待估参数的真值相同. 换句话说, 我们希望估计量的均值 (数学期望) 应等于未知参数的真值, 这就是所谓**无偏性** (unbiasedness) 的要求.

定义 7.1 设 $(X_1, X_2, \cdots, X_n)$ 是来自总体 X 的样本, $\hat{\theta} = \hat{\theta}(X_1, X_2, \cdots, X_n)$ 是总体参数 θ 的一个估计量, Θ 是参数 θ 的所有可能取值构成的集合. 若

$$E(\hat{\theta}) = \theta, \quad \theta \in \Theta, \tag{7.7}$$

则称 $\hat{\theta}$ 是 θ 的**无偏估计量** (unbiased estimator).

注 估计量 $\hat{\theta}$ 的数学期望 $E(\hat{\theta})$ 通常都是关于未知参数 θ 的函数, 因此, (7.7) 式实际上是对所有未知参数 $\theta \in \Theta$ 都要成立的, 只有这样, 才能说估计量 $\hat{\theta}$ 是无偏的.

一个估计量如果不是无偏的就称它是**有偏估计量**. $E(\hat{\theta}) - \theta$ 称为估计量 $\hat{\theta}$ 的**偏差**. 无偏估计的实际意义就是无系统偏差. 估计量是否无偏是评价估计量好坏的一个重要标准.

若 $E(\hat{\theta}) \neq \theta$, 但有 $\lim\limits_{n \to \infty} E(\hat{\theta}) = \theta, \theta \in \Theta$ 则称 $\hat{\theta}$ 是 θ 的**渐近无偏估计**.

注 $\hat{\theta}$ 和 $E(\hat{\theta})$ 通常都是依赖于样本容量 n 的, 但为简化记号, 我们一般并不特别说明. 以下类同, 恕不一一解释.

例 7.13 设总体 X 的均值 $E(X) = \mu$ 以及方差 $D(X) = \sigma^2$ 都存在, 问矩估计量 $\hat{\mu} = \overline{X}$ 和 $\hat{\sigma}^2 = S_n^2$ 是不是无偏的?

解 因为 $E(\overline{X}) = E(X) = \mu, E(S_n^2) = \dfrac{n-1}{n}\sigma^2 \neq \sigma^2$(见 (6.5) 式和 (6.6) 式), 所以 $\hat{\mu} = \overline{X}$ 是 μ 的无偏估计. 而 $\hat{\sigma}^2 = S_n^2$ 不是 σ^2 的无偏估计. 又 $\lim\limits_{n \to +\infty} E(S_n^2) = \lim\limits_{n \to +\infty} \dfrac{n-1}{n}\sigma^2 = \sigma^2$, 从而 $\hat{\sigma}^2 = S_n^2$ 是 σ^2 的渐近无偏估计.

注意到 (6.5) 式: $E(S^2) = D(X) = \sigma^2$, 所以样本方差 S^2 是 σ^2 的无偏估计, 从而我们有结论: 无论 X 服从何种分布, 只要总体的一阶矩和二阶矩存在, 总有

$$E(\overline{X}) = E(X), \quad E(S^2) = D(X),$$

即样本均值始终是总体均值的无偏估计, 样本方差始终是总体方差的无偏估计.

例 7.14 设 $(X_1, X_2, \cdots, X_n)$ 是来自泊松分布 $P(\lambda)$ 的一个样本, 试证对任一值 $\alpha (0 \leqslant \alpha \leqslant 1)$, $\alpha \overline{X} + (1 - \alpha)S^2$ 都是参数 λ 的无偏估计.

证明 由 $X \sim P(\lambda)$ 知 $E(X) = \lambda$, $D(X) = \lambda$. 由于

$$E(\overline{X}) = E(X) = \lambda, \quad E(S^2) = D(X) = \lambda,$$

$$E\left[\alpha \overline{X} + (1 - \alpha)S^2\right] = \alpha E(\overline{X}) + (1 - \alpha)E(S^2) = \alpha\lambda + (1 - \alpha)\lambda = \lambda,$$

所以估计量 $\alpha \overline{X} + (1 - \alpha)S^2$ 是 λ 的无偏估计.

在以上例子中, 当 α 取不同值时, 就会产生很多不同的无偏估计量, 这些无偏估计量中哪些更好呢? 需给出进一步的评判标准.

2. 有效性

比较两个无偏估计量优劣的一个重要标准就是观察它们哪一个取值更集中于待估参数的真值附近, 即哪一个估计量的方差 (也是未知参数的函数) 更小, 这就是下面给出的**有效性** (effectiveness) 概念.

定义 7.2 设 $\hat{\theta}_1 = \hat{\theta}_1(X_1, X_2, \cdots, X_n)$ 与 $\hat{\theta}_2 = \hat{\theta}_2(X_1, X_2, \cdots, X_n)$ 都是总体参数 θ 的无偏估计量, 若

$$D(\hat{\theta}_1) \leqslant D(\hat{\theta}_2) \text{ 且至少对某个 } \theta \text{ 成立 “} < \text{” 关系}, \theta \in \Theta, \tag{7.8}$$

则称 $\hat{\theta}_1$ 比 $\hat{\theta}_2$ **更有效**.

在 θ 的所有无偏估计量中, 如果存在一个估计量 $\hat{\theta}_0$, 它的方差最小, 则此估计量应当最好, 并称此估计量 $\hat{\theta}_0$ 为 θ 的**最小方差无偏估计**, 也称其为**最有效的**. 可以证明, 对于正态总体 $N(\mu, \sigma^2)$, $\overline{X}$ 和 S^2 分别是 μ 和 σ^2 的最小方差无偏估计. 有效性的意义是: 用 $\hat{\theta}$ 估计 θ 时, 除无系统偏差外, 还需考虑估计的精度.

3. 相合性

估计量 $\hat{\theta}$ 的无偏性和有效性都是在样本容量 n 固定的情况下讨论的. 由于估计量 $\hat{\theta}$ 和样本容量 n 有关, 我们自然希望当 n 很大时, 一次抽样得出的 $\hat{\theta}$ 的值能以很大的概率充分接近被估参数 θ, 这就引出了**相合性** (consistency, 也叫一致性) 的要求.

定义 7.3 设 $\hat{\theta} = \hat{\theta}(X_1, X_2, \cdots, X_n)$ 是总体参数 θ 的估计量, 如果对任意 $\varepsilon > 0$, 都有

$$\lim_{n \to \infty} P\big\{|\hat{\theta} - \theta| < \varepsilon\big\} = 1, \tag{7.9}$$

则称 $\hat{\theta}$ 是 θ 的**相合估计量** (或**一致估计量**).

由定义 5.2 及 (7.9) 式知, $\hat{\theta}$ 是 θ 的相合估计就意味着 $\hat{\theta}$ 依概率收敛于 θ.

根据大数定律, 无论总体 X 服从什么分布, 只要其 k 阶原点矩 $\mu_k = E(X^k)$ 存在, 则对任意 $\varepsilon > 0$, 都有

$$\lim_{n \to \infty} P\left\{ \left| \frac{1}{n} \sum_{i=1}^n X_i^k - E(X^k) \right| < \varepsilon \right\} = 1.$$

所以样本的 k 阶原点矩 $A_k = \dfrac{1}{n} \sum_{i=1}^n X_i^k$ 始终是总体 k 阶原点矩 μ_k 的相合估计.

进一步地, 可以证明: 只要相应的总体矩存在, 矩估计必定是相合估计. 特别地, $\hat{\mu} = \overline{X}$ 总是 $\mu = E(X)$ 的相合估计, 样本方差 S^2 和样本的二阶中心矩 S_n^2 都是总体方差 σ^2 的相合估计, S 和 S_n 又都是 σ 的相合估计.

由相合性定义可以看出, 若 $\hat{\theta}$ 是 θ 的相合估计, 则当样本容量很大时, 一次抽样得到的 $\hat{\theta}$ 值便可作为 θ 的较好近似值.

本节思考题

1. 对给定的样本值, 是不是无偏估计值就恰好是参数真值?

2. 为什么无偏估计的方差越小就称为越有效呢?

本节测试题

1. 在例 7.14 中, 易验证 $aX_1 + (1 - a)X_2$ 也是参数 λ 的无偏估计, 试求这类估计中最有效的那个估计.

2. 已知 $X \sim U(0, \theta)$, 试求 θ 的一个矩估计并判断其无偏性和相合性.

7.3 区 间 估 计

1. 置信区间的概念

对于未知参数 θ, 除了得到它的点估计 $\hat{\theta}$ 外, 我们还希望估计出一个范围, 并希望知道这个范围包含参数真值 θ 的可信程度. 这样的范围通常以区间的形式给出, 而可信程度由概率给出. 这种估计称为区间估计或置信区间, 以下先给出置信区间的概念.

定义 7.4   设 θ 为总体 X 的一个未知参数, $\alpha\,(0 < \alpha < 1)$ 是预先给定的一个数, $\hat{\theta}_1 = \hat{\theta}_1(X_1, X_2, \cdots, X_n)$, $\hat{\theta}_2 = \hat{\theta}_2(X_1, X_2, \cdots, X_n)$ 是 θ 的两个估计量, 若

$$P\left\{\hat{\theta}_1 < \theta < \hat{\theta}_2\right\} = 1 - \alpha, \tag{7.10}$$

则称随机区间 $(\hat{\theta}_1, \hat{\theta}_2)$ 是未知参数 θ 的一个**置信度**为 $1-\alpha$ 的**置信区间** (confidence interval). 置信度有时也称置信水平 (confidence level) 或置信系数 (confidence coefficient). 通常 α 取 0.05, 0.01, 0.10, 视具体需要而定.

2. 求区间估计的一般方法

(1) 首先寻找一个由样本和未知参数 θ 组成的随机变量 (称之为**枢轴变量**) $T = T(X_1, X_2, \cdots, X_n; \theta)$, 使其分布完全已知.

(2) 对给定的置信度 $1 - \alpha$, 由 T 的分布确定两个常数 C_1, C_2, 使得

$$P\left\{C_1 < T(X_1, X_2, \cdots, X_n; \theta) < C_2\right\} = 1 - \alpha.$$

(3) 将事件 $\{C_1 < T(X_1, X_2, \cdots, X_n; \theta) < C_2\}$ 等价表示为

$$\{T_1(X_1, X_2, \cdots, X_n) < \theta < T_2(X_1, X_2, \cdots, X_n)\},$$

则

$$P\left\{T_1(X_1, X_2, \cdots, X_n) < \theta < T_2(X_1, X_2, \cdots, X_n)\right\} = 1 - \alpha,$$

即 θ 的置信度为 $1 - \alpha$ 的置信区间为 (T_1, T_2).

鉴于实际问题中最常见的参数估计问题多数是要求估计总体的均值和方差, 且正态总体又是最常遇到的总体, 因此, 以下着重讨论正态总体均值和方差的区间估计.

3. 正态总体均值的区间估计

设总体 $X \sim N(\mu, \sigma^2)$, μ 是未知参数, 现在我们分两种情形讨论 μ 的区间估计问题. 从该总体 X 中抽取随机样本 $(X_1, X_2, \cdots, X_n)$, 并以 $\overline{X}$ 作为 $\mu = E(X)$ 的点估计, 可知 $\overline{X}$ 服从正态分布 $N\left(\mu, \dfrac{\sigma^2}{n}\right)$.

(1) σ^2 已知情形下, μ 的置信区间.

若 σ^2 是已知参数, 这时由定理 6.1, 可选取枢轴变量

$$U = \frac{\overline{X} - \mu}{\sigma}\sqrt{n} \sim N(0, 1), \tag{7.11}$$

则对给定的置信度 $1 - \alpha\,(0 < \alpha < 1)$, 存在 $U_{\alpha/2}$, 使得

$$P\left\{|U| < U_{\alpha/2}\right\} = 1 - \alpha, \tag{7.12}$$

其中 $U_{\alpha/2}$ 是标准正态分布的 $\alpha/2$ 上侧分位数 (图 7.1), 其值可查附表 2 求得. 将 U 的表示式代入 (7.12) 式, 可得

$$P\left\{\left|\frac{\overline{X}-\mu}{\sigma}\sqrt{n}\right| < U_{\alpha/2}\right\} = 1-\alpha,$$

从而

$$P\left\{\overline{X} - \frac{\sigma}{\sqrt{n}}U_{\alpha/2} < \mu < \overline{X} + \frac{\sigma}{\sqrt{n}}U_{\alpha/2}\right\} = 1-\alpha, \tag{7.13}$$

所以 μ 的置信度为 $1-\alpha$ 的置信区间是

$$\left(\overline{X} - \frac{\sigma}{\sqrt{n}}U_{\alpha/2}, \overline{X} + \frac{\sigma}{\sqrt{n}}U_{\alpha/2}\right), \tag{7.14}$$

其长度为 $2\dfrac{\sigma}{\sqrt{n}}U_{\alpha/2}$.

(2) σ^2 未知情形下, μ 的置信区间.

若 σ^2 是未知参数, 这时由定理 6.1, 枢轴变量

$$T = \frac{\overline{X}-\mu}{S}\sqrt{n} \sim t(n-1), \tag{7.15}$$

所以对给定的置信度 $1-\alpha$, 存在 $t_{\alpha/2}(n-1)$ 使得

$$P\left\{|T| < t_{\alpha/2}(n-1)\right\} = 1-\alpha, \tag{7.16}$$

其中 $t_{\alpha/2}(n-1)$ 是自由度为 $n-1$ 的 t 分布的 $\alpha/2$ 上侧分位数 (图 7.2), 它的值可查附表 4 求得, 将 (7.15) 式中的 T 代入 (7.16) 式可得

$$P\left\{-t_{\alpha/2}(n-1) < \frac{\overline{X}-\mu}{S}\sqrt{n} < t_{\alpha/2}(n-1)\right\} = 1-\alpha,$$

因此有

$$P\left\{\overline{X} - \frac{S}{\sqrt{n}}t_{\alpha/2}(n-1) < \mu < \overline{X} + \frac{S}{\sqrt{n}}t_{\alpha/2}(n-1)\right\} = 1-\alpha, \tag{7.17}$$

所以 μ 的置信度为 $1-\alpha$ 的置信区间是

$$\left(\overline{X} - \frac{S}{\sqrt{n}}t_{\alpha/2}(n-1), \overline{X} + \frac{S}{\sqrt{n}}t_{\alpha/2}(n-1)\right), \tag{7.18}$$

其长度为 $2\dfrac{S}{\sqrt{n}}t_{\alpha/2}(n-1)$.

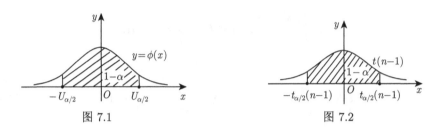

图 7.1 　　　　　　　　　　　　　　　　　　　图 7.2

需要说明的是: 置信区间公式中的 $\overline{X}$ 和 S^2 在实际问题中都是具体观测值, 计算时应是 $\overline{x}$ 和 s^2.

例 7.15　用同一种方法测量一段路程, 假设测量值服从正态分布, 且方差为 0.06. 若 6 次的独立测量数据 (单位: km) 为 14.6, 15.1, 14.9, 14.8, 15.2, 15.1, 试求该段路程的置信度为 95% 的置信区间.

解　由题知, $\sigma=\sqrt{0.06}, n=6$, 可算得 $\overline{x}=14.95$, 当 $\alpha=0.05$ 时, $U_{\alpha/2}=1.96$, 于是由 (7.14) 式

$$\overline{x}-\frac{\sigma}{\sqrt{n}}U_{\alpha/2}=14.95-\frac{\sqrt{0.06}}{\sqrt{6}}\times1.96\approx14.754,$$

$$\overline{x}+\frac{\sigma}{\sqrt{n}}U_{\alpha/2}=14.95+\frac{\sqrt{0.06}}{\sqrt{6}}\times1.96\approx15.146.$$

故所求路程的置信度为 95% 的置信区间为 (14.754, 15.146).

例 7.16　已知某物质的含碳量 (单位: %) 在正常情况下服从正态分布 $N(\mu, \sigma^2)$, 现测得含碳量分别是 4.28, 4.40, 4.42, 4.35, 4.37.

(1) 当 $\sigma=0.108$ 时, 求 μ 的置信度为 95% 的置信区间;

(2) 在 σ 未知的情况下, 求 μ 的置信度为 95% 置信区间.

解　(1) 本题中, $n=5, \alpha=0.05, U_{\alpha/2}=1.96, \sigma=0.108$, 于是

$$\overline{x}-\frac{\sigma}{\sqrt{n}}U_{\alpha/2}=4.364-\frac{0.108}{\sqrt{5}}\times1.96\approx4.2693,$$

$$\overline{x}+\frac{\sigma}{\sqrt{n}}U_{\alpha/2}=4.364+\frac{0.108}{\sqrt{5}}\times1.96\approx4.4587.$$

所以 μ 的置信度为 95% 的置信区间是 (4.2693, 4.4587).

(2) $\overline{x} = 4.364, s = 0.05413, \alpha = 0.05$, 查 t 分布表得 $t_{\alpha/2}(n-1) = t_{0.025}(4) = 2.7764$, 于是

$$\overline{x} - \frac{s}{\sqrt{n}}t_{\alpha/2}(n-1) = 4.364 - \frac{0.05413}{\sqrt{5}} \times 2.7764 \approx 4.2968,$$

$$\overline{x} + \frac{s}{\sqrt{n}}t_{\alpha/2}(n-1) = 4.364 + \frac{0.05413}{\sqrt{5}} \times 2.7764 \approx 4.4312.$$

故 μ 的置信度为 95% 的置信区间是 $(4.2968, 4.4312)$.

4. 大样本情形下总体均值的区间估计

对一般的总体 X, 无论它服从什么分布, 只要其均值 $\mu = E(X)$ 和方差 $\sigma^2 = D(X)$ 都存在, 便可以用增大样本容量的办法对其均值 μ 作区间估计.

根据中心极限定理 5.2, 当样本容量 n 充分大时, $\hat{\mu} = \overline{X}$ 便近似服从正态分布. 又因为 $E(\overline{X}) = \mu, D(\overline{X}) = \sigma^2/n$, 所以

$$\frac{\overline{X} - \mu}{\sigma}\sqrt{n} \stackrel{近似}{\sim} N(0,1). \tag{7.19}$$

又因为样本二阶中心矩的平方根 S_n 是 σ 的相合估计 (用样本标准差 S 亦可), 当 n 充分大时, σ 近似等于 S_n, 从而 (7.19) 式中以 S_n 代替 σ, 可得枢轴变量

$$U = \frac{\overline{X} - \mu}{S_n}\sqrt{n} \stackrel{近似}{\sim} N(0,1). \tag{7.20}$$

对于指定的 α, 查附表 2 可得到 $U_{\alpha/2}$, 使

$$P\left\{|U| < U_{\alpha/2}\right\} = P\left\{\frac{|\overline{X} - \mu|}{S_n}\sqrt{n} < U_{\alpha/2}\right\} \approx 1 - \alpha,$$

即

$$P\left\{\overline{X} - \frac{S_n}{\sqrt{n}}U_{\alpha/2} < \mu < \overline{X} + \frac{S_n}{\sqrt{n}}U_{\alpha/2}\right\} \approx 1 - \alpha, \tag{7.21}$$

故 μ 的置信度为 $1 - \alpha$ 的置信区间近似为

$$\left(\overline{X} - \frac{S_n}{\sqrt{n}}U_{\alpha/2}, \overline{X} + \frac{S_n}{\sqrt{n}}U_{\alpha/2}\right). \tag{7.22}$$

这里应指出, 用 (7.22) 式求置信区间的前提是样本容量 n 很大, n 多大才算很大呢? 理论上很难作出明确的回答, 实际中一般应有 $n \geqslant 50$.

例 7.17 从一台机床加工的轴中随机地抽取 200 根, 测量它们的椭圆度, 由 200 个测量值算得 $\overline{x} = 0.081$mm, $s_n = 0.025$mm, 求此台机床加工的轴的平均椭圆度的 95% 置信区间.

解 本题中 $n = 200$, $1 - \alpha = 0.95$, 查表可得 $U_{\alpha/2} = 1.96$, 由大样本置信区间公式 (7.22) 有

$$\overline{x} - \frac{s_n}{\sqrt{n}}U_{\alpha/2} = 0.081 - \frac{0.025}{\sqrt{200}} \times 1.96 \approx 0.078,$$

$$\overline{x} + \frac{s_n}{\sqrt{n}}U_{\alpha/2} = 0.081 + \frac{0.025}{\sqrt{200}} \times 1.96 \approx 0.084.$$

故所求置信区间是 $(0.078, 0.084)$.

现讨论两点分布 $B(1, p)$ 中, 参数 p 的置信区间. 若已知总体 X 服从两点分布 $B(1, p)$, 其概率分布是 $P\{X = 1\} = p, P\{X = 0\} = 1 - p$, 则 $\mu = E(X) = p$.

为对 p 作区间估计, 从总体中抽取一个容量为 n 的样本. 假定样本数据中恰有 m 个 "1", 这时

$$\overline{X} = \frac{m}{n}, \quad S_n^2 = \frac{1}{n}\sum_{i=1}^{n} X_i^2 - \overline{X}^2 = \frac{m}{n} - \left(\frac{m}{n}\right)^2 = \frac{m}{n}\left(1 - \frac{m}{n}\right),$$

因此当 n 很大时, 由 (7.22) 式知, p 的置信度为 $1 - \alpha$ 的置信区间近似为

$$\left(\frac{m}{n} - U_{\alpha/2}\sqrt{\frac{m}{n^2}\left(1 - \frac{m}{n}\right)}, \quad \frac{m}{n} + U_{\alpha/2}\sqrt{\frac{m}{n^2}\left(1 - \frac{m}{n}\right)}\right). \tag{7.23}$$

例 7.18 从一大批产品中随机地抽取 100 件进行检验, 其中有 4 件次品, 试分别以 95% 和 99% 的置信度给出整批产品次品率的置信区间.

解 记取到次品为 "$X = 1$", 正品为 "$X = 0$", 次品率为 p. 于是, 次品数 X 服从两点分布 $B(1, p)$. 依题意 $n = 100$, $m = 4$. 当 $1 - \alpha = 0.95$ 时, 查表可得 $U_{\alpha/2} = 1.96$, 可以算出

$$\frac{m}{n} - U_{0.025}\sqrt{\frac{m}{n^2}\left(1 - \frac{m}{n}\right)} = 0.04 - 1.96 \times \frac{\sqrt{0.04 \times 0.96}}{10} \approx 0.0016,$$

$$\frac{m}{n} + U_{0.025}\sqrt{\frac{m}{n^2}\left(1 - \frac{m}{n}\right)} = 0.04 + 1.96 \times \frac{\sqrt{0.04 \times 0.96}}{10} \approx 0.0784.$$

故由 (7.23) 式知 p 的置信度为 0.95 的置信区间是 $(0.0016, 0.0784)$.

当置信度为 0.99 时, $1 - \alpha = 0.99$, 查表可得 $U_{\alpha/2} = 2.5758$, 可以算出

$$\frac{m}{n} - U_{0.005}\sqrt{\frac{m}{n^2}\left(1 - \frac{m}{n}\right)} = 0.04 - 2.5758 \times \frac{1}{10}\sqrt{0.04 \times 0.96} \approx -0.0105,$$

$$\frac{m}{n} + U_{0.005}\sqrt{\frac{m}{n^2}\left(1 - \frac{m}{n}\right)} = 0.04 + 2.5758 \times \frac{1}{10}\sqrt{0.04 \times 0.96} \approx 0.0905.$$

由于次品率不会是负的, 所以 p 的置信度为 99% 的置信区间是 $(0, 0.0905)$.

5. 正态总体方差的区间估计

设总体 X 服从正态分布 $N(\mu, \sigma^2)$, 其中 μ 和 σ^2 都是未知参数, 从总体中抽取一个样本 $(X_1, X_2, \cdots, X_n)$, 求总体方差 σ^2 或标准差 σ 的区间估计.

此时, 由定理 6.1, 选枢轴变量为 $\chi^2 = \dfrac{(n-1)S^2}{\sigma^2} \sim \chi^2(n-1)$, 可选择常数 C_1 和 C_2 使得 $P\{C_1 < \chi^2 < C_2\} = 1 - \alpha$, 其中

$$C_1 = \chi^2_{1-\alpha/2}(n-1), C_2 = \chi^2_{\alpha/2}(n-1).$$

于是由 $P\left\{\chi^2_{1-\alpha/2}(n-1) < \chi^2 < \chi^2_{\alpha/2}(n-1)\right\} = 1 - \alpha$ (图 7.3) 可得

$$P\left\{\frac{(n-1)S^2}{\chi^2_{\alpha/2}(n-1)} < \sigma^2 < \frac{(n-1)S^2}{\chi^2_{1-\alpha/2}(n-1)}\right\} = 1 - \alpha. \tag{7.24}$$

故 σ^2 的置信度为 $1 - \alpha$ 的置信区间为

$$\left(\frac{(n-1)S^2}{\chi^2_{\alpha/2}(n-1)}, \frac{(n-1)S^2}{\chi^2_{1-\alpha/2}(n-1)}\right), \tag{7.25}$$

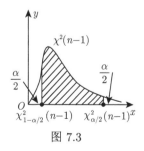

图 7.3

σ 的置信度为 $1 - \alpha$ 的置信区间为

$$\left(S\sqrt{\frac{n-1}{\chi^2_{\alpha/2}(n-1)}}, \quad S\sqrt{\frac{n-1}{\chi^2_{1-\alpha/2}(n-1)}}\right). \tag{7.26}$$

例 7.19　设某路段上的汽车速度服从正态分布 $N(\mu, \sigma^2)$. 现独立地测量了 5 辆汽车的速度, 算得这 5 次测量值的方差 $s^2 = 0.09 (\text{m/s})^2$, 求汽车速度的方差 σ^2 和标准差 σ 的置信度为 90% 的置信区间.

解　本题中 $n = 5$, $1 - \alpha = 0.9$, $\alpha = 0.1$, 查表得 $\chi^2_{\alpha/2}(4) = \chi^2_{0.05}(4) = 9.4877$, $\chi^2_{1-\alpha/2}(4) = \chi^2_{0.95}(4) = 0.7107$. 可以算出

$$\frac{(n-1)S^2}{\chi^2_{\alpha/2}(n-1)} = \frac{4 \times 0.09}{9.488} \approx 0.038,$$

$$\frac{(n-1)S^2}{\chi^2_{1-\alpha/2}(n-1)} = \frac{4 \times 0.09}{0.7107} \approx 0.506,$$

故 σ^2 的置信度为 90% 的置信区间是 $(0.038, 0.506)$, σ 的置信度为 90% 的置信区间是 $(0.195, 0.711)$.

6. 两个正态总体均值差和方差比的区间估计

假设某产品的某项质量指标 X 服从正态分布, 由于工艺的改进、原材料的不同、设备以及操作人员素质的变化等, 都会引起总体均值和方差的变化. 实际工作中, 往往需要估计这种变化的大小, 这里我们分别用两个正态总体的均值差和方差比来度量变化的大小.

(1) 两个正态总体均值差 $\mu_1 - \mu_2$ 的置信区间.

设总体 $X \sim N(\mu_1, \sigma_1^2)$, 总体 $Y \sim N(\mu_2, \sigma_2^2)$, 两个总体相互独立. 现从两个总体中各取一个容量分别为 n_1 和 n_2 的样本, 并记两个样本的均值、方差分别为 $\overline{X}, S_1^2$ 和 $\overline{Y}, S_2^2$.

(i) σ_1^2 和 σ_2^2 已知时 $\mu_1 - \mu_2$ 的置信区间.

取 $\overline{X} - \overline{Y}$ 作为 $\mu_1 - \mu_2$ 的点估计, 显然这个估计是无偏的, 并且

$$E(\overline{X} - \overline{Y}) = \mu_1 - \mu_2, \quad D(\overline{X} - \overline{Y}) = \frac{\sigma_1^2}{n_1} + \frac{\sigma_2^2}{n_2}.$$

由定理 6.2 的结论 (1), 有枢轴变量

$$\frac{(\overline{X} - \overline{Y}) - (\mu_1 - \mu_2)}{\sqrt{\dfrac{\sigma_1^2}{n_1} + \dfrac{\sigma_2^2}{n_2}}} \sim N(0, 1),$$

于是可得 $\mu_1 - \mu_2$ 的置信度为 $1 - \alpha$ 的置信区间

$$\left((\overline{X} - \overline{Y}) - U_{\alpha/2} \sqrt{\frac{\sigma_1^2}{n_1} + \frac{\sigma_2^2}{n_2}}, (\overline{X} - \overline{Y}) + U_{\alpha/2} \sqrt{\frac{\sigma_1^2}{n_1} + \frac{\sigma_2^2}{n_2}} \right). \tag{7.27}$$

(ii) $\sigma_1^2 = \sigma_2^2 = \sigma^2$, 但 σ^2 未知时 $\mu_1 - \mu_2$ 的置信区间.

仍取 $\overline{X} - \overline{Y}$ 作为 $\mu_1 - \mu_2$ 的估计量, 由定理 6.2 的结论 (2), 有枢轴变量

$$T = \frac{(\overline{X} - \overline{Y}) - (\mu_1 - \mu_2)}{S_w} \sqrt{\frac{n_1 n_2}{n_1 + n_2}} \sim t(n_1 + n_2 - 2),$$

其中 $S_w = \sqrt{\dfrac{(n_1 - 1)S_1^2 + (n_2 - 1)S_2^2}{n_1 + n_2 - 2}}$ (见 (6.28) 式). 从而得到 $\mu_1 - \mu_2$ 的置信度为 $1 - \alpha$ 的置信区间

$$\left(\overline{X} - \overline{Y} - t_{\alpha/2}(n_1 + n_2 - 2)S_w \sqrt{\frac{n_1 + n_2}{n_1 n_2}}, \right.$$

$$\left. \overline{X} - \overline{Y} + t_{\alpha/2}(n_1 + n_2 - 2)S_w \sqrt{\frac{n_1 + n_2}{n_1 n_2}} \right). \tag{7.28}$$

例 7.20 为了比较 I 和 II 两种型号步枪子弹的枪口速度, 随机地取 I 型子弹 10 发, 得到枪口速度的平均值为 $\overline{x}_1 = 500$m/s, 标准差 $s_1 = 1.10$m/s; 随机地取 II 型子弹 20 发, 得到枪口速度的平均值为 $\overline{x}_2 = 496$m/s, 标准差 $s_2 = 1.20$m/s. 假设两个总体相互独立, 均服从正态分布, 且方差相等, 求两个总体均值差 $\mu_1 - \mu_2$ 的一个置信度为 0.95 的置信区间.

解 由假设, 两总体的方差相等, 但数值未知, 故可用 (7.28) 式来求均值差的置信区间. 由于 $1 - \alpha = 0.95, \alpha/2 = 0.025, n_1 = 10, n_2 = 20$, 于是

$$n_1 + n_2 - 2 = 28, \quad t_{0.025}(28) = 2.0484,$$

$$s_w^2 = (9 \times 1.10^2 + 19 \times 1.20^2)/28, \quad s_w = \sqrt{s_w^2} = 1.1688.$$

将以上数据代入 (7.28) 式即得均值差 $\mu_1 - \mu_2$ 的一个置信度为 0.95 的置信区间 $(3.07, 4.93)$.

本题中得到的置信区间的下限大于零, 在实际中我们就认为在置信度为 0.95 时, μ_1 比 μ_2 大.

(2) 两个正态总体方差比 σ_1^2/σ_2^2 的置信区间.

我们仅讨论总体均值 μ_1, μ_2 为未知的情况. 由定理 6.2 的结论 (3) 知

$$\frac{S_1^2/S_2^2}{\sigma_1^2/\sigma_2^2} \sim F(n_1 - 1, n_2 - 1),$$

故可作为枢轴变量. 由此得 (类似图 7.3)

$$P\left\{ F_{1-\alpha/2}(n_1 - 1, n_2 - 1) < \frac{S_1^2/S_2^2}{\sigma_1^2/\sigma_2^2} < F_{\alpha/2}(n_1 - 1, n_2 - 1) \right\} = 1 - \alpha,$$

即

$$P\left\{\frac{S_1^2}{S_2^2}\frac{1}{F_{\alpha/2}(n_1-1,n_2-1)} < \frac{\sigma_1^2}{\sigma_2^2} < \frac{S_1^2}{S_2^2}\frac{1}{F_{1-\alpha/2}(n_1-1,n_2-1)}\right\} = 1-\alpha, \quad (7.29)$$

于是得 σ_1^2/σ_2^2 的一个置信度为 $1-\alpha$ 的置信区间

$$\left(\frac{S_1^2}{S_2^2}\frac{1}{F_{\alpha/2}(n_1-1,n_2-1)}, \quad \frac{S_1^2}{S_2^2}\frac{1}{F_{1-\alpha/2}(n_1-1,n_2-1)}\right). \quad (7.30)$$

例 7.21 某橡胶配方中, 原用氧化锌 5g, 现减为 1g, 分别对两种配方作一批试验, 测得橡胶伸长率如下:

氧化锌 5g: 540, 533, 525, 520, 545, 531, 541, 529, 534.

氧化锌 1g: 565, 577, 580, 575, 556, 542, 560, 532, 570, 561.

假定两种配方的伸长率都服从正态分布, 求两个总体标准差之比 σ_1/σ_2 的置信度为 0.95 的置信区间.

解 本题中

氧化锌 5g 的样本容量 $n_1 = 9$, 样本标准差 $s_1 = 7.99$;

氧化锌 1g 的样本容量 $n_2 = 10$, 样本标准差 $s_2 = 15.39$.

对 $\alpha = 0.05$, 查附表 5 得 $F_{0.025}(8,9) = 4.1020$, $F_{0.025}(9,8) = 4.3572$, 由公式 (7.29) 知

$$P\left\{\frac{S_1}{S_2}\sqrt{\frac{1}{F_{\alpha/2}(n_1-1,n_2-1)}} < \frac{\sigma_1}{\sigma_2} < \frac{S_1}{S_2}\sqrt{\frac{1}{F_{1-\alpha/2}(n_1-1,n_2-1)}}\right\} = 1-\alpha,$$

所以, σ_1/σ_2 的置信度为 95% 的置信区间为

$$\left(\frac{s_1}{s_2}\sqrt{\frac{1}{F_{\alpha/2}(n_1-1,n_2-1)}}, \frac{s_1}{s_2}\sqrt{\frac{1}{F_{1-\alpha/2}(n_1-1,n_2-1)}}\right) = (0.26, 1.08).$$

7. 置信界

前面讨论的区间估计对未知参数 θ 给出了两个统计量 $\hat{\theta}_1, \hat{\theta}_2$, 得到 θ 的置信区间. 但在某些实际问题中, 有时往往关心的只是 θ 在一个方向的界限. 例如, 对于设备、元件的寿命来说, 我们常常关心的是平均寿命的 "下界" 是多少? 而在考虑产品的废品率 p 时, 我们关心的却是废品率的 "上界". 本节讨论置信界的估计问题.

定义 7.5 设 $(X_1, X_2, \cdots, X_n)$ 是来自总体 X 的一个样本, θ 是总体分布中的一个未知参数, 对于给定的 $\alpha\,(0 < \alpha < 1)$, 若统计量 $\hat{\theta}_* = \hat{\theta}_*(X_1, X_2, \cdots, X_n)$ 满足

$$P\{\hat{\theta}_* < \theta\} = 1 - \alpha, \tag{7.31}$$

则称 $\hat{\theta}_*$ 是 θ 的置信度为 $1 - \alpha$ 的**置信下界**; 又若统计量 $\hat{\theta}^* = \hat{\theta}^*(X_1, X_2, \cdots, X_n)$ 满足

$$P\{\theta < \hat{\theta}^*\} = 1 - \alpha, \tag{7.32}$$

则称 $\hat{\theta}^*$ 是 θ 的置信度为 $1 - \alpha$ 的**置信上界**.

对于置信界问题的讨论, 基本上与区间估计的方法相同, 只是对于精度的标准不能像置信区间那样, 用区间的长度来刻画. 对于给定的置信度 $1 - \alpha$, 选择置信下界 $\hat{\theta}_*$ 时, 应使 $E(\hat{\theta}_*)$ 越大越好; 选择置信上界 $\hat{\theta}^*$ 时, 应使 $E(\hat{\theta}^*)$ 越小越好.

(1) 正态总体均值 μ 的置信界.

设总体 $X \sim N(\mu, \sigma^2)$, μ 和 σ^2 未知, 由于 $\dfrac{\overline{X} - \mu}{S}\sqrt{n} \sim t(n-1)$, 所以对于给定的置信度 $1 - \alpha$, 有 $P\left\{\dfrac{\overline{X} - \mu}{S}\sqrt{n} < t_\alpha(n-1)\right\} = 1 - \alpha$, 即

$$P\left\{\mu > \overline{X} - \frac{S}{\sqrt{n}}t_\alpha(n-1)\right\} = 1 - \alpha, \tag{7.33}$$

于是就得到 μ 的一个置信度为 $1 - \alpha$ 的置信下界

$$\hat{\mu}_* = \overline{X} - \frac{S}{\sqrt{n}}t_\alpha(n-1). \tag{7.34}$$

(2) 正态总体方差 σ^2 的置信界.

由于 $\dfrac{(n-1)S^2}{\sigma^2} \sim \chi^2(n-1)$, 所以 $P\left\{\dfrac{(n-1)S^2}{\sigma^2} > \chi^2_{1-\alpha}(n-1)\right\} = 1 - \alpha$, 即

$$P\left\{\sigma^2 < \frac{(n-1)S^2}{\chi^2_{1-\alpha}(n-1)}\right\} = 1 - \alpha. \tag{7.35}$$

于是得到 σ^2 的一个置信度为 $1 - \alpha$ 的置信上界

$$\hat{\sigma}^{*2} = \frac{(n-1)S^2}{\chi^2_{1-\alpha}(n-1)}. \tag{7.36}$$

例 7.22 从一批灯泡中随机地取 5 只做寿命试验, 测得寿命 (以小时记) 为 1050, 1100, 1120, 1250, 1280. 设灯泡寿命服从正态分布, 求灯泡寿命方差的置信度为 0.95 的置信上界.

解 由题意, 在 (7.36) 式中 $1 - \alpha = 0.95$, $n = 5$, $\overline{x} = 1160$, $s^2 = 9950$, $\chi^2_{1-\alpha}(n-1) = \chi^2_{0.95}(4) = 0.7107$. 故 σ^2 的置信度为 0.95 的置信上界为

$$\hat{\sigma}^{*2} = \frac{(n-1)s^2}{\chi^2_{1-\alpha}(n-1)} = \frac{4 \times 9950}{0.7107} \approx 55977.5.$$

本节思考题

1. 在给定样本容量的情形下, 置信度与置信区间的长度有什么关系?
2. 用于构造区间估计的枢轴变量具有什么特点? 一般怎么获得?

本节测试题

1. 从正态总体 $N(\mu, 0.9^2)$ 中抽取容量为 9 的一个样本, 样本均值 $\overline{X} = 5$, 试求未知参数 μ 的置信水平为 0.95 的置信区间.

2. 设两个总体 $X \sim N(\mu_1, \sigma_1^2)$ 和 $Y \sim N(\mu_2, \sigma_2^2)$ 相互独立, σ_1^2 和 σ_2^2 均已知, 试求 $\mu_1 + \mu_2$ 的置信区间.

3. 上题中, 当 σ_1^2 和 σ_2^2 均未知但 $\sigma_1^2 = 2\sigma_2^2$ 时, 试求 $\mu_1 + \mu_2$ 的置信区间.

本章主要知识概括

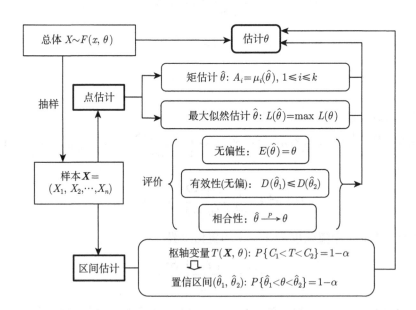

本章的 MATLAB 命令简介

为了便于计算服从不同总体的最大似然估计和置信区间, MATLAB 在其统计工具箱中提供了一组 fit 函数, 本章涉及的 MATLAB 命令语言概括在表 7.1 中以供读者参考, 其中输入 x 是样本数据组成的向量或矩阵, 输出的是相应参数的估计.

表 7.1

输入——分布的参数 (可以是向量或矩阵). 一个函数的输入若为向量或矩阵, 则都应同阶, 此时输出也分别是相应的同阶向量或矩阵.

输出——参数的最大似然估计 (后缀 hat) 和置信区间 (后缀 ci)

分布类型	函数命令	输入输出说明
二项分布 (bino):$B(n, p)$	phat=binofit(x, n)	phat=$\hat{p}$ 为 p 的最大似然估计
	[phat,pci]=binofit(x, n)	pci=[,] 为 p 的 95% 的置信区间
	[phat,pci]=binofit(x, n, α)	pci=[,] 为 p 的置信度是 $1-\alpha$ 的置信区间
指数分布 (exp): $E(\lambda)$, $\mu = \lambda^{-1}$	muhat=expfit(x)	muhat=$\hat{\mu}$ 为 μ 的最大似然估计
	[muhat,muci]=expfit(x)	muci=[,] 为 μ 的 95% 的置信区间
	[muhat,muci]=expfit(x, α)	muci=[,] 为 μ 的置信度是 $1-\alpha$ 的置信区间
正态分布 (norm): $N(\mu, \sigma^2)$	[muhat,sigmahat,muci,sigmaci] =normfit(x)	muhat=$\hat{\mu}$ 为 μ 的最大似然估计 muci=[,] 为 μ 的 95% 的置信区间 sigmahat=$\hat{\sigma}$ 为 σ 的最大似然估计 sigmaci=[,] 为 σ 的 95% 的置信区间
	[muhat,sigmahat,muci,sigmaci] =normfit(x,α)	略
泊松分布 (poiss): $P(\lambda)$	lambdahat=poissfit(x)	lambdahat=$\hat{\lambda}$ 为 λ 的最大似然估计
	[lambdahat,lambdaci]=poissfit(x)	lambdaci=[,] 为 λ 的 95% 的置信区间
	[lambdahat,lambdaci] =poissfit(x, α)	略
均匀分布 (unif): $U(a, b)$	[ahat,bhat]=unifit(x)	ahat=$\hat{a}$, bhat=$\hat{b}$ 均为最大似然估计
	[ahat,bhat,aci,bci]=unifit(x)	aci=[,], bci=[,] 分别为 95% 的置信区间
	[ahat,bhat,aci,bci]=unifit(x, α)	略
一般函数	phat=mle('dist', data) [phat,pci]= mle('dist', data) [phat,pci]= mle('dist', data, α)	mle 表示最大似然估计 dist 为分布的名称, 如 binomial 等 data = x 为数据

例如, 对例 7.16 中的 (2), 此时 μ 和 σ 均未知, 则它们的最大似然估计和 95% 的置信区间可用如下命令获得

>>x=[4.28 4.40 4.42 4.35 4.37];

>>[mu,sigma,muci,sigmaci]=normfit(x);

mu = 4.3640

sigma = 0.0541

muci = 4.2968 4.4312

sigmaci = 0.0324 0.1555

即 μ 和 σ 的最大似然估计分别为 4.3640 和 0.0541, 它们的 95% 的置信区间分别为 (4.2968, 4.4312) 和 (0.0324, 0.1555), 这与我们在例中的计算一致.

习 题 7

1. 设煤的含灰量 $X \sim N(\mu, \sigma^2)$, 现对煤的 100 个样品进行分析, 得到的频数分布如表 7.2 所示. 求未知参数 μ 和 σ^2 的矩法估计值.

表 7.2

含灰量 $X/\%$	2.5	3.0	3.5	4.0	4.5
频数	11	26	27	26	10

2. 设 $(X_1, X_2, \cdots, X_n)$ 是 X 的样本, X 的概率密度函数为

$$f(x; \theta) = \begin{cases} (\theta + 1)x^\theta, & 0 < x < 1, \theta > -1, \\ 0, & \text{其他}. \end{cases}$$

试求未知参数 θ 的矩估计与最大似然估计.

3. 已知某型号的电子元件的寿命服从正态分布, 今在一周内所生产的大批电子元件中随机抽取 10 只, 测得寿命为 (单位: h)1267, 1119, 1396, 985, 1326, 1136, 1118, 1156, 1120, 1148. 设总体参数都未知, 试用最大似然估计法计算这周内生产的这种电子元件能使用 1500h 以上的概率.

4. 一个地质专家为研究某山川地带的岩石成分, 随机地在该地区取 100 个样品, 每个样品有 10 块石子, 并记录了每个样品中属石灰石的石子数. 假设这 100 次观察相互独立, 并由过去经验知, 它们都服从参数为 $n=10$, p 的二项分布, p 是这地区一块石子属石灰石的概率, 求 p 的最大似然估计值. 该地质专家所得数据如表 7.3 所示.

表 7.3

样品中属石灰石的石子数	0	1	2	3	4	5	6	7	8	9	10
观察到石灰石的样品数	0	1	6	7	23	26	21	12	3	1	0

5. 试用最大似然估计法估计以下总体的未知参数 θ, 设总体的概率密度为

(1) $f(x; \theta) = \begin{cases} \theta^2 x e^{-\theta x}, & x > 0, \\ 0, & \text{其他}; \end{cases}$

(2) $f(x;\theta) = \begin{cases} \dfrac{\theta^x \mathrm{e}^{-\theta}}{x!}, & x = 0, 1, 2, \cdots, n, \quad \theta > 0, \\ 0, & \text{其他}; \end{cases}$

(3) $f(x;\theta) = \begin{cases} \dfrac{1}{\theta}\mathrm{e}^{-\frac{|x|}{\theta}}, & x > 0, 0 < \theta < +\infty, \\ 0, & \text{其他}. \end{cases}$

6. 设总体 X 的密度函数为

$$f(x) = \begin{cases} 0, & x \leqslant \theta_1, \\ \dfrac{1}{\theta_2}\mathrm{e}^{-\frac{x-\theta_1}{\theta_2}}, & x > \theta_1, \end{cases}$$

其中 θ_1 与 θ_2 为未知参数, 且 $\theta_2 > 0$, 又设 $X_1, X_2, \cdots, X_n$ 为来自 X 的一个样本. 求:

(1) θ_1 与 θ_2 的矩估计;

(2) θ_1 与 θ_2 的最大似然估计.

7. 设 $(X_1, X_2, \cdots, X_n)$ 是来自总体 $N(\mu, \sigma^2)$ 的样本, 试选择适当的常数 C, 使 $C\sum\limits_{i=1}^{n-1}(X_{i+1} - X_i)^2$ 为 σ^2 的无偏估计量.

8. 设总体 X 表示某地区的年降水量 (单位: mm), 假设其服从正态分布 $N(\mu, \sigma^2)$, X_1, X_2, X_3 是随机抽取的 3 个该地区的年降水量. 证明下面三个估计量

$$\hat{\mu}_1 = \frac{1}{3}X_1 + \frac{1}{6}X_2 + \frac{1}{2}X_3,$$

$$\hat{\mu}_2 = \frac{1}{3}X_1 + \frac{1}{3}X_2 + \frac{1}{3}X_3,$$

$$\hat{\mu}_3 = \frac{1}{4}X_1 + \frac{1}{5}X_2 + \frac{11}{20}X_3$$

均是参数 μ 的无偏估计, 并求出每个估计量的方差. 问哪一个方差最小?

9. 某车间生产的螺杆直径服从正态分布 $N(\mu, \sigma^2)$, 今随机地从中抽取 5 个测得直径为 (单位: mm) 22.3, 21.5, 20.0, 21.8, 21.4.

(1) 当 $\sigma = 0.3$ 时, 求 μ 的置信度为 0.95 的置信区间;

(2) 当 σ 未知时, 求 μ 的置信度为 0.95 的置信区间;

(3) 当 σ 未知时, 求 μ 的置信度为 0.95 的置信上界和置信下界.

10. 设灯泡寿命 $X \sim N(\mu, \sigma^2)$, 为了估计 μ 和 σ^2, 测试 10 个灯泡, 得 $\bar{x} = 1500\mathrm{h}$, $s = 20\mathrm{h}$, 试求 μ 和 σ^2 的置信度为 95% 的置信区间.

11. 某种物质密度的测量误差 $X \sim N(\mu, \sigma^2)$, 抽取某一个容量为 12 的样本, 计算其样本方差 $s^2 = 0.04$, 试求 σ^2 置信度为 90% 的置信区间.

12. 在一批货物中, 随机抽取容量为 100 的样本, 经检验发现有 16 个次品, 试求这批货物次品率的置信度为 0.95 的置信区间.

13. 对方差 σ^2 已知的正态总体来说, 问需要抽取容量 n 为多大的样本时, 可使总体均值 μ 的置信度为 $100(1-\alpha)\%$ 的置信区间的长度不大于 L?

14. 随机地取某种炮弹 9 发做试验, 得炮口速度的样本标准差 $s = 11(\mathrm{m/s})$, 设炮口速度服从正态分布, 求这种炮弹炮口速度标准差 σ 的置信度为 95% 的置信区间.

15. 从某地区随机地选取男、女各 100 名, 以估计男、女平均高度之差. 测量并计算得男子高度的样本均值为 1.71m, 样本标准差为 0.035m, 女子高度的样本均值为 1.67m, 样本标准差为 0.038m, 试求男、女高度平均值之差的置信度为 0.95 的置信区间 (假设男女身高均服从正态分布).

16. 研究两种固体燃料火箭推进器的燃烧率. 设两者都服从正态分布, 并且已知燃烧率的标准差均近似地为 0.05cm/s, 取样本容量为 $n_1 = n_2 = 20$, 得燃烧率的样本均值分别为 $\overline{x}_1 = 18\mathrm{cm/s}$, $\overline{x}_2 = 24\mathrm{cm/s}$, 求两个燃烧率总体均值差 $\mu_1 - \mu_2$ 的置信度为 0.99 的置信区间.

17. 为提高某一化学过程的得率, 试图采用一种新的催化剂. 为慎重起见, 在试验工厂先进行试验. 设采用原来的催化剂进行了 $n_1 = 8$ 次试验, 得到得率的平均值 $\overline{x}_1 = 91.73$, 样本方差 $s_1^2 = 3.89$; 又采用了新的催化剂进行了 $n_2 = 8$ 次试验, 得到得率的平均值 $\overline{x}_2 = 93.75$, 样本方差 $s_2^2 = 4.02$. 假设两总体都可认为服从正态分布, 且方差相等, 两个样本独立. 试求两个总体均值差 $\mu_1 - \mu_2$ 的置信度为 0.95 的置信区间.

18. 有两位化验员 A 和 B, 他们用相同的测量方法各自独立地对某种聚合物的含氯量进行了 10 次测量, 测量值的方差依次为 0.5419 和 0.6065. 设 σ_A^2 和 σ_B^2 分别为 A, B 所测量的数据总体 (均为正态分布) 的方差, 求方差比 σ_A^2/σ_B^2 的置信度为 95% 的置信区间.

19. 研究由机器 A 和机器 B 生产的钢管内径, 随机抽取机器 A 生产的管子 18 根, 测得样本方差 $s_1^2 = 0.34\mathrm{mm}^2$; 抽取机器 B 生产的管子 13 根, 测得样本方差 $s_2^2 = 0.29\mathrm{mm}^2$. 设两个样本独立, 且设由机器 A、机器 B 生产的管子的内径分别服从正态分布 $N(\mu_1, \sigma_1^2), N(\mu_2, \sigma_2^2)$, 这里 $\mu_i, \sigma_i^2 (i = 1, 2)$ 均未知, 试求方差比 σ_1^2/σ_2^2 的置信度为 0.90 的置信区间.

20. 为研究某种汽车轮胎的磨损特性, 随机地选择 16 个轮胎, 每个轮胎行驶到磨坏为止. 记录所行驶的路程 (以 km 计) 如下:

$$41250, \quad 40187, \quad 43175, \quad 41010, \quad 39265, \quad 41872, \quad 42654, \quad 41287,$$
$$38970, \quad 40200, \quad 42550, \quad 41095, \quad 40680, \quad 43500, \quad 39775, \quad 40400.$$

假设这些数据来自正态总体 $N(\mu, \sigma^2)$, 其中 μ, σ^2 未知. 试求 μ 的置信度为 0.95 的置信下界.

第 7 章测试题

第 8 章 假 设 检 验

假设检验是统计推断的另一个主要内容, 它的基本任务是根据问题的要求先对总体分布的某些参数或总体的分布类型提出假设, 然后利用从总体中抽取的样本信息, 通过构造适当的统计量, 并按一定的规则对所提出假设的正确性作出统计意义上的判断. 假设检验在理论研究和实际应用中都占有重要地位. 本章我们主要介绍假设检验的基本概念、基本思想以及一些常用的检验方法.

8.1 假设检验的基本概念

1. 假设检验问题

我们先看下面几个实例.

例 8.1 一台自动车床加工零件的直径 X 服从正态分布 $N(\mu, \sigma^2)$, 其标准差 $\sigma = 0.6$ (单位: cm), 现从某天的产品中抽查 50 个, 分别测量直径, 算得样本均值 $\bar{x} = 4.8$, 问该天这台自动车床加工的零件直径 X 的均值 μ 是否为 $\mu_0 = 5$?

例 8.2 某厂收到一批电子元件, 按合同规定, 次品率不超过 3%, 现在从这批元件中随机抽取 50 件进行检查, 发现有两件次品, 试问这批元件的次品率是否符合合同规定?

例 8.3 在某高速公路入口处, 记录每 30s 内通过的车辆数, 共观察了 50min, 整理后其结果如表 8.1 所示. 问每 30s 时间段内通过路口的车辆数 X 是否服从泊松分布?

表 8.1

每 30s 内通过的车辆数 X	0	1	2	3	4	5	6
次数 n_i	14	27	26	20	7	3	3

以上 3 个例子中的问题, 都可根据问题的要求和某些理论以及经验资料转化成某种 "假设", 如 "该天车床加工的零件直径均值为 5cm"; "这批电子元件的次品率 $\leqslant 3\%$"; "每 30s 内通过该路口的车辆数服从泊松分布". 一般地, 把这种关于总体参数或总体分布的论述称为统计假设, 并用 H_0 表示, 而将与 H_0 对立的假设, 记为 H_1. 对统计假设, 需根据从总体抽取的样本值的信息, 并按一定的规则, 对其正确性进行统计判断, 这就是所谓的**假设检验** (hypothesis testing) 问题. 实际工作中, 类似的问题还有很多.

一般来说, 假设检验依问题的性质可分为参数检验和分布检验两大类. 如果总体的分布类型已知, 检验的目的是对总体的参数及性质的某种假设作出判断, 则称这类问题为**参数检验问题**, 如例 8.1 和例 8.2 就是参数检验问题, 而例 8.3 是对总体的分布类型作出判断, 这类问题称为**分布检验问题**.

2. 假设检验的基本思想

下面以例 8.1 为例来说明假设检验的基本思想.

例 8.1 提出的问题实际上就是要根据样本值来判断 $\mu = \mu_0$ 还是 $\mu \neq \mu_0$, 为此我们可提出假设

$$H_0 : \mu = \mu_0 = 5 \ \leftrightarrow \ H_1 : \mu \neq \mu_0 = 5. \tag{8.1}$$

这是两个相互对立的假设, 为了对它们作出判断, 还需建立一个合理的规则. 由于假设中涉及总体均值 μ, 我们自然会想到是否可用它的无偏估计量 $\overline{X}$ 来进行判断. 由于 $\overline{X}$ 的观察值 $\overline{x}$ 的大小在一定程度上反映了 μ 的大小. 因此, 如果假设 H_0 成立, 则观察值 $\overline{x}$ 与 μ_0 的偏差 $|\overline{x} - \mu_0|$ 一般不应太大, 若 $|\overline{x} - \mu_0|$ 过大, 我们就有理由怀疑 H_0 的真实性而拒绝它. 考虑到当 H_0 成立时, 统计量

$$U = \frac{\overline{X} - \mu_0}{\sigma} \sqrt{n} \sim N(0,1).$$

因此可以把对 $|\overline{x} - \mu_0|$ 的大小的衡量归结为对 $|U|$ 的大小的衡量, 基于上面的想法, 我们可适当地选定一个正数 k, 使得当 $|u| = \dfrac{|\overline{x} - \mu_0|}{\sigma} \sqrt{n} \geqslant k$ 时, 就拒绝假设 H_0; 当 $|u| = \dfrac{|\overline{x} - \mu_0|}{\sigma} \sqrt{n} < k$ 时, 就接受假设 H_0. 然而, 这种判断还是相当粗糙的, 存在不少问题: ① 究竟应如何选择上述判断的标准, 即应如何选择 k 值? ② 假如 k 值已确定, 又由于作出上述判断的依据是随机抽取的样本值, 所以, 即使 H_0 成立, 由于随机性仍有可能使 $|u| \geqslant k$, 从而作出 "H_0 不成立" 的错误判断; 另一方面, 当 H_0 不成立时, 又可能有 $|u| < k$, 由此作出 "H_0 成立" 的错误判断. 总之, 由样本的随机性决定了这两类错误是不能完全避免的. 如何解决这些问题, 统计学的做法是: 先假设 H_0 成立, 然后把犯第一类错误的概率控制在一定限度内, 即预先给定一个很小的正数 α (比如 0.05, 0.01 等), 使得

$$P\{|U| \geqslant k \mid H_0 \text{ 成立}\} \leqslant \alpha. \tag{8.2}$$

事实上, 如果允许犯这种错误的概率等于 α, 则 k 的值就可由 H_0 成立时 U 的分布确定, 就是上侧分位数 $U_{\alpha/2}$(图 7.1), 于是得

$$P\{|U| \geqslant k \mid H_0 \text{成立}\} = P\{|U| \geqslant U_{\alpha/2} \mid H_0 \text{成立}\} = \alpha. \tag{8.3}$$

这样, 我们就得到以下判断规则: 由样本值算出统计量 U 的观察值 u, 若满足 $|u| \geqslant U_{\alpha/2}$, 则说明小概率事件在一次试验中发生了, 根据实际推断原理, 我们有理由认为作为小概率事件 $\{|U| \geqslant U_{\alpha/2}|H_0$成立$\}$ 的前提假设 H_0 不可信而否定它, 否则, 如果 $|u| < U_{\alpha/2}$, 就接受 H_0.

下面按上述思想对例 8.1 中的假设作出判断, 取 $\alpha = 0.05$.

由于当 H_0 成立时统计量 $U = \dfrac{\overline{X} - \mu_0}{\sigma}\sqrt{n} \sim N(0,1)$, 所以查附表 2 得 $k = U_{\alpha/2} = 1.96$, 则

$$P\{|U| \geqslant 1.96\} = 0.05.$$

由样本值算得统计量 $|U|$ 的观察值为

$$|u| = \frac{|\overline{x} - \mu_0|}{\sigma}\sqrt{n} = 2.33.$$

由于 $|u| = 2.33 > 1.96$, 即小概率事件 $\{|U| \geqslant 1.96\}$ 在一次试验中竟然发生了, 因此我们有理由怀疑原假设 H_0 的真实性, 故拒绝 H_0, 接受 H_1, 认为这天的机器工作不正常.

在上面的讨论中所用的推理方法可以称为带概率性质的反证法, 对假设作出决策判断的理论依据是实际推断原理. 通过上面的讨论, 我们已经知道怎样进行假设检验了. 下面, 我们介绍一些假设检验的基本概念.

在假设 (8.1) 中称假设 H_0 称为**原 (或零) 假设** (null hypothesis), 而称 H_1 为 H_0 的**备择假设** (alternative hypothesis). 预先给定的正数 α 称为**显著性水平** (significance level), α 通常取较小的正数, 如 0.10, 0.05, 0.01, 0.001 等. 为检验假设 H_0 和 H_1 选用的统计量 $U = \dfrac{\overline{X} - \mu_0}{\sigma}\sqrt{n}$ 称为**检验统计量**, 对它的基本要求是: 在 H_0 成立的前提下, 它不含任何未知参数, 而且它的概率分布或近似分布完全已知. 在 H_0 成立时, 由检验统计量的概率分布及显著性水平 α 确定的两个数 $\pm U_{\alpha/2}$ 称为**临界值** (critical value).

一般地, 假设检验的基本思想是: 根据假设 H_0 构造适当的统计量, 并且在假设 H_0 成立的条件下, 对事先给定的很小的正数 α $(0 < \alpha < 1)$ 构造一个与 H_0"相悖" 的概率为 α 的小概率事件 A, 应用样本值信息判断 A 是否发生, 如果 A 发生, 则根据实际推断原理, 在显著性水平 α 下, 拒绝 H_0; 如果 A 没发生, 则在显著性水平 α 下, 接受 H_0.

使小概率事件 A 不发生的那些样本值 $(x_1, x_2, \cdots, x_n)$ 组成的区域称为检验的**接受域**, 而使 A 发生的那些样本值 $(x_1, x_2, \cdots, x_n)$ 所构成的区域称为**拒绝域**,

记为 W, 即 $W = \{(x_1, x_2, \cdots, x_n) :$ 使 A 发生$\}$. 如在例 8.1 中,

$$W = \{(x_1, x_2, \cdots, x_n) \,|\, |u| \geqslant 1.96\}.$$

今后为了方便, 拒绝域中不再写出它的一般元素, 如例 8.1 的拒绝域可简记为 $W = \{|u| \geqslant 1.96\}$.

3. 假设检验的基本步骤

综上所述, 处理假设检验问题的一般步骤可归纳为

(1) 根据实际问题, 并充分考虑和利用已知的背景知识的基础上, 提出原假设 H_0 及备择假设 H_1;

(2) 根据 H_0, 选取适当的检验统计量, 要求在 H_0 成立的前提下, 检验统计量仅仅是样本的函数, 而且概率分布或近似分布完全已知;

(3) 给定显著性水平 α, 利用检验统计量构造小概率事件. 查表求得临界值, 由此确定拒绝域;

(4) 作一次具体的抽样, 根据所得的样本值计算检验统计量的值, 并判断样本值是否落在拒绝域内, 若落在拒绝域内, 则在显著性水平 α 下拒绝原假设 H_0, 否则接受 H_0.

4. 两类错误

检验假设 H_0 的方法是, 先根据一次抽样后所得的样本值计算检验统计量的具体数值, 然后再看样本值是否落入拒绝域进而作出拒绝或接受 H_0 的判断. 就像前面指出的那样, 样本的随机性可能使判断发生下面两类错误 (表 8.2):

(1) 原假设 H_0 成立, 由于样本的随机性, 若抽样得到的样本值落入拒绝域, 这时就作出拒绝 H_0 的推断, 这类错误称为**第一类错误** (type I error), 亦称 "弃真" 错误, 它发生的概率通常就是显著性水平 α, 即

$$P\{拒绝 \ H_0 | H_0 \ 成立\} = \alpha.$$

(2) 原假设 H_0 不成立, 由于样本的随机性, 若抽样得到的样本值落入接受域, 这时就作出接受 H_0 的判断, 这类错误称为**第二类错误** (type II error), 亦称 "取伪" 错误, 它发生的概率记为 β, 即

$$P\{接受 \ H_0 | H_0 \ 不成立\} = \beta.$$

表 8.2

实际	H_0 真	H_0 真	H_0 假	H_0 假
推断	接受 H_0	拒绝 H_0	接受 H_0	拒绝 H_0
错误	不犯错	犯第一类错误	犯第二类错误	不犯错

在假设检验中, 我们自然希望犯两类错误的概率 α 和 β 都很小, 但在样本容量 n 不变的情况下, 若减少其中一个, 另一个往往会增大. 在实际问题中, 处理上述矛盾的基本原则是, 在控制犯第一类错误的概率 α 的条件下, 寻找使犯第二类错误的概率 β 尽量小的检验法. 如果我们只对犯第一类错误的概率 α 加以控制而不考虑犯第二类错误, 则相应的检验方法称为**显著性检验**. 本章介绍的假设检验都属于显著性检验.

在结束本节之前, 再作几点说明:

(1) 临界值与所给定的显著性水平 α 有关, 对于同一个假设检验问题, 由于 α 取值的不同, 可能导致检验的结论大相径庭.

(2) 在假设检验中, "接受 H_0" 或 "拒绝 H_0", 仅仅是检验者根据样本值证据信息而采取的某种决策态度, 而不是在逻辑上 "证明" 了该假设正确与否.

(3) 在假设检验中, 原假设 H_0 和备择假设 H_1 的地位是不对等的, 由假设检验的基本思想可以看出, 拒绝 H_0 是根据实际推断原理作出的结论, 是有说服力的, 而接受 H_0 只能说明没有充分的理由来拒绝它. 因此, H_0 是受到保护的假设, 它和 H_1 之间不能随意交换. 在实际应用中如何确定 H_0 和 H_1 是很重要的, 一般情况下, 要根据具体问题, 把没有充分理由不能轻易被否定的命题, 即应该受到保护的命题作为原假设, 若要否定它必须有充分的理由.

(4) 参数的假设检验与区间估计有着密切的联系, 请读者注意找出它们之间的联系与区别.

本节思考题

1. 在假设检验中, 如果抽样结果表明小概率事件没有发生, 这时能否作出统计推断? 如果能, 那么推断的结论是什么? 有无犯错误的可能? 如果不能, 理由是什么?

2. 显著性水平 α 和犯第一类错误的概率有什么关系? 犯第二类错误的概率 β 是不是等于 $1 - \alpha$?

本节测试题

1. 设 $(X_1, X_2, \cdots, X_9)$ 是来自总体 $N(\mu, 9)$ 的样本, 样本均值 $\overline{X}$ 的观测值 $\bar{x} = 5$, 在显著性水平 α 下要检验 H_0: $\mu = 2 \leftrightarrow H_1$: $\mu \neq 2$, 问: (1) 在 H_0 成立的假定下, 检验统计量选为什么? 检验统计量服从什么分布? (2) 写出拒绝域 W. (3) 在 $\alpha = 0.05$ 下接受 H_0 还是拒绝 H_0?

2. 设 $(X_1, X_2, \cdots, X_n)$ 是来自总体 $N(\mu, \sigma^2)$ 的样本, 要检验假设 $H_0 : \mu = \mu_0 \leftrightarrow H_1 : \mu \neq \mu_0$, 显著性水平 α, 问:

(1) 犯第一类错误的概率是多少?

(2) 犯第二类错误的概率是多少?

(3) 样本容量固定不变时, 犯两类错误的概率之间有什么关系?

(4) 如何控制犯两类错误的概率?

8.2　参数假设检验

1. 单个正态总体参数的假设检验

设总体 $X \sim N(\mu, \sigma^2)$, $(X_1, X_2, \cdots, X_n)$ 是来自总体 X 一个样本. 下面先讨论关于单个正态总体均值 μ 的检验问题.

(1) 关于均值 μ 的检验.

要检验的假设为

$$H_0 : \mu = \mu_0 \ (\mu_0 已知) \leftrightarrow H_1 : \mu \neq \mu_0.$$

下面分两种情形进行讨论.

(i) σ^2 已知.

这类问题在例 8.1 已讨论过, 当 H_0 成立时, 取检验统计量

$$U = \frac{\overline{X} - \mu_0}{\sigma} \sqrt{n} \sim N(0, 1).$$

对给定的显著性水平 α, 查附表 2 得上侧分位数 $U_{\alpha/2}$, 则 $P\{|U| \geqslant U_{\alpha/2}\} = \alpha$. 于是得拒绝域

$$W = \{|u| \geqslant U_{\alpha/2}\}.$$

由样本值 $(x_1, x_2, \cdots, x_n)$ 计算检验统计量 U 的值 u, 若 $|u| < U_{\alpha/2}$, 则在显著性水平 α 下接受 H_0; 若 $|u| \geqslant U_{\alpha/2}$, 则拒绝 H_0, 接受 H_1. 以后称这种以 U 作为检验统计量的检验为 **U 检验**.

(ii) σ^2 未知.

此时, (i) 中的 U 已不能作为检验统计量. 当 H_0 成立时, 由定理 6.1 知统计量

$$T = \frac{\overline{X} - \mu_0}{S} \sqrt{n} \sim t(n-1).$$

所以我们选 $T = \dfrac{\overline{X} - \mu_0}{S} \sqrt{n}$ 作为检验统计量.

由于 $\overline{X}$ 是 μ 的无偏估计量, 所以当 H_0 为真时, $|T|$ 不应太大, 当 H_1 为真时, $|T|$ 有偏大的趋势. 对给定的显著性水平 α, 查得上侧分位数 $t_{\alpha/2}(n-1)$, 则

$$P\{|T| \geqslant t_{\alpha/2}(n-1)\} = \alpha \quad (图7.2).$$

于是得拒绝域为

$$W = \{|t| \geqslant t_{\alpha/2}(n-1)\}.$$

由样本值 $(x_1, x_2, \cdots, x_n)$ 计算出 T 的观察值 t, 若 $|t| \geqslant t_{\alpha/2}(n-1)$, 则在显著性水平 α 下拒绝 H_0, 否则接受 H_0, 称这种以 T 为检验统计量的检验为 t **检验**.

例 8.4 试验中用某种仪器间接测量温度, 重复测量 5 次, 所得数据是 (单位:$^\circ$C) $-173, -175, -174, -176, -178$, 而用别的精确方法测量温度为 -178 (可看作温度的真值), 设测量的温度服从正态分布 $N(\mu, \sigma^2)$, 问在以下两种情形下: (1) $\sigma^2 = 4$, (2) σ^2 未知, 此种仪器间接测量的温度有无系统偏差? ($\alpha = 0.05$)

解 (1) 要检验的假设为

$$H_0 : \mu = \mu_0 = -178 \leftrightarrow H_1 : \mu \neq \mu_0.$$

由于 $\sigma^2 = 4$ 已知, 故在 H_0 成立的条件下选取统计量

$$U = \frac{\overline{X} - \mu_0}{\sigma} \sqrt{n} \sim N(0, 1).$$

对 $\alpha = 0.05$, 查表得 $U_{\alpha/2} = 1.96$, 于是得拒绝域为

$$W = \{|u| \geqslant 1.96\}.$$

由样本值算得 $|U|$ 的观察值

$$|u| = \frac{|\overline{x} - \mu_0|}{\sigma} \sqrt{n} = \frac{-175.2 + 178}{2/\sqrt{5}} \approx 3.13.$$

由于 $|u| \approx 3.13 > 1.96 = U_{\alpha/2}$, 故在显著性水平 $\alpha = 0.05$ 下拒绝 H_0, 即认为此种仪器间接测量的温度存在系统偏差.

(2) 要检验的假设同 (1). 由于 σ 未知, 故当 H_0 成立时, 有检验统计量

$$T = \frac{\overline{X} - \mu_0}{S} \sqrt{n} \sim t(n - 1).$$

对于 $\alpha = 0.05$, 查 t 分布表得 $t_{\alpha/2}(n - 1) = 2.7764$, 于是得拒绝域 $W = \{|t| > 2.7764\}$. 由样本值算得 T 的观察值为

$$t = \frac{\overline{x} - \mu_0}{s/\sqrt{n}} = \frac{-175.2 + 178}{\sqrt{3.7/5}} \approx 3.255.$$

由于 $|t| \approx 3.255 > 2.7764 = t_{\alpha/2}(n - 1)$, 故在显著性水平 $\alpha = 0.05$ 下拒绝 H_0, 即认为此种仪器间接测量的温度有系统偏差.

若在本题问题 (1) 中取显著性水平 $\alpha = 0.001$, 则拒绝域为 $W = \{|u| \geqslant 3.2905\}$. 此时, 应接受原假设. 可见, 对于不同的显著性水平, 利用同样的样本信息, 决策者可能会作出截然相反的推断.

(2) 关于方差 σ^2 的检验.

设要检验的假设为

$$H_0 : \sigma^2 = \sigma_0^2 \leftrightarrow H_1 : \sigma^2 \neq \sigma_0^2, \text{其中 } \sigma_0^2 \text{ 已知.}$$

我们仅讨论 μ 未知的情形, μ 已知的情形留给读者自己讨论. 在 μ 未知的情形下, 若 H_0 成立, 则由抽样分布定理 6.1, 知

$$\chi^2 = \frac{(n-1)S^2}{\sigma_0^2} = \frac{1}{\sigma_0^2} \sum_{i=1}^{n} (X_i - \overline{X})^2 \sim \chi^2(n-1),$$

所以选 $\chi^2 = \dfrac{(n-1)S^2}{\sigma_0^2}$ 作为检验统计量.

由于 S^2 是 σ^2 的无偏估计量, 所以当 H_0 成立时, 比值 $\dfrac{S^2}{\sigma_0^2}$ 应在 1 附近; 当 H_1 成立时, χ^2 有偏小或偏大的趋势, 因此, 拒绝域的形式为

$$W = \{\chi^2 \leqslant k_1 \text{ 或 } \chi^2 \geqslant k_2\}.$$

对给定的显著性水平 α, k_1 和 k_2 应由下式确定

$$P\{\chi^2 \leqslant k_1 \text{ 或 } \chi^2 \geqslant k_2\} = \alpha,$$

满足上式的 k_1, k_2 有很多, 为了计算方便起见, 习惯上取

$$P\{\chi^2 \leqslant k_1\} = P\{\chi^2 \geqslant k_2\} = \frac{\alpha}{2} \quad (\text{图}7.3).$$

查附表 3 得 $\chi_{1-\alpha/2}^2(n-1)$ 和 $\chi_{\alpha/2}^2(n-1)$, 于是得拒绝域

$$W = \{\chi^2 \leqslant \chi_{1-\alpha/2}^2(n-1) \text{ 或 } \chi^2 \geqslant \chi_{\alpha/2}^2(n-1)\}.$$

由样本值 $(x_1, x_2, \cdots, x_n)$ 计算 χ^2 的观察值 χ^2, 若

$$\chi^2 \leqslant \chi_{1-\alpha/2}^2(n-1) \text{ 或 } \chi^2 \geqslant \chi_{\alpha/2}^2(n-1),$$

则在显著性水平 α 下拒绝 H_0, 否则接受 H_0, 我们称这种以 χ^2 为检验统计量的检验为 $\boldsymbol{\chi^2}$ 检验.

例 8.5 从一台车床加工的一批轴料中抽取 10 件测量其椭圆度, 计算得 $s^2 = 0.032^2$, 设椭圆度服从正态分布, 问该批轴料椭圆度的总体方差与 $\sigma_0^2 = 0.0003$ 有无显著差别? $(\alpha = 0.05)$

解 要检验的假设为

$$H_0 : \sigma^2 = \sigma_0^2 \leftrightarrow H_1 : \sigma^2 \neq \sigma_0^2.$$

在 H_0 成立时选取统计量

$$\chi^2 = \frac{(n-1)S^2}{\sigma_0^2} \sim \chi^2(n-1).$$

本题中, $\alpha = 0.05$, $\chi_{1-\alpha/2}^2(n-1) = \chi_{0.975}^2(9) = 2.7004$, $\chi_{\alpha/2}^2(n-1) = \chi_{0.025}^2(9) = 19.0228$, 于是得拒绝域

$$W = \{\chi^2 \leqslant 2.7004 \text{ 或 } \chi^2 \geqslant 19.0228\}.$$

由样本值算得

$$\chi^2 = \frac{9 \times 0.032^2}{0.0003} \approx 30.72.$$

由于 $\chi^2 \approx 30.72 > 19.0228 = \chi_{\alpha/2}^2(n-1)$, 故在显著性水平 $\alpha = 0.05$ 下拒绝 H_0, 即认为总体方差与 0.0003 有显著差异.

2. 两个正态总体参数的假设检验

设 $(X_1, X_2, \cdots, X_{n_1})$ 是来自总体 X 的一个样本, $X \sim N(\mu_1, \sigma_1^2)$, $(Y_1, Y_2, \cdots, Y_{n_2})$ 是来自总体 Y 的一个样本, $Y \sim N(\mu_2, \sigma_2^2)$, 并且两个样本相互独立, 记相应的样本均值分别为 $\overline{X}$ 和 $\overline{Y}$, 相应的样本方差分别为 S_1^2 和 S_2^2. 首先, 在两种情形下, 讨论均值差 $\mu_1 - \mu_2$ 的检验问题.

(1) 两个正态总体均值差 $\mu_1 - \mu_2$ 的假设检验.

要检验的假设为

$$H_0 : \mu_1 = \mu_2 \leftrightarrow H_1 : \mu_1 \neq \mu_2 \quad (\mu_1 \text{ 和 } \mu_2 \text{均未知}).$$

(i) σ_1^2 和 σ_2^2 已知的情形.

由定理 6.2 的结论知, H_0 成立时, 有

$$U = \frac{\overline{X} - \overline{Y}}{\sqrt{\dfrac{\sigma_1^2}{n_1} + \dfrac{\sigma_2^2}{n_2}}} \sim N(0, 1),$$

故

$$U = \frac{\overline{X} - \overline{Y}}{\sqrt{\dfrac{\sigma_1^2}{n_1} + \dfrac{\sigma_2^2}{n_2}}} \tag{8.4}$$

可作为检验统计量.

与单个总体的 U 检验类似, 其拒绝域的形式为

$$W = \{|u| \geqslant k\}.$$

对给定的显著性水平 α, 由 $P\{|U| \geqslant U_{\alpha/2}\} = \alpha$ 可得拒绝域

$$W = \{|u| \geqslant U_{\alpha/2}\}.$$

由样本值 $(x_1, x_2, \cdots, x_{n_1})$ 和 $(y_1, y_2, \cdots, y_{n_2})$ 计算出 (8.4) 式中 U 的观察值 u, 若 $|u| \geqslant U_{\alpha/2}$, 则在显著性水平 α 下拒绝 H_0, 否则接受 H_0. 我们也称用检验统计量 (8.4) 的检验为 **U 检验**.

(ii) σ_1^2 和 σ_2^2 未知, 但 $\sigma_1^2 = \sigma_2^2 = \sigma^2$ 的情形.

当 H_0 成立时, 由定理 6.2 的结论, 可知统计量

$$T = \frac{\overline{X} - \overline{Y}}{S_w} \sqrt{\frac{n_1 n_2}{n_1 + n_2}} \sim t(n_1 + n_2 - 2),$$

其中 $S_w = \sqrt{\dfrac{(n_1 - 1)S_1^2 + (n_2 - 1)S_2^2}{n_1 + n_2 - 2}}.$

取

$$T = \frac{\overline{X} - \overline{Y}}{S_w} \sqrt{\frac{n_1 n_2}{n_1 + n_2}} \tag{8.5}$$

作为检验统计量. 与单个总体的 t 检验类似, 其拒绝域的形式为 $W = \{|t| \geqslant k\}$.

对给定的显著性水平 α, 由 $P\{|T| \geqslant t_{\alpha/2}(n_1 + n_2 - 2)\} = \alpha$ 即得拒绝域

$$W = \{|t| \geqslant t_{\alpha/2}(n_1 + n_2 - 2)\}.$$

根据样本值 $(x_1, x_2, \cdots, x_{n_1})$ 和 $(y_1, y_2, \cdots, y_{n_2})$ 计算出 T 的观察值 t, 若 $|t| \geqslant t_{\alpha/2}(n_1 + n_2 - 2)$, 则在显著性水平 α 下拒绝 H_0, 否则接受 H_0, 我们也称用检验统计量 (8.5) 的检验为 **t 检验**.

例 8.6 设从甲、乙两厂各购进了一批元件, 从甲厂的元件中随机地抽验 9 个, 测得样本平均寿命为 1580h, 样本标准差为 216h, 从乙厂元件中抽验了 18 个, 测

得样本平均寿命为 1460h, 样本标准差为 182h, 设甲厂元件寿命 $X \sim N(\mu_1, \sigma^2)$, 乙厂元件寿命 $Y \sim N(\mu_2, \sigma^2)$, 对显著性水平 $\alpha = 0.05$, 检验两厂生产的元件平均寿命有无显著差异.

解 本题是在 σ_1^2 和 σ_2^2 未知, 但 $\sigma_1^2 = \sigma_2^2 = \sigma^2$ 的情形下对两个正态总体 X 和 Y 的均值相等与否进行检验的问题, 可以认为 X 和 Y 相互独立.

要检验的假设为

$$H_0 : \mu_1 = \mu_2 \leftrightarrow H_1 : \mu_1 \neq \mu_2.$$

对于 $\alpha = 0.05$, 查表得 $t_{\alpha/2}(n_1 + n_2 - 2) = t_{0.025}(25) = 2.0595$, 于是由 (8.5) 式得拒绝域 $W = \{|t| \geqslant 2.0595\}$. 由样本值算得 $|T|$ 的观察值 $|t| = 1.5191 < t_{0.025}(25) = 2.0595$, 故在显著性水平 $\alpha = 0.05$ 下接受 H_0, 即认为两个厂生产的元件的平均寿命无显著差异.

(2) 两个正态总体方差比 σ_1^2 / σ_2^2 的假设检验.

要检验的假设为

$$H_0 : \sigma_1^2 = \sigma_2^2 \leftrightarrow H_1 : \sigma_1^2 \neq \sigma_2^2.$$

我们只讨论 μ_1 和 μ_2 未知的情形, μ_1 和 μ_2 已知的情形, 留给读者自己解决. 由定理 6.2 的结论 (3) 知

$$\frac{S_1^2 / \sigma_1^2}{S_2^2 / \sigma_2^2} \sim F(n_1 - 1, n_2 - 1).$$

当 H_0 成立时, $\sigma_1^2 = \sigma_2^2$, 故可选取

$$F = \frac{S_1^2}{S_2^2} \tag{8.6}$$

为检验统计量.

由于 S_1^2 和 S_2^2 分别是 σ_1^2 和 σ_2^2 的无偏估计量, 所以, 当 H_0 成立时, $F = \dfrac{S_1^2}{S_2^2}$ 应在 1 附近变化, 当 H_1 成立时, $F = \dfrac{S_1^2}{S_2^2}$ 有偏小或偏大的趋势, 故拒绝域的形式为

$$W = \{F \leqslant k_1 \text{ 或 } F \geqslant k_2\}.$$

对给定的显著性水平 α, k_1 和 k_2 可由下式确定

$$P\{F \leqslant k_1 \text{ 或 } F \geqslant k_2\} = \alpha.$$

为了计算方便起见, 习惯上取

$$P\{F \leqslant k_1\} = P\{F \geqslant k_2\} = \frac{\alpha}{2}.$$

查附表 5 得 $k_1 = F_{1-\alpha/2}(n_1 - 1, n_2 - 1)$, $k_2 = F_{\alpha/2}(n_1 - 1, n_2 - 1)$, 于是得拒绝域

$$W = \{F \leqslant F_{1-\alpha/2}(n_1 - 1, n_2 - 1) \text{ 或 } F \geqslant F_{\alpha/2}(n_1 - 1, n_2 - 1)\}.$$

对一次具体抽样所得的样本值 $(x_1, x_2, \cdots, x_{n_1})$ 和 $(y_1, y_2, \cdots, y_{n_2})$, 计算观察值 F, 如果 $F \leqslant F_{1-\alpha/2}(n_1 - 1, n_2 - 1)$ 或 $F \geqslant F_{\alpha/2}(n_1 - 1, n_2 - 1)$, 则在显著性水平 α 下拒绝 H_0, 否则接受 H_0, 称用检验统计量 (8.6) 的检验为 **F 检验**.

例 8.7　甲、乙相邻两地段各取了 25 块和 31 块岩心进行磁化率测定, 算出样本的标准差分别为 $s_1 = 0.0139$, $s_2 = 0.0058$, 设两地段的岩心的磁化率都服从正态分布, 试问甲、乙两地段岩心磁化率的方差是否有显著差异?($\alpha=0.05$)

解　本题要检验的假设为

$$H_0 : \sigma_1^2 = \sigma_2^2 \leftrightarrow H_1 : \sigma_1^2 \neq \sigma_2^2,$$

现在 $\alpha = 0.05$, 查 F 分布表得

$$F_{\alpha/2}(n_1 - 1, n_2 - 1) = F_{0.025}(24, 30) = 2.14,$$

$$F_{1-\alpha/2}(n_1 - 1, n_2 - 1) = F_{1-0.025}(24, 30) = \frac{1}{F_{0.025}(30, 24)} = \frac{1}{2.209} \approx 0.452,$$

于是得拒绝域 $W = \{F \leqslant 0.452 \text{ 或 } F \geqslant 2.14\}$.

由样本值计算出 $F = \dfrac{s_1^2}{s_2^2} = \dfrac{0.0139^2}{0.0058^2} \approx 5.75$. 由于 $F \approx 5.75 > 2.14 \approx F_{0.025}(24, 30)$, 故在显著性水平 $\alpha = 0.05$ 下拒绝 H_0, 即认为甲、乙两地段的磁化率的方差有显著差异.

3. 双边检验与单边检验

形如 (8.1) 的假设检验, 称之为**双边假设检验**, 因为其备择假设 H_1 的参数区域是在 H_0 的参数区域的两边. 但在实际问题中, 有时我们可能只关心参数是否增大 (或减小), 这时, 我们要检验的假设为

$$H_0 : \mu = \mu_0 \leftrightarrow H_1 : \mu > \mu_0,$$

$$H_0 : \mu = \mu_0 \leftrightarrow H_1 : \mu < \mu_0,$$

$$H_0 : \mu \leqslant \mu_0 \leftrightarrow H_1 : \mu > \mu_0,$$

$$H_0 : \mu \geqslant \mu_0 \leftrightarrow H_1 : \mu < \mu_0.$$

上面的每一对假设中, 备择假设 H_1 的参数域都在原假设 H_0 的参数域的一边, 故称它们是**单边假设检验**. 单边假设检验方法导出的步骤与双边假设检验方法有很多类似之处, 限于篇幅不再详述.

例 8.8 某公路弯道处曾为交通事故多发点, 现在进行了道路治理. 为了评价治理效果, 需要对比治理前后车辆运行速度的方差. 治理前和治理后分别采集容量为 61 和 101 的两个样本, 算出车辆运行速度的标准差分别为 $s_1 = 12.51$ 和 $s_2 = 7.49$. 假定治理前后车辆运行速度都服从正态分布, 试问治理后车辆运行速度的方差是否显著降低? $(\alpha = 0.05)$

解 依题意, 选治理后车辆运行速度的方差没有降低为原假设, 即要检验假设

$$H_0:\ \sigma_1^2 \leqslant \sigma_2^2\ \leftrightarrow\ H_1:\ \sigma_1^2 > \sigma_2^2.$$

当 $\sigma_1^2 = \sigma_2^2$ 时检验统计量 $F = \dfrac{S_1^2}{S_2^2} \sim F(60, 100)$, 拒绝域 $W = \{F \geqslant F_{0.05}$

$(60, 100)\}$, 我们查表得 $F_{0.05}(60, 100) = 1.4504$. 由样本值计算出 $F = \dfrac{s_1^2}{s_2^2} = \dfrac{12.51^2}{7.49^2}$

≈ 2.7897, 由于 $F \approx 2.7897 > 1.4504$, 故在显著性水平 $\alpha = 0.05$ 下拒绝 H_0, 即认为治理后车辆运行速度的方差显著降低.

下面我们将正态总体的参数检验法汇总成表 8.3, 以备查用.

4. 非正态总体参数假设的大样本检验

前面介绍的各种小样本参数的假设检验, 都是在正态总体的前提下进行的, 但在实际应用中, 还会遇到非正态总体参数的假设检验问题, 一般来说, 非正态总体的抽样分布不易求出, 有些即使能求出精确的分布也因过于复杂而不便应用. 因此, 除一些特例外, 在处理非正态总体的假设检验问题时, 常采用大样本方法. 这样, 我们就可以利用检验统计量的渐近分布来处理假设检验问题, 具体参见下面的例子.

设 $(X_1, X_2, \cdots, X_n)$ 是总体 X 的样本, n 足够大, $E(X) = \mu$ 存在, $D(X) = \sigma^2 > 0$ 为已知, 要检验假设

$$H_0:\ \mu = \mu_0 \leftrightarrow H_1:\ \mu \neq \mu_0.$$

在 H_0 成立时, 可取检验统计量为

$$U = \frac{\overline{X} - \mu_0}{\sigma}\sqrt{n}.$$

由于总体 X 的分布形式未知, 所以无法求出 U 的精确分布, 但是, 根据中心极限定理 (即定理 5.2) 可知, 当 H_0 成立且 n 充分大时, U 近似地服从 $N(0, 1)$, 因此, 当 n 很大时, 可用前面的 U 检验.

若 σ^2 未知, 则 σ^2 可用它的无偏估计量 S^2 来代替. 取

$$U = \frac{\overline{X} - \mu_0}{S}\sqrt{n}$$

作为检验统计量, 并可证明在 H_0 成立且 n 充分大时, U 仍近似服从 $N(0, 1)$, 这样问题又归结为 U 检验.

表 8.3

	原假设 H_0	备择假设 H_1	其他参数	检验统计量	H_0 成立时检验统计量的分布	拒绝域
单个正态总体	$\mu = \mu_0$	$\mu \neq \mu_0$ $\mu > \mu_0$ $\mu < \mu_0$	σ^2 已知	$U = \dfrac{\overline{X} - \mu_0}{\sigma}\sqrt{n}$	$N(0, 1)$	$\lvert u \rvert \geqslant U_{\frac{\alpha}{2}}$ $u \geqslant U_\alpha$ $u \leqslant -U_\alpha$
	$\mu = \mu_0$	$\mu \neq \mu_0$ $\mu > \mu_0$ $\mu < \mu_0$	σ^2 未知	$T = \dfrac{\overline{X} - \mu_0}{S}\sqrt{n}$	$t(n-1)$	$\lvert t \rvert \geqslant t_{\alpha/2}(n-1)$ $t \geqslant t_\sigma(n-1)$ $t \leqslant -t_\sigma(n-1)$
	$\sigma^2 = \sigma_0^2$	$\sigma^2 \neq \sigma_0^2$ $\sigma^2 > \sigma_0^2$ $\sigma^2 < \sigma_0^2$	μ 已知	$\chi^2 = \displaystyle\sum_{i=1}^{n}\left(\dfrac{X_i - \mu}{\sigma_0}\right)^2$	$\chi^2(n)$	$\chi^2 \geqslant \chi_{\alpha/2}^2(n)$或 $\chi^2 \leqslant \chi_{1-\alpha/2}^2(n)$ $\chi^2 \geqslant \chi_\alpha^2(n)$ $\chi^2 \leqslant \chi_{1-\alpha}^2(n)$
	$\sigma^2 = \sigma_0^2$	$\sigma^2 \neq \sigma_0^2$ $\sigma^2 > \sigma_0^2$ $\sigma^2 < \sigma_0^2$	μ 未知	$\chi^2 = \dfrac{(n-1)S^2}{\sigma_0^2}$	$\chi^2(n-1)$	$\chi^2 \geqslant \chi_{\alpha/2}^2(n-1)$或 $\chi^2 \leqslant \chi_{1-\alpha/2}^2(n-1)$ $\chi^2 \geqslant \chi_\alpha^2(n-1)$ $\chi^2 \leqslant \chi_{1-\alpha}^2(n-1)$
两个正态总体	$\mu_1 = \mu_2$	$\mu_1 \neq \mu_2$ $\mu_1 > \mu_2$ $\mu_1 < \mu_2$	σ_1^2, σ_2^2已知	$U = \dfrac{\overline{X} - \overline{Y}}{\sqrt{\dfrac{\sigma_1^2}{n_1} + \dfrac{\sigma_2^2}{n_2}}}$	$N(0, 1)$	$\lvert u \rvert \geqslant U_{\frac{\alpha}{2}}$ $u \geqslant U_\alpha$ $u \leqslant -U_\alpha$
	$\mu_1 = \mu_2$	$\mu_1 \neq \mu_2$ $\mu_1 > \mu_2$ $\mu_1 < \mu_2$	$\sigma_1^2 = \sigma_2^2$ $= \sigma^2$ 未知	$T = \dfrac{\overline{X} - \overline{Y}}{S_w\sqrt{\dfrac{n_1 n_2}{n_1 + n_2}}}$	$t(n_1+n_2-2)$	$\lvert t \rvert \geqslant t_{\alpha/2}(n_1 + n_2 - 2)$ $t \geqslant t_\alpha(n_1 + n_2 - 2)$ $t \leqslant -t_\alpha(n_1 + n_2 - 2)$
	$\sigma_1^2 = \sigma_2^2$	$\sigma_1^2 \neq \sigma_2^2$ $\sigma_1^2 > \sigma_2^2$ $\sigma_1^2 < \sigma_2^2$	μ_1, μ_2 未知	$F = \dfrac{S_1^2}{S_2^2}$	$F(n_1 - 1,\; n_2 - 1)$	$F \geqslant F_{\alpha/2}(n_1-1, n_2-1)$或 $F \leqslant F_{1-\alpha/2}(n_1-1, n_2-1)$ $F \geqslant F_\alpha(n_1-1, n_2-1)$ $F \leqslant F_{1-\alpha}(n_1-1, n_2-1)$

例 8.9 某产品的次品率为 0.15, 改进生产工艺后, 从新生产的该种产品中抽取 200 件进行检测, 发现次品 23 件, 能否认为这项改进的工艺显著地影响了产品的次品率? ($\alpha = 0.05$)

解 设这批产品的次品率为 p, 要检验的假设为

$$H_0 : p = p_0 = 0.15 \leftrightarrow H_1 : p \neq p_0.$$

设

$$X = \begin{cases} 1, & 产品是次品, \\ 0, & 产品是正品, \end{cases}$$

则 $X \sim B(1, p)$, 由于要检验的参数是总体均值 $E(X) = p$, 所以, 自然想到利用从总体 X 中抽取样本均值 $\overline{X}$ 来检验. 注意到 $\sigma^2 = D(X) = p(1-p)$, 则选取检验统计量为

$$U = \frac{\overline{X} - p_0}{\sqrt{p_0(1 - p_0)}} \sqrt{n}.$$

当 H_0 成立时, U 近似地服从 $N(0, 1)$, 对于给定的 $\alpha=0.05$, 有

$$P\{|U| \geqslant U_{\alpha/2}\} = P\{|U| \geqslant 1.96\} \approx 0.05,$$

于是得拒绝域 $W = \{|u| \geqslant 1.96\}$.

由样本值算得 $|U|$ 的观察值为

$$|u| = \frac{|0.115 - 0.15|}{\sqrt{0.15 \times 0.85}} \times \sqrt{200} \approx 1.386.$$

因 $|u| \approx 1.386 < 1.96 = U_{\alpha/2}$, 故在显著性水平 $\alpha = 0.05$ 下可以接受 H_0, 即认为改进的工艺没有显著地影响产品的次品率.

本节思考题

1. 设正态总体 $N(\mu, \sigma^2)$ 的参数 μ 未知, σ^2 已知, 要检验 $H_0: \mu = \mu_0 \leftrightarrow H_1: \mu \neq \mu_0$, 可否选 $U^2 = n\frac{(\overline{X} - \mu_0)^2}{\sigma^2} \sim \chi^2(1)$ 或 $\frac{(n-1)S^2}{\sigma^2} \sim \chi^2(n-1)$ 作为检验统计量呢?

2. 对正态总体 $N(\mu, \sigma^2)$ 的参数 μ 进行检验, $H_0: \mu = \mu_0 \leftrightarrow H_1: \mu \neq \mu_0$, 当参数 σ^2 未知时, 如果在 $\alpha = 0.1$ 显著性水平下, 作出了接受 H_0 的推断, 那么在 $\alpha = 0.01$ 显著性水平下会作出什么推断?

本节测试题

1. 正常成年人的脉搏跳动平均为 72 次/分钟, 某位医生为研究某病患者的脉搏跳动次数是否异于常人, 从该类成年患者中随机抽查 10 位测量脉动次数 (单位: 次/分钟) 得 101, 80, 98, 69, 85, 79, 92, 79, 86, 85. 假设脉搏跳动次数服从正态分布, 问: 在 0.05 显著性水平上, 某病患者的脉搏跳动平均次数与正常人的是否有显著性差异?

2. 为了研究行人在穿越有交通信号控制的人行横道时, 性别对步行速度是否有显著性影响, 研究者在某十字路口处随机调查了 140 名中年男性和 160 名中年女性穿越人行横道的步行速度, 算得男性和女性的平均步行速度分别为 1.75m/s 和 1.55m/s, 样本标准差分别是 0.55m/s 和 0.25m/s, 试分析性别对步行速度是否有显著性影响 (假设男女步行速度均服从正态分布, 显著性水平 $\alpha = 0.05$).

8.3 分布假设检验

前面我们已讨论了各种参数的假设检验问题, 它们都是在总体的分布或近似分布已知的情况下进行的, 但在许多实际问题中总体的分布形式往往不知道, 这时就需要根据样本观察值对总体分布的种种假设进行检验, 这就是分布拟合检验问题, 解决这类问题, 通常的作法是: 先根据某些理论或以往的经验, 确定一个分布或一个分布类型, 或者通过作样本的频率直方图或经验分布函数来大致看出总体所服从的分布或分布类型. 然后利用样本提供的信息通过假设检验的方法来判断总体的分布是不是这个分布, 或属不属于这个分布类型. 检验分布拟合的方法有多种, 本节只介绍其中一种最常用的 χ^2 拟合检验法, 它最早由著名统计学家皮尔逊在 1900 年提出, 后由著名统计学家费希尔等研究者加以发展, 至今仍是一种应用广泛的检验方法. 下面我们就来介绍这一方法.

设总体 X 的分布函数为 $F(x)$, $F_0(x; \theta_1, \theta_2, \cdots, \theta_r)$ 是一个形式已知的分布函数, $\theta_1, \theta_2, \cdots, \theta_r$ 为其参数, $(X_1, X_2, \cdots, X_n)$ 是来自总体 X 的一个样本, 要根据此样本检验假设

$$H_0: F(x) = F_0(x; \theta_1, \theta_2, \cdots, \theta_r) \leftrightarrow H_1: F(x) \neq F_0(x; \theta_1, \theta_2, \cdots, \theta_r). \quad (8.7)$$

一般地, 备择假设 H_1 可省略, 以下只考虑原假设 H_0.

若总体 X 是离散型随机变量, 则假设 (8.7) 可表示为

$$H_0: X\text{的分布律为}P\{X = x_i\} = p_i, i = 1, 2, \cdots (p_i\text{已知}), \quad (8.8)$$

若 X 为连续型随机变量, 则假设 (8.7) 可表示为

$$H_0: X\text{的概率密度为}f_0\ (f_0\text{形式已知}), \quad (8.9)$$

其中 $f_0(x; \theta_1, \theta_2, \cdots, \theta_r)$ 是 $F_0(x; \theta_1, \theta_2, \cdots, \theta_r)$ 的密度函数.

对于分布中的未知参数, 可用它们的最大似然估计量来代替.

χ^2 拟合检验的基本想法是: 把总体 X 的一切可能值构成的集合 Ω 划分成 k 个互不相交的子集 $A_1, A_2, \cdots, A_k$, 在 H_0 成立的条件下, 计算 $P\{X \in A_i\}$, 记为 $p_i, i = 1, 2, \cdots, k$. 对于样本 $(X_1, X_2, \cdots, X_n)$ 而言, 事件 $\{X \in A_i\}$ 发生的频率 $\frac{n_i}{n}$ 与其概率 p_i 虽常有差异, 但由大数定律知, 当 n 足够大且 H_0 成立时, $\left|\frac{n_i}{n} - p_i\right|$ 的值应该较小, H_0 不成立时, $\left|\frac{n_i}{n} - p_i\right|$ 的值应有偏大的趋势. 基于这种想法, 皮尔逊提出用统计量

$$\chi^2 = \sum_{i=1}^{k} \frac{(n_i - np_i)^2}{np_i} \quad (8.10)$$

来衡量理论分布与实际数据之间的偏差. 下面, 我们将有关结论概括如下.

定理 8.1 设 $F_0(x; \theta_1, \theta_2, \cdots, \theta_r)$ 为总体的理论分布, 其中 $\theta_1, \theta_2, \cdots, \theta_r$ 为 r 个未知参数, 它们的最大似然估计值分别为 $\hat{\theta}_1, \hat{\theta}_2, \cdots, \hat{\theta}_r$. 根据 $F_0(x; \hat{\theta}_1, \hat{\theta}_2, \cdots, \hat{\theta}_r)$ 计算

$$p_i = P\{X \in A_i\}, \quad i = 1, 2, \cdots, k.$$

如果 H_0 成立, 则当 $n \to \infty$ 时, 统计量 $\chi^2 = \sum\limits_{i=1}^{k} \dfrac{(n_i - np_i)^2}{np_i}$ 的分布收敛于卡方分布 $\chi^2(k - r - 1)$, 其中 r 是未知参数的个数; 当 F_0 中不含未知参数, 即 $r = 0$ 时, 直接用 F_0 计算 $p_i = P\{X \in A_i\}$, 上述结论仍成立.

定理的证明超出本书范围, 在此从略.

根据这个定理, 当 n 足够大且 H_0 成立时, 就有

$$\chi^2 = \sum_{i=1}^{k} \frac{(n_i - np_i)^2}{np_i} \overset{\text{近似}}{\sim} \chi^2(k - r - 1). \tag{8.11}$$

于是对给定的显著性水平 α, 查表得 $\chi_\alpha^2(k-r-1)$. 则由 $P\{\chi^2 \geqslant \chi_\alpha^2(k-r-1)\} = \alpha$, 即得拒绝域

$$W = \left\{ \chi^2 \geqslant \chi_\alpha^2(k - r - 1) \right\}.$$

这样, 我们就给出了假设 (8.7) 的 χ^2 **拟合检验法**, 其基本步骤如下:

(1) 根据实际问题提出原假设 $H_0: F(x) = F_0(x; \theta_1, \theta_2, \cdots, \theta_r)$.

(2) 把 X 的取值范围分成 k 个区间, 不妨设为 $-\infty = a_0 < a_1 < \cdots < a_{k-1} < a_k = +\infty$, 设各区间为

$$A_1 = (a_0, a_1], A_2 = (a_1, a_2], \cdots, A_{k-1} = (a_{k-2}, a_{k-1}], A_k = (a_{k-1}, a_k).$$

(3) 计算样本观察值落入第 i 个区间 A_i 的实际频数 n_i, $i = 1, 2, \cdots, k$.

(4) 在 H_0 成立的条件下, 若 F_0 中含有未知参数 $\theta_1, \theta_2, \cdots, \theta_r$, 它们的最大似然估计值为 $\hat{\theta}_1, \hat{\theta}_2, \cdots, \hat{\theta}_r$, 则用 $F_0(x; \hat{\theta}_1, \hat{\theta}_2, \cdots, \hat{\theta}_r)$ 计算 X 落入各区间的概率

$$p_i = P\{X \in A_i\}, \quad i = 1, 2, \cdots, k.$$

若 F_0 无未知参数 $(r = 0)$, 则用 F_0 计算 p_i; 进而得到理论频数 np_i, $i = 1, 2, \cdots, k$.

(5) 对给定的显著性水平 α, 确定拒绝域 $W = \{\chi^2 \geqslant \chi_\alpha^2(k - r - 1)\}$.

(6) 将 n_i 与 np_i 代入 (8.10) 式计算出统计量 χ^2 的具体值.

(7) 若 $\chi^2 \geqslant \chi_\alpha^2(k - r - 1)$, 则在显著性水平 α 下拒绝 H_0, 否则接受 H_0.

注　① χ^2 拟合检验法是基于定理 8.1 得到的, 所以在使用时 n 必须足够大, 且 np_i 不应太小, 实践中, 要求样本容量 $n \geqslant 50$, $np_i \geqslant 5$, 否则应适当合并区间, 使 np_i 满足这个要求. ② 为方便计, 常把 χ^2 拟合检验法的基本步骤合成一个表, 在表中各项数据及它们之间的关系一目了然, 更便于分析和计算 (见下面两例).

例 8.10 (续例 8.3)　现利用 χ^2 拟合检验法来解决例 8.3 的问题. ($\alpha = 0.05$)

解　这是一个概率分布的假设检验问题. 由题意, 要检验的假设为

$$H_0: \text{总体 } X \text{ 服从泊松分布 } P(\lambda).$$

理论分布 $P(\lambda)$ 含有 1 个未知参数 λ, 且 λ 的最大似然估计值为

$$\hat{\lambda} = \overline{x} = \frac{1}{100}(0 \times 14 + 1 \times 27 + \cdots + 6 \times 3) = 2,$$

于是, 根据泊松分布 $P(2)$ 可计算出概率 p_i 及理论频数 np_i, 结果列于表 8.4.

由表 8.4 得 $\chi^2 = 0.3215$, 合并后组数 $k = 5$, $r = 1$, 对于给定的 $\alpha = 0.05$, 查附表 3 得 $\chi^2_\alpha(k-r-1) = \chi^2_{0.05}(3) = 7.8147$. 由于 $\chi^2 = 0.3215 < 7.8147 = \chi^2_\alpha(k-r-1)$, 故在检验水平 $\alpha = 0.05$ 下接受 H_0, 即可以认为总体 X 服从泊松分布.

表 8.4

i	n_i	p_i	np_i	$(n_i - np_i)^2/(np_i)$
0	14	0.1353	13.53	0.0163
1	27	0.2707	27.07	0.0002
2	26	0.2707	27.07	0.0423
3	20	0.1804	18.04	0.2129
4	7	0.0902	9.02 ⎫	
5	3	0.0361	3.61 ⎬ 13.83	0.0498
6	3	0.0120	1.20 ⎭	
合计	100			0.3215

例 8.11　为研究混凝土抗压强度的分布, 抽取了 200 件混凝土制件测定其抗压强度, 经整理得频数分布表如表 8.5. 试在 $\alpha = 0.05$ 水平下检验抗压强度分布是否为正态分布.

表 8.5

区间 $(a_{i-1}, a_i]$	(190, 200]	(200, 210]	(210, 220]	(220, 230]	(230, 240]	(240, 250]
频数 n_i	10	26	56	64	30	14
合计				200		

解　本例中的理论分布 $F_0(x; \mu, \sigma^2)$ 为 $N(\mu, \sigma^2)$ 的分布函数, 要检验的假设为

$$H_0: \text{抗压强度的分布} F(x) = F_0(x; \mu, \sigma^2).$$

又由于 F_0 中含有两个未知参数 μ 和 σ^2, 因而需用它们的最大似然估计去替代. 这里仅给出了样本的分组数据, 因此只好用组中值 (即区间中点) 代替原始数据, 然后求 μ 与 σ^2 的最大似然估计 $\bar{x}$ 与 s_n^2(见例 7.11). 现在 6 个组中值分别为 $x_1 = 195, x_2 = 205, x_3 = 215, x_4 = 225, x_5 = 235, x_6 = 245$, 于是

$$\hat{\mu} = \bar{x} = \frac{1}{200} \sum_{i=1}^{6} n_i x_i = 221,$$

$$\hat{\sigma}^2 = s_n^2 = \frac{1}{200} \sum_{i=1}^{6} n_i (x_i - \bar{x})^2 = 152.$$

现用 $F_0(x; 221, 152)$, 即正态分布 $N(221, 152)$, 计算 X 落在区间 $(a_{i-1}, a_i]$ 内的概率估计值

$$p_i = \Phi\left(\frac{a_i - 221}{\sqrt{152}}\right) - \Phi\left(\frac{a_{i-1} - 221}{\sqrt{152}}\right), \quad i = 1, 2, \cdots, k.$$

本例中 $k = 6$. 用 (8.10) 式作为检验统计量, 由样本值计算 χ^2, 结果如表 8.6 所示.

表 8.6

区间	n_i	p_i	np_i	$(n_i - np_i)^2/(np_i)$
$(-\infty, 200]$	10	0.045	9.0	0.111
$(200, 210]$	26	0.142	28.4	0.203
$(210, 220]$	56	0.281	56.2	0.001
$(220, 230]$	64	0.299	59.8	0.295
$(230, 240]$	30	0.171	34.2	0.516
$(240, +\infty)$	14	0.062	12.4	0.206
合计	200			1.332

对于 $\alpha = 0.05$, 查表得 $\chi^2_{0.05}(6 - 2 - 1) = \chi^2_{0.05}(3) = 7.8147$, 因而拒绝域为 $W = \{\chi^2 \geqslant 7.8147\}$.

现根据样本值求得 $\chi^2 = 1.332 < 7.8147$, 因此, 在显著性水平 $\alpha = 0.05$ 下接受抗压强度服从正态分布的假定.

本节思考题

1. 根据定理 8.1, 应用 χ^2 检验法时样本容量 n 一定要足够大才行, 而且检验也依赖于总体取值范围划分的个数 k, 那么, 一般怎么选择 n 和 k 呢?

2. 本节给出的 χ^2 检验法可否应用于二维随机变量联合分布的检验问题?

本节测试题

1. 某城市的公路交通运输部门记录了某半年中周一至周日的交通事故次数, 数据如表 8.7 所示.

表 8.7

时间	周一	周二	周三	周四	周五	周六	周日
事故次数	36	23	29	31	34	60	25

问: 能否认为该城市交通事故的发生与周几无关? ($\alpha = 0.05$)

2. 为研究某种电子元件的寿命, 随机抽取 200 只进行寿命测试, 试验数据如表 8.8 所示.

表 8.8

寿命/h	[0, 200]	(200, 300]	(300, 400]	(400, 500]	(500, 700]
频数	36	45	50	35	34

问: 在 $\alpha = 0.05$ 显著性水平下, 该种电子元件的寿命是否服从指数分布?

本章主要知识概括

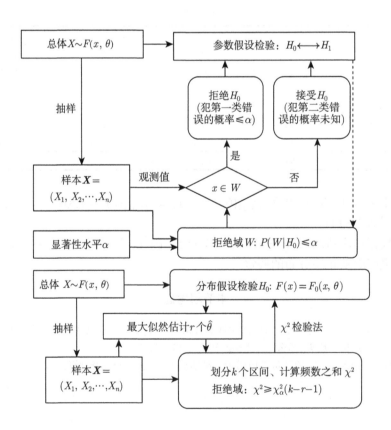

本章的 MATLAB 命令简介

本章涉及的 MATLAB 命令语言概括在表 8.9 中, 其中输入 X 是样本数据组成的向量或矩阵.

表 8.9

函数命令	输入输出说明	统计功能
h=ztest(X, μ_0, σ, α)	输入参数 X 是样本数据, m 是 H_0 中的 μ_0, σ 是总体标准差, α 是显著性水平 (缺省时设定为 0.05). 输出参数 $h = 1$, 则表示在显著性水平 α 下拒绝原假设 H_0; $h = 0$, 则表示在显著性水平 α 下不能拒绝 H_0	对已知方差的单个正态总体均值进行 Z 检验, 即 U 检验
h=ttest(X, μ_0, α)	参数的有关含义同上	对方差未知的单个正态总体均值进行 t 检验
[h, sig, ci]=ttest2 (X, Y, α)	输入参数 X, Y 分别是两个总体的样本数据, 输出参数中, sig 为 T 的观察值在 H_0 的假设下较大或统计意义上较大的概率值, ci 是均值真实差的置信度为 $100 \times (1 - \alpha)\%$ 的置信区间, 其余参数意义同上	对两个正态总体的均值差进行 t 检验
h=jbtest(X, α)	若输出参数 $h=1$ 表示在显著性水平 α 下拒绝 H_0; $h = 0$ 表示在显著性水平 α 下不能拒绝 H_0	对数据向量 X 检验总体是否服从正态分布

利用上述函数命令可快捷解决本章的很多假设检验问题, 特别对分布检验问题更能体现这一点, 比如, 我们用 jbtest 来判断例 8.11 中混凝土抗压强度的分布是否服从正态分布.

命令格式为

$$h=\text{jbtest}(X, 0.05).$$

输入数据 $X = [195, 195, \cdots, 245]$

(因为题中仅给出了样本的分组数据, 所以 X 中 200 个输入数据只能用组中值 (即区间中点) 去代替原始数据.)

结果显示如下:

$$h = 0.$$

输出结果说明: 在显著性水平 $\alpha = 0.05$ 上我们可接受总体为正态分布的假设.

习 题 8

1. 某种橡胶的伸长率 $X \sim N(0.53, 0.015^2)$, 现改进橡胶配方, 对改进配方后的橡胶取样分析, 测得其伸长率如下: 0.56, 0.53, 0.55, 0.55, 0.58, 0.56, 0.57, 0.57, 0.54. 已知改进配方前后橡胶伸长率的方差不变, 问改进配方后橡胶的平均伸长率有无显著变化?($\alpha = 0.05$)

2. 某天开工时, 需检验自动装包机工作是否正常. 根据以往的经验, 其装包的质量在正常情况下服从正态分布 $N(100, 1.5^2)$(单位: kg), 现抽测了 9 包, 其质量为

$$99.3, 98.7, 100.5, 101.2, 98.3, 99.7, 99.5, 102.0, 100.5.$$

问这天包装机工作是否正常?(假定方差不变, $\alpha = 0.05$)

3. 微波炉在炉门关闭时的辐射量是一个重要的质量指标. 某厂生产的微波炉该指标服从正态分布 $N(\mu, \sigma^2)$, 长期以来 $\sigma = 0.1$, 且均值都符合要求不超过 0.12, 为检查近期产品的质量, 抽查了 25 台, 得其炉门关闭时辐射量的均值 $\bar{x} = 0.1203$. 试问在 $\alpha=0.05$ 水平上该厂炉门关闭时辐射量是否升高了?

4. 某种电子元件的寿命 X(单位: h) 服从正态分布 $N(\mu, \sigma^2)$, μ 和 σ^2 均未知, 现测得 16 只元件的寿命如下: 159, 280, 101, 212, 224, 379, 179, 264, 222, 362, 168, 250, 149, 260, 485, 170. 问是否有理由认为元件的平均寿命大于 225h? (取 $\alpha=0.05$)

5. 某批矿砂的 5 个样品中镍含量测定为 (%): 3.25, 3.27, 3.24, 3.26, 3.24. 设测量值服从正态分布, 问能否认为这批矿砂的镍含量为 3.25%?($\alpha = 0.05$)

6. 已知某类钢板的重要指标服从正态分布, 它的制造规格规定, 钢板该指标的方差不得超过 $\sigma_0^2=0.016\text{kg}^2$. 现由 25 块钢板测得指标的样本方差为 0.025, 从这个数据能否得出钢板不合规格的结论? ($\alpha=0.01$)

7. 某种导线的电阻服从 $N(\mu, \sigma^2)$, μ 未知, 其中一个质量指标是电阻标准差不得大于 0.005Ω. 现从中抽取了 9 根导线测其电阻, 测得样本标准差 $s = 0.0066$, 试问在 $\alpha = 0.05$ 水平上能否认为这批导线的电阻波动合格?

8. A, B 两台车床加工同一种轴, 现在要测量轴的椭圆度, 设 A 车床加工的轴的椭圆度为 $X \sim N(\mu_1, \sigma_1^2)$, B 车床加工的轴的椭圆度为 $Y \sim N(\mu_2, \sigma_2^2)$ 且 $\sigma_1^2 = 0.0006\text{mm}^2$, $\sigma_2^2 =0.0038\text{mm}^2$, 现从 A, B 两台车床加工的轴中分别测量 $n_1 = 200$, $n_2 = 150$ 根轴的椭圆度, 并计算样本均值分别为 $\bar{x} = 0.081\text{mm}$, $\bar{y} = 0.060\text{mm}$, 试问这两台车床加工轴的椭圆度是否有显著差异?(取 $\alpha = 0.05$)

9. 某厂使用 A, B 两种不同的原料生产同一类型产品, 分别在这两种原料生产的产品中取样进行测试, 取 A 种原料生产的样品 220 件, B 种原料生产的样品 205 件, 测得平均重量和重量的方差分别如下.

$$A : \bar{x}_A = 2.46(\text{kg}), \quad s_A^2 = 0.57^2(\text{kg}^2), \quad n_A = 220.$$
$$B : \bar{x}_B = 2.55(\text{kg}), \quad s_B^2 = 0.48^2(\text{kg}^2), \quad n_B = 205.$$

设这两个总体都服从正态分布, 且方差相同. 问在显著性水平 α 下能否认为使用原料 B 的产品平均重量比使用原料 A 的要大?

10. 比较 A, B 两种安眠药的疗效, 将 20 个失眠者分成两组, 每组 10 人, A 组病人服用 A 种安眠药, B 组病人服用 B 种安眠药, 服药后, 延长睡眠时间 (单位: h) 如下.

A: 1.9, 0.8, 1.1, 0.1, −0.1, 4.4, 5.5, 1.6, 4.6, 3.4.

B: −1.6, −0.2, −1.2, −0.1, 3.4, 3.7, 0.8, 0.0, 2.0, 0.7.

设服药后延长的睡眠时间分别服从正态分布, 且方差相等. 问 A, B 两种安眠药的疗效有无显著差异? (取 α=0.05)

11. 某一橡胶配方中, 原用氧化锌 5g, 现将氧化锌减为 1g, 我们分别对两种配方作抽样试验, 结果测得橡胶的伸长率如下:

原配方: 540, 533, 525, 520, 545, 531, 541, 529, 534.

新配方: 565, 577, 580, 575, 556, 542, 560, 532, 570, 561.

问两种配方的橡胶伸长 (设它们都服从正态分布) 总体方差有显著差异? ($\alpha = 0.10$)

12. 甲乙两台机床分别加工某种轴, 轴的直径分别服从正态分布 $N(\mu_1, \sigma_1^2)$, $N(\mu_2, \sigma_2^2)$, 现从各自加工的轴中分别取若干根测其直径, 结果如表 8.10 所示. 问: 两台机床的加工精度有无显著差异? ($\alpha = 0.05$)

表 8.10

总体	样本容量	直径							
X(机床甲)	8	20.5	19.8	19.7	20.4	20.1	20.0	19.0	19.9
Y(机床乙)	7	20.7	19.8	19.5	20.8	20.4	19.6	20.2	

13. 某产品的次品率原为 0.1, 对这种产品进行新工艺试验, 抽取 200 件, 发现 13 件次品, 能否认为这项新工艺显著地降低了产品的次品率?($\alpha = 0.05$)

14. 某电器零件的平均电阻一直保持在 2.64Ω, 改变加工工艺后, 测得 100 个零件的平均电阻为 2.62Ω, 如改变工艺前后电阻的标准差保持在 0.06Ω, 问新工艺对零件的电阻有无显著性影响? (假设总体正态分布, $\alpha = 0.01$)

15. 一骰子掷了 120 次, 结果如表 8.11 所示. 试在 $\alpha = 0.05$ 下检验这颗骰子是否均匀、对称.

表 8.11

点数	1	2	3	4	5	6
出现次数	23	26	21	20	15	15

16. 检查产品质量时, 在生产过程中每次抽取 10 个产品进行检查, 抽查 100 次, 每 10 个产品中次品的分布如表 8.12 所示. 问生产过程中出现次品的概率是否可认为是不变的, 即每次抽查的 10 个产品中次品数 X 是否服从二项分布? ($\alpha = 0.05$)

表 8.12

每 10 个产品中的次品数 X_i	0	1	2	3	4	5	$\geqslant 6$	总计
频率 m_i	32	45	17	4	1	1	0	100

17. 在数控车床的加工过程中, 随机抽取 200 个丝杆, 测得丝杆与规定尺寸的偏差情况统计如表 8.13 所示. 利用 χ^2 分布拟合检验法检验丝杆的直径与规定尺寸的偏差是否服从正态分布?($\alpha = 0.05$)

表 8.13

偏差/μm	频数	偏差/μm	频数
−25 ~ −20	6	0~5	41
−20 ~ −15	11	5~10	26
−15 ~ −10	15	10~15	17
−10 ~ −5	24	15~20	8
−5 ~ 0	49	20~25	3

第 8 章测试题

参 考 文 献

陈希孺. 1992. 概率论与数理统计. 合肥: 中国科学技术大学出版社

付立家, 杨栂, 黄叶娜, 等. 2017. 干线道路交通流数学建模理论与方法. 重庆: 重庆大学出版社

李贤平, 沈崇圣, 陈子毅. 2003. 概率论与数理统计. 上海: 复旦大学出版社

马江洪. 1996. 概率统计. 西安: 西北工业大学出版社

茆诗松, 程依明, 濮晓龙. 2019. 概率论与数理统计教程. 3 版. 北京: 高等教育出版社

盛骤, 谢式千, 潘承毅. 2001. 概率论与数理统计. 3 版. 北京: 高等教育出版社

魏立力, 马江洪, 颜荣芳. 2012. 概率统计引论. 北京: 科学出版社

魏宗舒, 汪荣明, 周纪芗, 等. 2020. 概率论与数理统计教程. 3 版. 北京: 高等教育出版社

谢兴武, 李宏伟. 2007. 概率统计释难解疑. 北京: 科学出版社

朱勇华. 1999. 应用数理统计. 武汉: 武汉水利电力大学出版社

附　　表

附表 1　泊松分布表

表中的值为 $1 - F(x) = \sum\limits_{k=x+1}^{\infty} \dfrac{\lambda^k}{k!} \mathrm{e}^{-\lambda}$

λ	x					
	0	1	2	3	4	5
0.1	0.0951626	0.0046788	0.0001547	0.0000038	0.0000001	0.0000000
0.2	0.1812692	0.0175231	0.0011485	0.0000568	0.0000023	0.0000001
0.3	0.2591818	0.0369363	0.0035995	0.0002658	0.0000158	0.0000008
0.4	0.3296799	0.0615519	0.0079263	0.0007763	0.0000612	0.0000040
0.5	0.3934693	0.0902040	0.0143877	0.0017516	0.0001721	0.0000142
0.6	0.4511883	0.1219014	0.0231153	0.0033581	0.0003945	0.0000389
0.7	0.5034147	0.1558050	0.0341416	0.0057535	0.0007855	0.0000900
0.8	0.5506710	0.1912079	0.0474226	0.0090799	0.0014113	0.0001843
0.9	0.5934303	0.2275176	0.0628569	0.0134587	0.0023441	0.0003435
1.0	0.6321205	0.2642411	0.0803014	0.0189882	0.0036598	0.0005942
1.2	0.6988057	0.3373727	0.1205129	0.0337690	0.0077458	0.0015002
1.4	0.7534030	0.4081673	0.1665023	0.0537252	0.0142533	0.0032011
1.6	0.7981035	0.4750690	0.2166415	0.0788135	0.0236823	0.0060403
1.8	0.8347010	0.5371630	0.2693789	0.1087084	0.0364067	0.0103780
2.0	0.8646647	0.5939941	0.3233236	0.1428765	0.0526530	0.0165636
3.0	0.9502129	0.8008517	0.5768098	0.3527681	0.1847367	0.0839179
4.0	0.9816844	0.9084218	0.7618967	0.5665298	0.3711630	0.2148696
5.0	0.9932621	0.9595723	0.8753480	0.7349741	0.5595066	0.3840393

λ	x					
	6	7	8	9	10	11
0.1	0.0000000	0.0000000	0.0000000	0.0000000	0.0000000	0.0000000
0.2	0.0000000	0.0000000	0.0000000	0.0000000	0.0000000	0.0000000
0.3	0.0000000	0.0000000	0.0000000	0.0000000	0.0000000	0.0000000
0.4	0.0000002	0.0000000	0.0000000	0.0000000	0.0000000	0.0000000
0.5	0.0000010	0.0000001	0.0000000	0.0000000	0.0000000	0.0000000
0.6	0.0000033	0.0000002	0.0000000	0.0000000	0.0000000	0.0000000
0.7	0.0000089	0.0000008	0.0000001	0.0000000	0.0000000	0.0000000
0.8	0.0000207	0.0000021	0.0000002	0.0000000	0.0000000	0.0000000
0.9	0.0000434	0.0000048	0.0000005	0.0000000	0.0000000	0.0000000
1.0	0.0000832	0.0000102	0.0000011	0.0000001	0.0000000	0.0000000
1.2	0.0002511	0.0000370	0.0000049	0.0000006	0.0000001	0.0000000
1.4	0.0006223	0.0001065	0.0000163	0.0000022	0.0000003	0.0000000
1.6	0.0013358	0.0002604	0.0000454	0.0000071	0.0000010	0.0000001
1.8	0.0025694	0.0005615	0.0001097	0.0000194	0.0000031	0.0000005
2.0	0.0045338	0.0010967	0.0002374	0.0000465	0.0000083	0.0000014
3.0	0.0335085	0.0119045	0.0038030	0.0011025	0.0002923	0.0000714
4.0	0.1106740	0.0511336	0.0213634	0.0081322	0.0028398	0.0009152
5.0	0.2378165	0.1333717	0.0680936	0.0318281	0.0136953	0.0054531

附表 2　标准正态分布函数 $\Phi(x)$ 值和 α 上侧分位数表

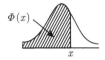 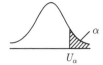

x	0.00	0.01	0.02	0.03	0.04	0.05	0.06	0.07	0.08	0.09
0.0	0.5000	0.5040	0.5080	0.5120	0.5160	0.5199	0.5239	0.5279	0.5319	0.5359
0.1	0.5398	0.5438	0.5478	0.5517	0.5557	0.5596	0.5636	0.5675	0.5714	0.5753
0.2	0.5793	0.5832	0.5871	0.5910	0.5948	0.5987	0.6026	0.6064	0.6103	0.6141
0.3	0.6179	0.6217	0.6255	0.6293	0.6331	0.6368	0.6404	0.6443	0.6480	0.6517
0.4	0.6554	0.6591	0.6628	0.6664	0.6700	0.6736	0.6772	0.6808	0.6844	0.6879
0.5	0.6915	0.6950	0.6985	0.7019	0.7054	0.7088	0.7123	0.7157	0.7190	0.7224
0.6	0.7257	0.7291	0.7324	0.7357	0.7389	0.7422	0.7454	0.7486	0.7517	0.7549
0.7	0.7580	0.7611	0.7642	0.7673	0.7703	0.7734	0.7764	0.7794	0.7823	0.7852
0.8	0.7881	0.7910	0.7939	0.7967	0.7995	0.8023	0.8051	0.8078	0.8106	0.8133
0.9	0.8159	0.8186	0.8212	0.8238	0.8264	0.8289	0.8355	0.8340	0.8365	0.8389
1.0	0.8413	0.8438	0.8461	0.8485	0.8508	0.8531	0.8554	0.8577	0.8599	0.8621
1.1	0.8643	0.8665	0.8686	0.8708	0.8729	0.8749	0.8770	0.8790	0.8810	0.8830
1.2	0.8849	0.8869	0.8888	0.8907	0.8925	0.8944	0.8962	0.8980	0.8997	0.9015
1.3	0.9032	0.9049	0.9066	0.9082	0.9099	0.9115	0.9131	0.9147	0.9162	0.9177
1.4	0.9192	0.9207	0.9222	0.9236	0.9251	0.9265	0.9279	0.9292	0.9306	0.9319
1.5	0.9332	0.9345	0.9357	0.9370	0.9382	0.9394	0.9406	0.9418	0.9430	0.9441
1.6	0.9452	0.9463	0.9474	0.9484	0.9495	0.9505	0.9515	0.9525	0.9535	0.9535
1.7	0.9554	0.9564	0.9573	0.9582	0.9591	0.9599	0.9608	0.9616	0.9625	0.9633
1.8	0.9641	0.9648	0.9656	0.9664	0.9672	0.9678	0.9686	0.9693	0.9700	0.9706
1.9	0.9713	0.9719	0.9726	0.9732	0.9738	0.9744	0.9750	0.9756	0.9762	0.9767
2.0	0.9772	0.9778	0.9783	0.9788	0.9793	0.9798	0.9803	0.9808	0.9812	0.9817
2.1	0.9821	0.9826	0.9830	0.9834	0.9838	0.9842	0.9846	0.9850	0.9854	0.9857
2.2	0.9861	0.9864	0.9868	0.9871	0.9874	0.9878	0.9881	0.9884	0.9887	0.9890
2.3	0.9893	0.9896	0.9898	0.9901	0.9904	0.9906	0.9909	0.9911	0.9913	0.9916
2.4	0.9918	0.9920	0.9922	0.9925	0.9927	0.9929	0.9931	0.9932	0.9934	0.9936
2.5	0.9938	0.9940	0.9941	0.9943	0.9945	0.9946	0.9948	0.9949	0.9951	0.9952
2.6	0.9953	0.9955	0.9956	0.9957	0.9959	0.9960	0.9961	0.9962	0.9963	0.9964
2.7	0.9965	0.9966	0.9967	0.9968	0.9969	0.9970	0.9971	0.9972	0.9973	0.9974
2.8	0.9974	0.9975	0.9976	0.9977	0.9977	0.9978	0.9979	0.9979	0.9980	0.9981
2.9	0.9981	0.9982	0.9982	0.9983	0.9984	0.9984	0.9985	0.9985	0.9986	0.9986
3.0	0.9987	0.9987	0.9987	0.9988	0.9988	0.9989	0.9989	0.9989	0.9990	0.9990
3.1	0.9990	0.9991	0.9991	0.9991	0.9992	0.9992	0.9992	0.9992	0.9993	0.9993
3.2	0.9993	0.9993	0.9994	0.9994	0.9994	0.9994	0.9994	0.9995	0.9995	0.9995
3.3	0.9995	0.9995	0.9995	0.9996	0.9996	0.9996	0.9996	0.9996	0.9996	0.9997
3.4	0.9997	0.9997	0.9997	0.9997	0.9997	0.9997	0.9997	0.9997	0.9997	0.9998
α	0.0001	0.0005	0.001	0.0025	0.005	0.01	0.025	0.05	0.1	0.25
U_α	3.7190	3.2905	3.0902	2.8070	2.5758	2.3263	1.9600	1.6449	1.2816	0.6745

附表 3　χ^2 分布的 α 上侧分位数 $\chi^2_\alpha(n)$ 表

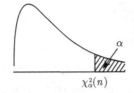

$\chi^2_\alpha(n)$

n	α									
	0.995	0.99	0.975	0.95	0.9	0.1	0.05	0.025	0.01	0.005
1	0.0000	0.0002	0.0010	0.0039	0.0158	2.7055	3.8415	5.0239	6.6349	7.8794
2	0.0100	0.0201	0.0506	0.1026	0.2107	4.6052	5.9915	7.3778	9.2103	10.5966
3	0.0717	0.1148	0.2158	0.3518	0.5844	6.2514	7.8147	9.3484	11.3449	12.8382
4	0.2070	0.2971	0.4844	0.7107	1.0636	7.7794	9.4877	11.1433	13.2767	14.8603
5	0.4117	0.5543	0.8312	1.1455	1.6103	9.2364	11.0705	12.8325	15.0863	16.7496
6	0.6757	0.8721	1.2373	1.6354	2.2041	10.6446	12.5916	14.4494	16.8119	18.5476
7	0.9893	1.2390	1.6899	2.1673	2.8331	12.0170	14.0671	16.0128	18.4753	20.2777
8	1.3444	1.6465	2.1797	2.7326	3.4895	13.3616	15.5073	17.5345	20.0902	21.9550
9	1.7349	2.0879	2.7004	3.3251	4.1682	14.6837	16.9190	19.0228	21.6660	23.5894
10	2.1559	2.5582	3.2470	3.9403	4.8652	15.9872	18.3070	20.4832	23.2093	25.1882
11	2.6032	3.0535	3.8157	4.5748	5.5778	17.2750	19.6751	21.9200	24.7250	26.7568
12	3.0738	3.5706	4.4038	5.2260	6.3038	18.5493	21.0261	23.3367	26.2170	28.2995
13	3.5650	4.1069	5.0088	5.8919	7.0415	19.8119	22.3620	24.7356	27.6882	29.8195
14	4.0747	4.6604	5.6287	6.5706	7.7895	21.0641	23.6848	26.1189	29.1412	31.3193
15	4.6009	5.2293	6.2621	7.2609	8.5468	22.3071	24.9958	27.4884	30.5779	32.8013
16	5.1422	5.8122	6.9077	7.9616	9.3122	23.5418	26.2962	28.8454	31.9999	34.2672
17	5.6972	6.4078	7.5642	8.6718	10.0852	24.7690	27.5871	30.1910	33.4087	35.7185
18	6.2648	7.0149	8.2307	9.3905	10.8649	25.9894	28.8693	31.5264	34.8053	37.1565
19	6.8440	7.6327	8.9065	10.1170	11.6509	27.2036	30.1435	32.8523	36.1909	38.5823
20	7.4338	8.2604	9.5908	10.8508	12.4426	28.4120	31.4104	34.1696	37.5662	39.9968
21	8.0337	8.8972	10.2829	11.5913	13.2396	29.6151	32.6706	35.4789	38.9322	41.4011
22	8.6427	9.5425	10.9823	12.3380	14.0415	30.8133	33.9244	36.7807	40.2894	42.7957
23	9.2604	10.1957	11.6886	13.0905	14.8480	32.0069	35.1725	38.0756	41.6384	44.1813
24	9.8862	10.8564	12.4012	13.8484	15.6587	33.1962	36.4150	39.3641	42.9798	45.5585
25	10.5197	11.5240	13.1197	14.6114	16.4734	34.3816	37.6525	40.6465	44.3141	46.9279
26	11.1602	12.1981	13.8439	15.3792	17.2919	35.5632	38.8851	41.9232	45.6417	48.2899
27	11.8076	12.8785	14.5734	16.1514	18.1139	36.7412	40.1133	43.1945	46.9629	49.6449
28	12.4613	13.5647	15.3079	16.9279	18.9392	37.9159	41.3371	44.4608	48.2782	50.9934
29	13.1211	14.2565	16.0471	17.7084	19.7677	39.0875	42.5570	45.7223	49.5879	52.3356
30	13.7867	14.9535	16.7908	18.4927	20.5992	40.2560	43.7730	46.9792	50.8922	53.6720
31	14.4578	15.6555	17.5387	19.2806	21.4336	41.4217	44.9853	48.2319	52.1914	55.0027
32	15.1340	16.3622	18.2908	20.0719	22.2706	42.5847	46.1943	49.4804	53.4858	56.3281
33	15.8153	17.0735	19.0467	20.8665	23.1102	43.7452	47.3999	50.7251	54.7755	57.6484
34	16.5013	17.7891	19.8063	21.6643	23.9523	44.9032	48.6024	51.9660	56.0609	58.9639
35	17.1918	18.5089	20.5694	22.4650	24.7967	46.0588	49.8018	53.2033	57.3421	60.2748
36	17.8867	19.2327	21.3359	23.2686	25.6433	47.2122	50.9985	54.4373	58.6192	61.5812
37	18.5858	19.9602	22.1056	24.0749	26.4921	48.3634	52.1923	55.6680	59.8925	62.8833
38	19.2889	20.6914	22.8785	24.8839	27.3430	49.5126	53.3835	56.8955	61.1621	64.1814

n	α									
	0.995	0.99	0.975	0.95	0.9	0.1	0.05	0.025	0.01	0.005
39	19.9959	21.4262	23.6543	25.6954	28.1958	50.6598	54.5722	58.1201	62.4281	65.4756
40	20.7065	22.1643	24.4330	26.5093	29.0505	51.8051	55.7585	59.3417	63.6907	66.7660
41	21.4208	22.9056	25.2145	27.3256	29.9071	52.9485	56.9424	60.5606	64.9501	68.0527
42	22.1385	23.6501	25.9987	28.1440	30.7654	54.0902	58.1240	61.7768	66.2062	69.3360
43	22.8595	24.3976	26.7854	28.9647	31.6255	55.2302	59.3035	62.9904	67.4593	70.6159
44	23.5837	25.1480	27.5746	29.7875	32.4871	56.3685	60.4809	64.2015	68.7095	71.8926
45	24.3110	25.9013	28.3662	30.6123	33.3504	57.5053	61.6562	65.4102	69.9568	73.1661
46	25.0413	26.6572	29.1601	31.4390	34.2152	58.6405	62.8296	66.6165	71.2014	74.4365
47	25.7746	27.4158	29.9562	32.2676	35.0814	59.7743	64.0011	67.8206	72.4433	75.7041
48	26.5106	28.1770	30.7545	33.0981	35.9491	60.9066	65.1708	69.0226	73.6826	76.9688
49	27.2493	28.9406	31.5549	33.9303	36.8182	62.0375	66.3386	70.2224	74.9195	78.2307
50	27.9907	29.7067	32.3574	34.7643	37.6886	63.1671	67.5048	71.4202	76.1539	79.4900
51	28.7347	30.4750	33.1618	35.5999	38.5604	64.2954	68.6693	72.6160	77.3860	80.7467
52	29.4812	31.2457	33.9681	36.4371	39.4334	65.4224	69.8322	73.8099	78.6158	82.0008
53	30.2300	32.0185	34.7763	37.2759	40.3076	66.5482	70.9935	75.0019	79.8433	83.2526
54	30.9813	32.7934	35.5863	38.1162	41.1830	67.6728	72.1532	76.1920	81.0688	84.5019
55	31.7348	33.5705	36.3981	38.9580	42.0596	68.7962	73.3115	77.3805	82.2921	85.7490
56	32.4905	34.3495	37.2116	39.8013	42.9373	69.9185	74.4683	78.5672	83.5134	86.9938
57	33.2484	35.1305	38.0267	40.6459	43.8161	71.0397	75.6237	79.7522	84.7328	88.2364
58	34.0084	35.9135	38.8435	41.4920	44.6960	72.1598	76.7778	80.9356	85.9502	89.4769
59	34.7704	36.6982	39.6619	42.3393	45.5770	73.2789	77.9305	82.1174	87.1657	90.7153
60	35.5345	37.4849	40.4817	43.1880	46.4589	74.3970	79.0819	83.2977	88.3794	91.9517

附表 4 t 分布的 α 上侧分位数 $t_\alpha(n)$ 表

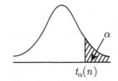

n	α							
	0.25	0.20	0.15	0.10	0.05	0.025	0.01	0.005
1	1.0000	1.3764	1.9626	3.0777	6.3138	12.7062	31.8205	63.6567
2	0.8165	1.0607	1.3862	1.8856	2.9200	4.3027	6.9646	9.9248
3	0.7649	0.9785	1.2498	1.6377	2.3534	3.1824	4.5407	5.8409
4	0.7407	0.9410	1.1896	1.5332	2.1318	2.7764	3.7469	4.6041
5	0.7267	0.9195	1.1558	1.4759	2.0150	2.5706	3.3649	4.0321
6	0.7176	0.9057	1.1342	1.4398	1.9432	2.4469	3.1427	3.7074
7	0.7111	0.8960	1.1192	1.4149	1.8946	2.3646	2.9980	3.4995
8	0.7064	0.8889	1.1081	1.3968	1.8595	2.3060	2.8965	3.3554
9	0.7027	0.8834	1.0997	1.3830	1.8331	2.2622	2.8214	3.2498
10	0.6998	0.8791	1.0931	1.3722	1.8125	2.2281	2.7638	3.1693
11	0.6974	0.8755	1.0877	1.3634	1.7959	2.2010	2.7181	3.1058
12	0.6955	0.8726	1.0832	1.3562	1.7823	2.1788	2.6810	3.0545
13	0.6938	0.8702	1.0795	1.3502	1.7709	2.1604	2.6503	3.0123
14	0.6924	0.8681	1.0763	1.3450	1.7613	2.1448	2.6245	2.9768
15	0.6912	0.8662	1.0735	1.3406	1.7531	2.1314	2.6025	2.9467
16	0.6901	0.8647	1.0711	1.3368	1.7459	2.1199	2.5835	2.9208
17	0.6892	0.8633	1.0690	1.3334	1.7396	2.1098	2.5669	2.8982
18	0.6884	0.8620	1.0672	1.3304	1.7341	2.1009	2.5524	2.8784
19	0.6876	0.8610	1.0655	1.3277	1.7291	2.0930	2.5395	2.8609
20	0.6870	0.8600	1.0640	1.3253	1.7247	2.0860	2.5280	2.8453
21	0.6864	0.8591	1.0627	1.3232	1.7207	2.0796	2.5176	2.8314
22	0.6858	0.8583	1.0614	1.3212	1.7171	2.0739	2.5083	2.8188
23	0.6853	0.8575	1.0603	1.3195	1.7139	2.0687	2.4999	2.8073
24	0.6848	0.8569	1.0593	1.3178	1.7109	2.0639	2.4922	2.7969
25	0.6844	0.8562	1.0584	1.3163	1.7081	2.0595	2.4851	2.7874
26	0.6840	0.8557	1.0575	1.3150	1.7056	2.0555	2.4786	2.7787
27	0.6837	0.8551	1.0567	1.3137	1.7033	2.0518	2.4727	2.7707
28	0.6834	0.8546	1.0560	1.3125	1.7011	2.0484	2.4671	2.7633
29	0.6830	0.8542	1.0553	1.3114	1.6991	2.0452	2.4620	2.7564
30	0.6828	0.8538	1.0547	1.3104	1.6973	2.0423	2.4573	2.7500
31	0.6825	0.8534	1.0541	1.3095	1.6955	2.0395	2.4528	2.7440
32	0.6822	0.8530	1.0535	1.3086	1.6939	2.0369	2.4487	2.7385
33	0.6820	0.8526	1.0530	1.3077	1.6924	2.0345	2.4448	2.7333
34	0.6818	0.8523	1.0525	1.3070	1.6909	2.0322	2.4411	2.7284
35	0.6816	0.8520	1.0520	1.3062	1.6896	2.0301	2.4377	2.7238
36	0.6814	0.8517	1.0516	1.3055	1.6883	2.0281	2.4345	2.7195
37	0.6812	0.8514	1.0512	1.3049	1.6871	2.0262	2.4314	2.7154
38	0.6810	0.8512	1.0508	1.3042	1.6860	2.0244	2.4286	2.7116
39	0.6808	0.8509	1.0504	1.3036	1.6849	2.0227	2.4258	2.7079

n	α							
	0.25	0.20	0.15	0.10	0.05	0.025	0.01	0.005
40	0.6807	0.8507	1.0500	1.3031	1.6839	2.0211	2.4233	2.7045
41	0.6805	0.8505	1.0497	1.3025	1.6829	2.0195	2.4208	2.7012
42	0.6804	0.8503	1.0494	1.3020	1.6820	2.0181	2.4185	2.6981
43	0.6802	0.8501	1.0491	1.3016	1.6811	2.0167	2.4163	2.6951
44	0.6801	0.8499	1.0488	1.3011	1.6802	2.0154	2.4141	2.6923
45	0.6800	0.8497	1.0485	1.3006	1.6794	2.0141	2.4121	2.6896
46	0.6799	0.8495	1.0483	1.3002	1.6787	2.0129	2.4102	2.6870
47	0.6797	0.8493	1.0480	1.2998	1.6779	2.0117	2.4083	2.6846
48	0.6796	0.8492	1.0478	1.2994	1.6772	2.0106	2.4066	2.6822
49	0.6795	0.8490	1.0475	1.2991	1.6766	2.0096	2.4049	2.6800
50	0.6794	0.8489	1.0473	1.2987	1.6759	2.0086	2.4033	2.6778
51	0.6793	0.8487	1.0471	1.2984	1.6753	2.0076	2.4017	2.6757
52	0.6792	0.8486	1.0469	1.2980	1.6747	2.0066	2.4002	2.6737
53	0.6791	0.8485	1.0467	1.2977	1.6741	2.0057	2.3988	2.6718
54	0.6791	0.8483	1.0465	1.2974	1.6736	2.0049	2.3974	2.6700
55	0.6790	0.8482	1.0463	1.2971	1.6730	2.0040	2.3961	2.6682
56	0.6789	0.8481	1.0461	1.2969	1.6725	2.0032	2.3948	2.6665
57	0.6788	0.8480	1.0459	1.2966	1.6720	2.0025	2.3936	2.6649
58	0.6787	0.8479	1.0458	1.2963	1.6716	2.0017	2.3924	2.6633
59	0.6787	0.8478	1.0456	1.2961	1.6711	2.0010	2.3912	2.6618
60	0.6786	0.8477	1.0455	1.2958	1.6706	2.0003	2.3901	2.6603

附表 5　F 分布的 α 上侧分位数 $F_\alpha(n_1, n_2)$ 表

$\alpha = 0.1$

$n_2 \backslash n_1$	1	2	3	4	5	6	7	8	9	10	12	15	20	25	30	40	60	100	120	200
1	39.864	49.500	53.593	55.833	57.240	58.204	58.906	59.439	59.858	60.195	60.705	61.220	61.740	62.055	62.265	62.529	62.794	63.007	63.061	63.168
2	8.5263	9.0000	9.1618	9.2434	9.2926	9.3255	9.3491	9.3668	9.3805	9.3916	9.4081	9.4247	9.4413	9.4513	9.4579	9.4662	9.4746	9.4812	9.4829	9.4862
3	5.5383	5.4624	5.3908	5.3426	5.3092	5.2847	5.2662	5.2517	5.2400	5.2304	5.2156	5.2003	5.1845	5.1747	5.1681	5.1597	5.1512	5.1443	5.1425	5.1390
4	4.5448	4.3246	4.1909	4.1072	4.0506	4.0097	3.9790	3.9549	3.9357	3.9199	3.8955	3.8704	3.8443	3.8283	3.8174	3.8036	3.7896	3.7782	3.7753	3.7695
5	4.0604	3.7797	3.6195	3.5202	3.4530	3.4045	3.3679	3.3393	3.3163	3.2974	3.2682	3.2380	3.2067	3.1873	3.1741	3.1573	3.1402	3.1263	3.1228	3.1157
6	3.7759	3.4633	3.2888	3.1808	3.1075	3.0546	3.0145	2.9830	2.9577	2.9369	2.9047	2.8712	2.8363	2.8147	2.8000	2.7812	2.7620	2.7463	2.7423	2.7343
7	3.5894	3.2574	3.0741	2.9605	2.8833	2.8274	2.7849	2.7516	2.7247	2.7025	2.6681	2.6322	2.5947	2.5714	2.5555	2.5351	2.5142	2.4971	2.4928	2.4841
8	3.4579	3.1131	2.9238	2.8064	2.7264	2.6683	2.6241	2.5893	2.5612	2.5380	2.5020	2.4642	2.4246	2.3999	2.3830	2.3614	2.3391	2.3208	2.3162	2.3068
9	3.3603	3.0065	2.8129	2.6927	2.6106	2.5509	2.5053	2.4694	2.4403	2.4163	2.3789	2.3396	2.2983	2.2725	2.2547	2.2320	2.2085	2.1892	2.1843	2.1744
10	3.2850	2.9245	2.7277	2.6053	2.5216	2.4606	2.4140	2.3772	2.3473	2.3226	2.2841	2.2435	2.2007	2.1739	2.1554	2.1317	2.1072	2.0869	2.0818	2.0713
11	3.2252	2.8595	2.6602	2.5362	2.4512	2.3891	2.3416	2.3040	2.2735	2.2482	2.2087	2.1671	2.1230	2.0953	2.0762	2.0516	2.0261	2.0050	1.9997	1.9888
12	3.1765	2.8068	2.6055	2.4801	2.3940	2.3310	2.2828	2.2446	2.2135	2.1878	2.1474	2.1049	2.0597	2.0312	2.0115	1.9861	1.9597	1.9379	1.9323	1.9210
13	3.1362	2.7632	2.5603	2.4337	2.3467	2.2830	2.2341	2.1953	2.1638	2.1376	2.0966	2.0532	2.0070	1.9778	1.9576	1.9315	1.9043	1.8817	1.8759	1.8642
14	3.1022	2.7265	2.5222	2.3947	2.3069	2.2426	2.1931	2.1539	2.1220	2.0954	2.0537	2.0095	1.9625	1.9326	1.9119	1.8852	1.8572	1.8340	1.8280	1.8159
15	3.0732	2.6952	2.4898	2.3614	2.2730	2.2081	2.1582	2.1185	2.0862	2.0593	2.0171	1.9722	1.9243	1.8939	1.8728	1.8454	1.8168	1.7929	1.7867	1.7743
16	3.0481	2.6682	2.4618	2.3327	2.2438	2.1783	2.1280	2.0880	2.0553	2.0281	1.9854	1.9399	1.8913	1.8603	1.8388	1.8108	1.7816	1.7570	1.7507	1.7379
17	3.0262	2.6446	2.4374	2.3077	2.2183	2.1524	2.1017	2.0613	2.0284	2.0009	1.9577	1.9117	1.8624	1.8309	1.8090	1.7805	1.7506	1.7255	1.7191	1.7060
18	3.0070	2.6239	2.4160	2.2858	2.1958	2.1296	2.0785	2.0379	2.0047	1.9770	1.9333	1.8868	1.8368	1.8049	1.7827	1.7537	1.7232	1.6976	1.6910	1.6775
19	2.9899	2.6056	2.3970	2.2663	2.1760	2.1094	2.0580	2.0171	1.9836	1.9557	1.9117	1.8647	1.8142	1.7818	1.7592	1.7298	1.6988	1.6726	1.6659	1.6521
20	2.9747	2.5893	2.3801	2.2489	2.1582	2.0913	2.0397	1.9985	1.9649	1.9367	1.8924	1.8449	1.7938	1.7611	1.7382	1.7083	1.6768	1.6501	1.6433	1.6292
21	2.9610	2.5746	2.3649	2.2333	2.1423	2.0751	2.0233	1.9819	1.9480	1.9197	1.8750	1.8271	1.7756	1.7424	1.7193	1.6890	1.6569	1.6298	1.6228	1.6085
22	2.9486	2.5613	2.3512	2.2193	2.1279	2.0605	2.0084	1.9668	1.9327	1.9043	1.8593	1.8111	1.7590	1.7255	1.7021	1.6714	1.6389	1.6113	1.6041	1.5896
23	2.9374	2.5493	2.3387	2.2065	2.1149	2.0472	1.9949	1.9531	1.9189	1.8903	1.8450	1.7964	1.7439	1.7101	1.6864	1.6554	1.6224	1.5944	1.5871	1.5723
24	2.9271	2.5383	2.3274	2.1949	2.1030	2.0351	1.9826	1.9407	1.9063	1.8775	1.8319	1.7831	1.7302	1.6960	1.6721	1.6407	1.6073	1.5788	1.5715	1.5563
25	2.9177	2.5283	2.3170	2.1842	2.0922	2.0241	1.9714	1.9292	1.8947	1.8658	1.8200	1.7708	1.7175	1.6831	1.6589	1.6272	1.5934	1.5645	1.5570	1.5417
26	2.9091	2.5191	2.3075	2.1745	2.0822	2.0139	1.9610	1.9188	1.8841	1.8550	1.8090	1.7596	1.7059	1.6712	1.6468	1.6147	1.5805	1.5513	1.5437	1.5281
27	2.9012	2.5106	2.2987	2.1655	2.0730	2.0045	1.9515	1.9091	1.8743	1.8451	1.7989	1.7492	1.6951	1.6602	1.6356	1.6032	1.5686	1.5390	1.5313	1.5155
28	2.8938	2.5028	2.2906	2.1571	2.0645	1.9959	1.9427	1.9001	1.8652	1.8359	1.7895	1.7395	1.6852	1.6500	1.6252	1.5925	1.5575	1.5276	1.5198	1.5037
29	2.8870	2.4955	2.2831	2.1494	2.0566	1.9878	1.9345	1.8918	1.8568	1.8274	1.7808	1.7306	1.6759	1.6405	1.6155	1.5825	1.5472	1.5169	1.5090	1.4927
30	2.8807	2.4887	2.2761	2.1422	2.0492	1.9803	1.9269	1.8841	1.8490	1.8195	1.7727	1.7223	1.6673	1.6316	1.6065	1.5732	1.5376	1.5069	1.4989	1.4824
40	2.8354	2.4404	2.2261	2.0909	1.9968	1.9269	1.8725	1.8289	1.7929	1.7627	1.7146	1.6624	1.6052	1.5677	1.5411	1.5056	1.4672	1.4336	1.4248	1.4064
50	2.8087	2.4120	2.1967	2.0608	1.9660	1.8954	1.8405	1.7963	1.7598	1.7291	1.6802	1.6269	1.5681	1.5294	1.5018	1.4648	1.4242	1.3885	1.3789	1.3590
60	2.7911	2.3933	2.1774	2.0410	1.9457	1.8747	1.8194	1.7748	1.7380	1.7070	1.6574	1.6034	1.5435	1.5039	1.4755	1.4373	1.3952	1.3576	1.3476	1.3264
100	2.7564	2.3564	2.1394	2.0019	1.9057	1.8339	1.7778	1.7324	1.6949	1.6632	1.6124	1.5566	1.4943	1.4528	1.4227	1.3817	1.3356	1.2934	1.2819	1.2571
200	2.7308	2.3293	2.1114	1.9732	1.8763	1.8038	1.7470	1.7011	1.6630	1.6308	1.5789	1.5218	1.4575	1.4142	1.3826	1.3390	1.2891	1.2418	1.2285	1.1991

续表

$\alpha = 0.05$

n_2 \ n_1	1	2	3	4	5	6	7	8	9	10	12	15	20	25	30	40	60	100	120	200
1	161.45	199.50	215.71	224.58	230.16	233.99	236.77	238.88	240.54	241.88	243.91	245.95	248.01	249.26	250.10	251.14	252.20	253.04	253.25	253.68
2	18.513	19.000	19.164	19.247	19.296	19.330	19.353	19.371	19.385	19.396	19.413	19.429	19.446	19.456	19.462	19.471	19.479	19.486	19.487	19.491
3	10.128	9.5521	9.2766	9.1172	9.0135	8.9406	8.8867	8.8452	8.8123	8.7855	8.7446	8.7029	8.6602	8.6341	8.6166	8.5944	8.5720	8.5539	8.5494	8.5402
4	7.7086	6.9443	6.5914	6.3882	6.2561	6.1631	6.0942	6.0410	5.9988	5.9644	5.9117	5.8578	5.8025	5.7687	5.7459	5.7170	5.6877	5.6641	5.6581	5.6461
5	6.6079	5.7861	5.4095	5.1922	5.0503	4.9503	4.8759	4.8183	4.7725	4.7351	4.6777	4.6188	4.5581	4.5209	4.4957	4.4638	4.4314	4.4051	4.3985	4.3851
6	5.9874	5.1433	4.7571	4.5337	4.3874	4.2839	4.2067	4.1468	4.0990	4.0600	3.9999	3.9381	3.8742	3.8348	3.8082	3.7743	3.7398	3.7117	3.7047	3.6904
7	5.5914	4.7374	4.3468	4.1203	3.9715	3.8660	3.7870	3.7257	3.6767	3.6365	3.5747	3.5107	3.4445	3.4036	3.3758	3.3404	3.3043	3.2749	3.2674	3.2525
8	5.3177	4.4590	4.0662	3.8379	3.6875	3.5806	3.5005	3.4381	3.3881	3.3472	3.2839	3.2184	3.1503	3.1081	3.0794	3.0428	3.0053	2.9747	2.9669	2.9513
9	5.1174	4.2565	3.8625	3.6331	3.4817	3.3738	3.2927	3.2296	3.1789	3.1373	3.0729	3.0061	2.9365	2.8932	2.8637	2.8259	2.7872	2.7556	2.7475	2.7313
10	4.9646	4.1028	3.7083	3.4780	3.3258	3.2172	3.1355	3.0717	3.0204	2.9782	2.9130	2.8450	2.7740	2.7298	2.6996	2.6609	2.6211	2.5884	2.5801	2.5634
11	4.8443	3.9823	3.5874	3.3567	3.2039	3.0946	3.0123	2.9480	2.8962	2.8536	2.7876	2.7186	2.6464	2.6014	2.5705	2.5309	2.4901	2.4566	2.4480	2.4308
12	4.7472	3.8853	3.4903	3.2592	3.1059	2.9961	2.9134	2.8486	2.7964	2.7534	2.6866	2.6169	2.5436	2.4977	2.4663	2.4259	2.3842	2.3498	2.3410	2.3233
13	4.6672	3.8056	3.4105	3.1791	3.0254	2.9153	2.8321	2.7669	2.7144	2.6710	2.6037	2.5331	2.4589	2.4123	2.3803	2.3392	2.2966	2.2614	2.2524	2.2343
14	4.6001	3.7389	3.3439	3.1122	2.9582	2.8477	2.7642	2.6987	2.6458	2.6022	2.5342	2.4630	2.3879	2.3407	2.3082	2.2664	2.2229	2.1870	2.1778	2.1592
15	4.5431	3.6823	3.2874	3.0556	2.9013	2.7905	2.7066	2.6408	2.5876	2.5437	2.4753	2.4034	2.3275	2.2797	2.2468	2.2043	2.1601	2.1234	2.1141	2.0950
16	4.4940	3.6337	3.2389	3.0069	2.8524	2.7413	2.6572	2.5911	2.5377	2.4935	2.4247	2.3522	2.2756	2.2272	2.1938	2.1507	2.1058	2.0685	2.0589	2.0395
17	4.4513	3.5915	3.1968	2.9647	2.8100	2.6987	2.6143	2.5480	2.4943	2.4499	2.3807	2.3077	2.2304	2.1815	2.1477	2.1040	2.0584	2.0204	2.0107	1.9909
18	4.4139	3.5546	3.1599	2.9277	2.7729	2.6613	2.5767	2.5102	2.4563	2.4117	2.3421	2.2686	2.1906	2.1413	2.1071	2.0629	2.0166	1.9780	1.9681	1.9479
19	4.3807	3.5219	3.1274	2.8951	2.7401	2.6283	2.5435	2.4768	2.4227	2.3779	2.3080	2.2341	2.1555	2.1057	2.0712	2.0264	1.9795	1.9403	1.9302	1.9097
20	4.3512	3.4928	3.0984	2.8661	2.7109	2.5990	2.5140	2.4471	2.3928	2.3479	2.2776	2.2033	2.1242	2.0739	2.0391	1.9938	1.9464	1.9066	1.8963	1.8755
21	4.3248	3.4668	3.0725	2.8401	2.6848	2.5727	2.4876	2.4205	2.3660	2.3210	2.2504	2.1757	2.0960	2.0454	2.0102	1.9645	1.9165	1.8761	1.8657	1.8446
22	4.3009	3.4434	3.0491	2.8167	2.6613	2.5491	2.4638	2.3965	2.3419	2.2967	2.2258	2.1508	2.0707	2.0196	1.9842	1.9380	1.8894	1.8486	1.8380	1.8165
23	4.2793	3.4221	3.0280	2.7955	2.6400	2.5277	2.4422	2.3748	2.3201	2.2747	2.2036	2.1282	2.0476	1.9963	1.9605	1.9139	1.8648	1.8234	1.8128	1.7909
24	4.2597	3.4028	3.0088	2.7763	2.6207	2.5082	2.4226	2.3551	2.3002	2.2547	2.1834	2.1077	2.0267	1.9750	1.9390	1.8920	1.8424	1.8005	1.7896	1.7675
25	4.2417	3.3852	2.9912	2.7587	2.6030	2.4904	2.4047	2.3371	2.2821	2.2365	2.1649	2.0889	2.0075	1.9554	1.9192	1.8718	1.8217	1.7794	1.7684	1.7460
26	4.2252	3.3690	2.9752	2.7426	2.5868	2.4741	2.3883	2.3205	2.2655	2.2197	2.1479	2.0716	1.9898	1.9375	1.9010	1.8533	1.8027	1.7599	1.7488	1.7261
27	4.2100	3.3541	2.9604	2.7278	2.5719	2.4591	2.3732	2.3053	2.2501	2.2043	2.1323	2.0558	1.9736	1.9210	1.8842	1.8361	1.7851	1.7419	1.7306	1.7077
28	4.1960	3.3404	2.9467	2.7141	2.5581	2.4453	2.3593	2.2913	2.2360	2.1900	2.1179	2.0411	1.9586	1.9057	1.8687	1.8203	1.7689	1.7251	1.7138	1.6905
29	4.1830	3.3277	2.9340	2.7014	2.5454	2.4324	2.3463	2.2783	2.2229	2.1768	2.1045	2.0275	1.9446	1.8915	1.8543	1.8055	1.7537	1.7096	1.6981	1.6746
30	4.1709	3.3158	2.9223	2.6896	2.5336	2.4205	2.3343	2.2662	2.2107	2.1646	2.0921	2.0148	1.9317	1.8782	1.8409	1.7918	1.7396	1.6950	1.6835	1.6597
40	4.0847	3.2317	2.8387	2.6060	2.4495	2.3359	2.2490	2.1802	2.1240	2.0772	2.0035	1.9245	1.8389	1.7835	1.7444	1.6928	1.6373	1.5892	1.5766	1.5505
50	4.0343	3.1826	2.7900	2.5572	2.4004	2.2864	2.1992	2.1299	2.0734	2.0261	1.9515	1.8714	1.7841	1.7273	1.6872	1.6337	1.5757	1.5249	1.5115	1.4835
60	4.0012	3.1504	2.7581	2.5252	2.3683	2.2541	2.1665	2.0970	2.0401	1.9926	1.9174	1.8364	1.7480	1.6902	1.6491	1.5943	1.5343	1.4814	1.4673	1.4377
100	3.9361	3.0873	2.6955	2.4626	2.3053	2.1906	2.1025	2.0323	1.9748	1.9267	1.8503	1.7675	1.6764	1.6163	1.5733	1.5151	1.4504	1.3917	1.3757	1.3416
200	3.8884	3.0411	2.6498	2.4168	2.2592	2.1441	2.0556	1.9849	1.9269	1.8783	1.8008	1.7166	1.6233	1.5612	1.5164	1.4551	1.3856	1.3206	1.3024	1.2626

续表

$\alpha = 0.025$

n_2 \ n_1	1	2	3	4	5	6	7	8	9	10	12	15	20	25	30	40	60	100	120	200
1	647.79	799.50	864.16	899.58	921.85	937.11	948.22	956.66	963.28	968.63	976.71	984.87	993.10	998.08	1001.4	1005.6	1009.8	1013.2	1014.0	1015.7
2	38.506	39.000	39.166	39.248	39.298	39.332	39.355	39.373	39.387	39.398	39.415	39.431	39.448	39.458	39.465	39.473	39.481	39.488	39.490	39.493
3	17.443	16.044	15.439	15.101	14.885	14.735	14.624	14.540	14.473	14.419	14.337	14.253	14.167	14.116	14.081	14.037	13.992	13.956	13.947	13.929
4	12.218	10.649	9.9792	9.6045	9.3645	9.1973	9.0741	8.9796	8.9047	8.8439	8.7512	8.6565	8.5599	8.5010	8.4613	8.4111	8.3604	8.3195	8.3092	8.2885
5	10.007	8.4336	7.7636	7.3879	7.1464	6.9777	6.8531	6.7572	6.6811	6.6192	6.5245	6.4277	6.3286	6.2679	6.2269	6.1750	6.1225	6.0800	6.0693	6.0478
6	8.8131	7.2599	6.5988	6.2272	5.9876	5.8198	5.6955	5.5996	5.5234	5.4613	5.3662	5.2687	5.1684	5.1069	5.0652	5.0125	4.9589	4.9154	4.9044	4.8824
7	8.0727	6.5415	5.8898	5.5226	5.2852	5.1186	4.9949	4.8993	4.8232	4.7611	4.6658	4.5678	4.4667	4.4045	4.3624	4.3089	4.2544	4.2101	4.1989	4.1764
8	7.5709	6.0595	5.4160	5.0526	4.8173	4.6517	4.5286	4.4333	4.3572	4.2951	4.1997	4.1012	3.9995	3.9367	3.8940	3.8398	3.7844	3.7393	3.7279	3.7050
9	7.2093	5.7147	5.0781	4.7181	4.4844	4.3197	4.1970	4.1020	4.0260	3.9639	3.8682	3.7694	3.6669	3.6035	3.5604	3.5055	3.4493	3.4034	3.3918	3.3684
10	6.9367	5.4564	4.8256	4.4683	4.2361	4.0721	3.9498	3.8549	3.7790	3.7168	3.6209	3.5217	3.4185	3.3546	3.3110	3.2554	3.1984	3.1517	3.1399	3.1161
11	6.7241	5.2559	4.6300	4.2751	4.0440	3.8807	3.7586	3.6638	3.5879	3.5257	3.4296	3.3299	3.2261	3.1616	3.1176	3.0613	3.0035	2.9561	2.9441	2.9198
12	6.5538	5.0959	4.4742	4.1212	3.8911	3.7283	3.6065	3.5118	3.4358	3.3736	3.2773	3.1772	3.0728	3.0077	2.9633	2.9063	2.8478	2.7996	2.7874	2.7626
13	6.4143	4.9653	4.3472	3.9959	3.7667	3.6043	3.4827	3.3880	3.3120	3.2497	3.1532	3.0527	2.9477	2.8821	2.8372	2.7797	2.7204	2.6715	2.6590	2.6339
14	6.2979	4.8567	4.2417	3.8919	3.6634	3.5014	3.3799	3.2853	3.2093	3.1469	3.0502	2.9493	2.8437	2.7777	2.7324	2.6742	2.6142	2.5646	2.5519	2.5264
15	6.1995	4.7650	4.1528	3.8043	3.5764	3.4147	3.2934	3.1987	3.1227	3.0602	2.9633	2.8621	2.7559	2.6894	2.6437	2.5850	2.5242	2.4739	2.4611	2.4352
16	6.1151	4.6867	4.0768	3.7294	3.5021	3.3406	3.2194	3.1248	3.0488	2.9862	2.8890	2.7875	2.6808	2.6138	2.5678	2.5085	2.4471	2.3961	2.3831	2.3567
17	6.0420	4.6189	4.0112	3.6648	3.4379	3.2767	3.1556	3.0610	2.9849	2.9222	2.8249	2.7230	2.6158	2.5484	2.5020	2.4422	2.3801	2.3285	2.3153	2.2886
18	5.9781	4.5597	3.9539	3.6083	3.3820	3.2209	3.0999	3.0053	2.9291	2.8664	2.7689	2.6667	2.5590	2.4912	2.4445	2.3842	2.3214	2.2692	2.2558	2.2287
19	5.9216	4.5075	3.9034	3.5587	3.3327	3.1718	3.0509	2.9563	2.8801	2.8172	2.7196	2.6171	2.5089	2.4408	2.3937	2.3329	2.2696	2.2167	2.2032	2.1757
20	5.8715	4.4613	3.8587	3.5147	3.2891	3.1283	3.0074	2.9128	2.8365	2.7737	2.6758	2.5731	2.4645	2.3959	2.3486	2.2873	2.2234	2.1699	2.1562	2.1284
21	5.8266	4.4199	3.8188	3.4754	3.2501	3.0895	2.9686	2.8740	2.7977	2.7348	2.6368	2.5338	2.4247	2.3558	2.3082	2.2465	2.1819	2.1280	2.1141	2.0859
22	5.7863	4.3828	3.7829	3.4401	3.2151	3.0546	2.9338	2.8392	2.7628	2.6998	2.6017	2.4984	2.3890	2.3198	2.2718	2.2097	2.1446	2.0901	2.0760	2.0475
23	5.7498	4.3492	3.7505	3.4083	3.1835	3.0232	2.9023	2.8077	2.7313	2.6682	2.5699	2.4665	2.3567	2.2871	2.2389	2.1763	2.1107	2.0557	2.0415	2.0126
24	5.7166	4.3187	3.7211	3.3794	3.1548	2.9946	2.8738	2.7791	2.7027	2.6396	2.5411	2.4374	2.3273	2.2574	2.2090	2.1460	2.0799	2.0243	2.0099	1.9807
25	5.6864	4.2909	3.6943	3.3530	3.1287	2.9685	2.8478	2.7531	2.6766	2.6135	2.5149	2.4110	2.3005	2.2303	2.1816	2.1183	2.0516	1.9955	1.9811	1.9515
26	5.6586	4.2655	3.6697	3.3289	3.1048	2.9447	2.8240	2.7293	2.6528	2.5896	2.4908	2.3867	2.2759	2.2054	2.1565	2.0928	2.0257	1.9691	1.9545	1.9246
27	5.6331	4.2421	3.6472	3.3067	3.0828	2.9228	2.8021	2.7074	2.6309	2.5676	2.4688	2.3644	2.2533	2.1826	2.1334	2.0693	2.0018	1.9447	1.9299	1.8998
28	5.6096	4.2205	3.6264	3.2863	3.0626	2.9027	2.7820	2.6872	2.6106	2.5473	2.4484	2.3438	2.2324	2.1615	2.1121	2.0477	1.9797	1.9221	1.9072	1.8767
29	5.5878	4.2006	3.6072	3.2674	3.0438	2.8840	2.7633	2.6686	2.5919	2.5286	2.4295	2.3248	2.2131	2.1419	2.0923	2.0276	1.9591	1.9011	1.8861	1.8553
30	5.5675	4.1821	3.5894	3.2499	3.0265	2.8667	2.7460	2.6513	2.5746	2.5112	2.4120	2.3072	2.1952	2.1237	2.0739	2.0089	1.9400	1.8816	1.8664	1.8354
40	5.4239	4.0510	3.4633	3.1261	2.9037	2.7444	2.6238	2.5289	2.4519	2.3882	2.2882	2.1819	2.0677	1.9943	1.9429	1.8752	1.8028	1.7405	1.7242	1.6906
50	5.3403	3.9749	3.3902	3.0544	2.8327	2.6736	2.5530	2.4579	2.3808	2.3168	2.2162	2.1090	1.9933	1.9186	1.8659	1.7963	1.7211	1.6558	1.6386	1.6029
60	5.2856	3.9253	3.3425	3.0077	2.7863	2.6274	2.5068	2.4117	2.3344	2.2702	2.1692	2.0613	1.9445	1.8687	1.8152	1.7440	1.6668	1.5990	1.5810	1.5435
100	5.1786	3.8284	3.2496	2.9166	2.6961	2.5374	2.4168	2.3215	2.2439	2.1793	2.0773	1.9679	1.8486	1.7705	1.7148	1.6401	1.5575	1.4833	1.4631	1.4203
200	5.1004	3.7578	3.1820	2.8503	2.6304	2.4720	2.3513	2.2558	2.1780	2.1130	2.0103	1.8996	1.7780	1.6978	1.6403	1.5621	1.4742	1.3927	1.3700	1.3204

续表

$\alpha = 0.01$

n_2 \ n_1	1	2	3	4	5	6	7	8	9	10	12	15	20	25	30	40	60	100	120	200
1	4052.2	4999.5	5403.4	5624.6	5763.7	5859.0	5928.4	5981.4	6022.5	6055.8	6106.3	6157.3	6208.7	6239.8	6260.6	6286.8	6313.0	6334.1	6339.4	6350.0
2	98.503	99.000	99.166	99.249	99.299	99.333	99.356	99.374	99.388	99.399	99.416	99.433	99.449	99.459	99.466	99.474	99.483	99.489	99.491	99.494
3	34.116	30.817	29.457	28.710	28.237	27.911	27.672	27.489	27.345	27.229	27.052	26.872	26.690	26.579	26.505	26.411	26.316	26.240	26.221	26.183
4	21.198	18.000	16.694	15.977	15.522	15.207	14.976	14.799	14.659	14.546	14.374	14.198	14.020	13.911	13.838	13.745	13.652	13.577	13.558	13.520
5	16.258	13.274	12.060	11.392	10.967	10.672	10.456	10.289	10.158	10.051	9.8883	9.7222	9.5526	9.4491	9.3793	9.2912	9.2020	9.1299	9.1118	9.0754
6	13.745	10.925	9.7795	9.1483	8.7459	8.4661	8.2600	8.1017	7.9761	7.8741	7.7183	7.5590	7.3958	7.2960	7.2285	7.1432	7.0567	6.9867	6.9690	6.9336
7	12.246	9.5466	8.4513	7.8466	7.4604	7.1914	6.9928	6.8400	6.7188	6.6201	6.4691	6.3143	6.1554	6.0580	5.9920	5.9084	5.8236	5.7547	5.7373	5.7024
8	11.259	8.6491	7.5910	7.0061	6.6318	6.3707	6.1776	6.0289	5.9106	5.8143	5.6667	5.5151	5.3591	5.2631	5.1981	5.1156	5.0316	4.9633	4.9461	4.9114
9	10.561	8.0215	6.9919	6.4221	6.0569	5.8018	5.6129	5.4671	5.3511	5.2565	5.1114	4.9621	4.8080	4.7130	4.6486	4.5666	4.4831	4.4150	4.3978	4.3631
10	10.044	7.5594	6.5523	5.9943	5.6363	5.3858	5.2001	5.0567	4.9424	4.8491	4.7059	4.5581	4.4054	4.3111	4.2469	4.1653	4.0819	4.0137	3.9965	3.9617
11	9.6460	7.2057	6.2167	5.6683	5.3160	5.0692	4.8861	4.7445	4.6315	4.5393	4.3974	4.2509	4.0990	4.0051	3.9411	3.8596	3.7761	3.7077	3.6904	3.6555
12	9.3302	6.9266	5.9525	5.4120	5.0643	4.8206	4.6395	4.4994	4.3875	4.2961	4.1553	4.0096	3.8584	3.7647	3.7008	3.6192	3.5355	3.4668	3.4494	3.4143
13	9.0738	6.7010	5.7394	5.2053	4.8616	4.6204	4.4410	4.3021	4.1911	4.1003	3.9603	3.8154	3.6646	3.5710	3.5070	3.4253	3.3413	3.2723	3.2548	3.2194
14	8.8616	6.5149	5.5639	5.0354	4.6950	4.4558	4.2779	4.1399	4.0297	3.9394	3.8001	3.6557	3.5052	3.4116	3.3476	3.2656	3.1813	3.1118	3.0942	3.0585
15	8.6831	6.3589	5.4170	4.8932	4.5556	4.3183	4.1415	4.0045	3.8948	3.8049	3.6662	3.5222	3.3719	3.2782	3.2141	3.1319	3.0471	2.9772	2.9595	2.9235
16	8.5310	6.2262	5.2922	4.7726	4.4374	4.2016	4.0259	3.8896	3.7804	3.6909	3.5527	3.4089	3.2587	3.1650	3.1007	3.0182	2.9330	2.8627	2.8447	2.8084
17	8.3997	6.1121	5.1850	4.6690	4.3359	4.1015	3.9267	3.7910	3.6822	3.5931	3.4552	3.3117	3.1615	3.0676	3.0032	2.9205	2.8348	2.7639	2.7459	2.7092
18	8.2854	6.0129	5.0919	4.5790	4.2479	4.0146	3.8406	3.7054	3.5971	3.5082	3.3706	3.2273	3.0771	2.9831	2.9185	2.8354	2.7493	2.6779	2.6597	2.6227
19	8.1849	5.9259	5.0103	4.5003	4.1708	3.9386	3.7653	3.6305	3.5225	3.4338	3.2965	3.1533	3.0031	2.9089	2.8442	2.7608	2.6742	2.6023	2.5839	2.5467
20	8.0960	5.8489	4.9382	4.4307	4.1027	3.8714	3.6987	3.5644	3.4567	3.3682	3.2311	3.0880	2.9377	2.8434	2.7785	2.6947	2.6077	2.5353	2.5168	2.4792
21	8.0166	5.7804	4.8740	4.3688	4.0421	3.8117	3.6396	3.5056	3.3981	3.3098	3.1730	3.0300	2.8796	2.7850	2.7200	2.6359	2.5484	2.4755	2.4568	2.4189
22	7.9454	5.7190	4.8166	4.3134	3.9880	3.7583	3.5867	3.4530	3.3458	3.2576	3.1209	2.9779	2.8274	2.7328	2.6675	2.5831	2.4951	2.4217	2.4029	2.3646
23	7.8811	5.6637	4.7649	4.2636	3.9392	3.7102	3.5390	3.4057	3.2986	3.2106	3.0740	2.9311	2.7805	2.6856	2.6202	2.5355	2.4471	2.3732	2.3542	2.3156
24	7.8229	5.6136	4.7181	4.2184	3.8951	3.6667	3.4959	3.3629	3.2560	3.1681	3.0316	2.8887	2.7380	2.6430	2.5773	2.4923	2.4035	2.3291	2.3100	2.2710
25	7.7698	5.5680	4.6755	4.1774	3.8550	3.6272	3.4568	3.3239	3.2172	3.1294	2.9931	2.8502	2.6993	2.6041	2.5383	2.4530	2.3637	2.2888	2.2696	2.2303
26	7.7213	5.5263	4.6366	4.1400	3.8183	3.5911	3.4210	3.2884	3.1818	3.0941	2.9578	2.8150	2.6640	2.5686	2.5026	2.4170	2.3273	2.2519	2.2325	2.1930
27	7.6767	5.4881	4.6009	4.1056	3.7848	3.5580	3.3882	3.2558	3.1494	3.0618	2.9256	2.7827	2.6316	2.5360	2.4699	2.3840	2.2938	2.2180	2.1985	2.1586
28	7.6356	5.4529	4.5681	4.0740	3.7539	3.5276	3.3581	3.2259	3.1195	3.0320	2.8959	2.7530	2.6017	2.5060	2.4397	2.3535	2.2629	2.1867	2.1670	2.1268
29	7.5977	5.4204	4.5378	4.0449	3.7254	3.4995	3.3303	3.1982	3.0920	3.0045	2.8685	2.7256	2.5742	2.4783	2.4118	2.3253	2.2344	2.1577	2.1379	2.0974
30	7.5625	5.3903	4.5097	4.0179	3.6990	3.4735	3.3045	3.1726	3.0665	2.9791	2.8431	2.7002	2.5487	2.4526	2.3860	2.2992	2.2079	2.1307	2.1108	2.0700
40	7.3141	5.1785	4.3126	3.8283	3.5138	3.2910	3.1238	2.9930	2.8876	2.8005	2.6648	2.5216	2.3689	2.2667	2.2034	2.1142	2.0194	1.9383	1.9172	1.8737
50	7.1706	5.0566	4.1993	3.7195	3.4077	3.1864	3.0202	2.8900	2.7850	2.6981	2.5625	2.4190	2.2652	2.1667	2.0976	2.0066	1.9090	1.8248	1.8026	1.7567
60	7.0771	4.9774	4.1259	3.6490	3.3389	3.1187	2.9530	2.8233	2.7185	2.6318	2.4961	2.3523	2.1978	2.0984	2.0285	1.9360	1.8363	1.7493	1.7263	1.6784
100	6.8953	4.8239	3.9837	3.5127	3.2059	2.9877	2.8233	2.6943	2.5898	2.5033	2.3676	2.2230	2.0666	1.9652	1.8933	1.7972	1.6918	1.5977	1.5723	1.5184
200	6.7633	4.7129	3.8810	3.4143	3.1100	2.8933	2.7298	2.6012	2.4971	2.4106	2.2747	2.1294	1.9713	1.8679	1.7941	1.6945	1.5833	1.4811	1.4527	1.3912

续表

$\alpha = 0.005$

n_1 / n_2	1	2	3	4	5	6	7	8	9	10	12	15	20	25	30	40	60	100	120	200
1	16211	20000	21615	22500	23056	23437	23715	23925	24091	24224	24426	24630	24836	24960	25044	25148	25253	25337	25359	25401
2	198.50	199.00	199.17	199.25	199.30	199.33	199.36	199.37	199.39	199.40	199.42	199.43	199.45	199.46	199.47	199.47	199.48	199.49	199.49	199.49
3	55.552	49.799	47.467	46.195	45.392	44.839	44.434	44.126	43.882	43.686	43.387	43.085	42.778	42.591	42.466	42.308	42.149	42.022	41.990	41.925
4	31.333	26.284	24.259	23.155	22.456	21.975	21.622	21.352	21.139	20.967	20.705	20.438	20.167	20.002	19.892	19.752	19.611	19.497	19.468	19.411
5	22.785	18.314	16.530	15.556	14.940	14.513	14.200	13.961	13.772	13.618	13.385	13.146	12.904	12.755	12.656	12.530	12.402	12.300	12.274	12.222
6	18.635	14.544	12.917	12.028	11.464	11.073	10.786	10.566	10.392	10.250	10.034	9.8140	9.5888	9.4511	9.3582	9.2408	9.1219	9.0257	9.0015	8.9528
7	16.236	12.404	10.882	10.051	9.5221	9.1553	8.8854	8.6781	8.5138	8.3803	8.1764	7.9678	7.7540	7.6230	7.5345	7.4224	7.3088	7.2165	7.1933	7.1466
8	14.688	11.042	9.5965	8.8051	8.3018	7.9520	7.6941	7.4959	7.3386	7.2106	7.0149	6.8143	6.6082	6.4817	6.3961	6.2875	6.1772	6.0875	6.0649	6.0194
9	13.614	10.107	8.7171	7.9559	7.4712	7.1339	6.8849	6.6933	6.5411	6.4172	6.2274	6.0325	5.8318	5.7084	5.6248	5.5186	5.4104	5.3223	5.3001	5.2554
10	12.827	9.4270	8.0807	7.3428	6.8724	6.5446	6.3025	6.1159	5.9676	5.8467	5.6613	5.4707	5.2740	5.1528	5.0706	4.9659	4.8592	4.7721	4.7501	4.7058
11	12.226	8.9122	7.6004	6.8809	6.4217	6.1016	5.8648	5.6821	5.5368	5.4183	5.2363	5.0489	4.8552	4.7356	4.6543	4.5508	4.4450	4.3585	4.3367	4.2926
12	11.754	8.5096	7.2258	6.5211	6.0711	5.7570	5.5245	5.3451	5.2021	5.0855	4.9062	4.7213	4.5299	4.4115	4.3309	4.2282	4.1229	4.0368	4.0149	3.9709
13	11.373	8.1865	6.9258	6.2335	5.7910	5.4819	5.2529	5.0761	4.9351	4.8199	4.6429	4.4600	4.2703	4.1528	4.0727	3.9704	3.8655	3.7795	3.7577	3.7136
14	11.060	7.9216	6.6804	5.9984	5.5623	5.2574	5.0313	4.8566	4.7173	4.6034	4.4281	4.2468	4.0585	3.9417	3.8619	3.7600	3.6552	3.5692	3.5473	3.5032
15	10.798	7.7008	6.4760	5.8029	5.3721	5.0708	4.8473	4.6744	4.5364	4.4235	4.2497	4.0698	3.8826	3.7662	3.6867	3.5850	3.4803	3.3941	3.3722	3.3279
16	10.576	7.5138	6.3034	5.6378	5.2117	4.9134	4.6920	4.5207	4.3838	4.2719	4.0994	3.9205	3.7342	3.6182	3.5389	3.4372	3.3324	3.2460	3.2240	3.1796
17	10.384	7.3536	6.1556	5.4967	5.0746	4.7789	4.5594	4.3894	4.2535	4.1424	3.9709	3.7929	3.6073	3.4916	3.4124	3.3108	3.2058	3.1192	3.0971	3.0524
18	10.218	7.2148	6.0278	5.3746	4.9560	4.6627	4.4448	4.2759	4.1410	4.0305	3.8599	3.6827	3.4977	3.3822	3.3030	3.2014	3.0962	3.0093	2.9871	2.9421
19	10.073	7.0935	5.9161	5.2681	4.8526	4.5614	4.3448	4.1770	4.0428	3.9329	3.7631	3.5866	3.4020	3.2867	3.2075	3.1058	3.0004	2.9131	2.8908	2.8456
20	9.9439	6.9865	5.8177	5.1743	4.7616	4.4721	4.2569	4.0900	3.9564	3.8470	3.6779	3.5020	3.3178	3.2025	3.1234	3.0215	2.9159	2.8282	2.8058	2.7603
21	9.8295	6.8914	5.7304	5.0911	4.6809	4.3931	4.1789	4.0128	3.8799	3.7709	3.6024	3.4270	3.2431	3.1279	3.0488	2.9467	2.8408	2.7527	2.7302	2.6845
22	9.7271	6.8064	5.6524	5.0168	4.6088	4.3225	4.1094	3.9440	3.8116	3.7030	3.5350	3.3600	3.1764	3.0613	2.9821	2.8799	2.7736	2.6852	2.6625	2.6165
23	9.6348	6.7300	5.5823	4.9500	4.5441	4.2591	4.0469	3.8822	3.7502	3.6420	3.4745	3.2999	3.1165	3.0014	2.9221	2.8197	2.7132	2.6243	2.6015	2.5552
24	9.5513	6.6609	5.5190	4.8898	4.4857	4.2019	3.9905	3.8264	3.6949	3.5870	3.4199	3.2456	3.0624	2.9472	2.8679	2.7654	2.6585	2.5692	2.5463	2.4997
25	9.4753	6.5982	5.4615	4.8351	4.4327	4.1500	3.9394	3.7758	3.6447	3.5370	3.3704	3.1963	3.0133	2.8981	2.8187	2.7160	2.6088	2.5191	2.4961	2.4492
26	9.4059	6.5409	5.4091	4.7852	4.3844	4.1027	3.8928	3.7297	3.5989	3.4916	3.3252	3.1515	2.9685	2.8533	2.7738	2.6709	2.5633	2.4733	2.4501	2.4029
27	9.3423	6.4885	5.3611	4.7396	4.3402	4.0594	3.8501	3.6875	3.5571	3.4499	3.2839	3.1104	2.9275	2.8123	2.7327	2.6296	2.5217	2.4312	2.4079	2.3604
28	9.2838	6.4403	5.3170	4.6977	4.2996	4.0197	3.8110	3.6487	3.5186	3.4117	3.2460	3.0727	2.8899	2.7746	2.6949	2.5916	2.4834	2.3925	2.3690	2.3213
29	9.2297	6.3958	5.2764	4.6591	4.2622	3.9831	3.7749	3.6131	3.4832	3.3765	3.2110	3.0379	2.8551	2.7398	2.6600	2.5565	2.4479	2.3566	2.3331	2.2850
30	9.1797	6.3547	5.2388	4.6234	4.2276	3.9492	3.7416	3.5801	3.4505	3.3440	3.1787	3.0057	2.8230	2.7076	2.6278	2.5241	2.4151	2.3234	2.2998	2.2514
40	8.8279	6.0664	4.9758	4.3738	3.9860	3.7129	3.5088	3.3498	3.2220	3.1167	2.9531	2.7811	2.5984	2.4823	2.4015	2.2958	2.1838	2.0884	2.0636	2.0125
50	8.6258	5.9016	4.8259	4.2316	3.8486	3.5785	3.3765	3.2189	3.0920	2.9875	2.8247	2.6531	2.4702	2.3533	2.2717	2.1644	2.0499	1.9512	1.9254	1.8719
60	8.4946	5.7950	4.7290	4.1399	3.7599	3.4918	3.2911	3.1344	3.0083	2.9042	2.7419	2.5705	2.3872	2.2697	2.1874	2.0789	1.9622	1.8609	1.8341	1.7785
100	8.2406	5.5892	4.5424	3.9634	3.5895	3.3252	3.1271	2.9722	2.8472	2.7440	2.5825	2.4113	2.2270	2.1080	2.0239	1.9119	1.7896	1.6809	1.6516	1.5897
200	8.0572	5.4412	4.4084	3.8368	3.4674	3.2059	3.0097	2.8560	2.7319	2.6292	2.4683	2.2970	2.1116	1.9909	1.9051	1.7897	1.6614	1.5442	1.5118	1.4416

续表

$\alpha = 0.001$

n_1 \ n_2	1	2	3	4	5	6	7	8	9	10	12	15	20	25	30	40	60	100	120	200
1	405284.1	499999.5	540379.2	562499.2	576404.6	585937.1	592873.3	598144.3	602284.2	605621.0	610667.0	615763.8	620907.7	624016.8	626099.0	628712.0	631336.0	633444.3	633972.4	635029.9
2	998.50	999.00	999.17	999.25	999.30	999.33	999.37	999.38	999.39	999.40	999.42	999.43	999.45	999.46	999.47	999.47	999.48	999.49	999.49	999.49
3	167.03	148.50	141.11	137.10	134.58	132.85	131.58	130.62	129.86	129.25	128.32	127.37	126.42	125.84	125.45	124.96	124.47	124.07	123.97	123.77
4	74.137	61.246	56.177	53.436	51.712	50.525	49.658	48.996	48.475	48.053	47.412	46.761	46.100	45.699	45.429	45.089	44.746	44.469	44.400	44.261
5	47.181	37.122	33.203	31.085	29.752	28.834	28.163	27.650	27.245	26.917	26.418	25.911	25.395	25.080	24.869	24.602	24.333	24.115	24.061	23.951
6	35.508	27.000	23.703	21.924	20.803	20.030	19.463	19.030	18.688	18.411	17.989	17.559	17.120	16.853	16.672	16.445	16.214	16.028	15.981	15.887
7	29.245	21.689	18.772	17.198	16.206	15.521	15.019	14.634	14.330	14.083	13.707	13.324	12.932	12.692	12.530	12.326	12.119	11.951	11.909	11.824
8	25.415	18.494	15.830	14.392	13.485	12.858	12.398	12.046	11.767	11.540	11.195	10.841	10.480	10.258	10.109	9.9194	9.7272	9.5714	9.5321	9.4531
9	22.857	16.387	13.902	12.560	11.714	11.128	10.698	10.368	10.107	9.8943	9.5700	9.2381	8.8976	8.6888	8.5476	8.3685	8.1865	8.0387	8.0014	7.9264
10	21.040	14.905	12.553	11.283	10.481	9.9256	9.5175	9.2041	8.9558	8.7539	8.4452	8.1288	7.8037	7.6041	7.4688	7.2971	7.1224	6.9802	6.9443	6.8720
11	19.687	13.812	11.561	10.346	9.5784	9.0466	8.6553	8.3548	8.1163	7.9224	7.6256	7.3210	7.0076	6.8147	6.6839	6.5178	6.3483	6.2102	6.1753	6.1050
12	18.643	12.974	10.804	9.6327	8.8921	8.3788	8.0009	7.7104	7.4797	7.2920	7.0046	6.7092	6.4048	6.2172	6.0898	5.9278	5.7623	5.6272	5.5931	5.5242
13	17.815	12.313	10.209	9.0727	8.3541	7.8557	7.4886	7.2061	6.9818	6.7992	6.5192	6.2312	5.9340	5.7505	5.6258	5.4670	5.3046	5.1718	5.1381	5.0703
14	17.143	11.779	9.7294	8.6223	7.9218	7.4358	7.0775	6.8017	6.5826	6.4041	6.1302	5.8483	5.5568	5.3767	5.2542	5.0979	4.9378	4.8067	4.7735	4.7064
15	16.587	11.339	9.3353	8.2527	7.5674	7.0917	6.7408	6.4707	6.2559	6.0808	5.8121	5.5351	5.2484	5.0710	4.9502	4.7959	4.6377	4.5079	4.4750	4.4084
16	16.120	10.971	9.0059	7.9442	7.2719	6.8049	6.4604	6.1950	5.9839	5.8117	5.5473	5.2744	4.9918	4.8167	4.6972	4.5446	4.3878	4.2590	4.2263	4.1602
17	15.722	10.658	8.7269	7.6831	7.0219	6.5625	6.2234	5.9620	5.7541	5.5844	5.3237	5.0544	4.7751	4.6019	4.4836	4.3323	4.1767	4.0486	4.0160	3.9502
18	15.379	10.390	8.4875	7.4593	6.8078	6.3550	6.0206	5.7628	5.5575	5.3900	5.1324	4.8663	4.5899	4.4182	4.3009	4.1507	3.9960	3.8685	3.8360	3.7703
19	15.081	10.157	8.2799	7.2655	6.6225	6.1754	5.8452	5.5904	5.3876	5.2219	4.9672	4.7037	4.4297	4.2594	4.1429	3.9936	3.8396	3.7125	3.6801	3.6146
20	14.819	9.9526	8.0984	7.0960	6.4606	6.0186	5.6920	5.4400	5.2392	5.0752	4.8229	4.5618	4.2900	4.1208	4.0050	3.8564	3.7030	3.5762	3.5438	3.4783
21	14.587	9.7723	7.9383	6.9467	6.3179	5.8805	5.5571	5.3076	5.1087	4.9462	4.6960	4.4369	4.1670	3.9988	3.8836	3.7357	3.5827	3.4560	3.4237	3.3582
22	14.380	9.6120	7.7960	6.8142	6.1914	5.7580	5.4376	5.1901	4.9929	4.8317	4.5835	4.3262	4.0579	3.8906	3.7759	3.6285	3.4759	3.3493	3.3170	3.2514
23	14.195	9.4685	7.6688	6.6957	6.0783	5.6486	5.3308	5.0853	4.8896	4.7296	4.4831	4.2274	3.9606	3.7940	3.6798	3.5328	3.3804	3.2539	3.2216	3.1559
24	14.028	9.3394	7.5545	6.5892	5.9768	5.5504	5.2349	4.9912	4.7968	4.6379	4.3929	4.1387	3.8732	3.7073	3.5935	3.4468	3.2946	3.1681	3.1357	3.0700
25	13.877	9.2225	7.4511	6.4931	5.8851	5.4617	5.1484	4.9063	4.7131	4.5551	4.3116	4.0587	3.7944	3.6291	3.5155	3.3692	3.2171	3.0905	3.0581	2.9922
26	13.739	9.1163	7.3572	6.4057	5.8018	5.3812	5.0698	4.8292	4.6372	4.4801	4.2378	3.9861	3.7228	3.5580	3.4448	3.2987	3.1467	3.0200	2.9875	2.9215
27	13.613	9.0194	7.2715	6.3261	5.7259	5.3078	4.9983	4.7590	4.5680	4.4117	4.1706	3.9200	3.6576	3.4933	3.3803	3.2344	3.0825	2.9557	2.9231	2.8569
28	13.498	8.9305	7.1931	6.2532	5.6565	5.2407	4.9328	4.6947	4.5047	4.3491	4.1091	3.8595	3.5980	3.4341	3.3213	3.1755	3.0236	2.8967	2.8640	2.7976
29	13.391	8.8488	7.1210	6.1863	5.5927	5.1791	4.8727	4.6358	4.4466	4.2917	4.0526	3.8039	3.5432	3.3797	3.2671	3.1215	2.9695	2.8424	2.8097	2.7431
30	13.293	8.7734	7.0545	6.1245	5.5339	5.1223	4.8173	4.5814	4.3930	4.2388	4.0006	3.7527	3.4928	3.3296	3.2171	3.0716	2.9196	2.7923	2.7595	2.6927
40	12.609	8.2508	6.5945	5.6981	5.1283	4.7306	4.4355	4.2070	4.0243	3.8744	3.6425	3.4003	3.1450	2.9838	2.8721	2.7268	2.5737	2.4439	2.4103	2.3412
50	12.222	7.9564	6.3364	5.4593	4.9013	4.5117	4.2224	3.9980	3.8185	3.6711	3.4426	3.2035	2.9506	2.7902	2.6787	2.5329	2.3782	2.2458	2.2113	2.1399
60	11.973	7.7678	6.1712	5.3067	4.7565	4.3721	4.0864	3.8648	3.6873	3.5415	3.3153	3.0781	2.8266	2.6665	2.5549	2.4086	2.2523	2.1175	2.0821	2.0087
100	11.495	7.4077	5.8568	5.0167	4.4815	4.1071	3.8286	3.6123	3.4387	3.2959	3.0739	2.8402	2.5909	2.4311	2.3189	2.1704	2.0094	1.8674	1.8294	1.7493
200	11.155	7.1519	5.6341	4.8116	4.2874	3.9203	3.6469	3.4343	3.2635	3.1228	2.9038	2.6724	2.4243	2.2642	2.1510	1.9999	1.8333	1.6824	1.6410	1.5516